学术研究专著系列

RISHI DIZHEN XIAOYING YUBAO MOXING YANJIU

日食地震效应预报模型研究

主编　赵得秀

编者　赵得秀　周克前　强祖基

胡思颐　彭云楼　张健飞

西北工业大学出版社

西　安

【内容简介】 地震是由日食引起的。在日食月影区失去日辐射，形成很大的外胀力，这是形成地震的主要动力。地壳与上地幔除了本身自重力外，由于日食每年在不同的地区还要受到相当大的外胀力，这两种力使月影区合力偏心，形成力矩，使地壳与上地幔存在拉应力，此拉应力在地壳与上地幔的薄弱地带断层带形成地震，相同的拉应力发生地震的大小，与断层的活动性有关，这一拉应力需用弹性力学有效单元法进行计算，因此说明地震是可以计算的。由于地壳与上地幔断层带受到强大的拉应力后，需要一个较长的孕震期，如7～8级大震，需4～15年孕震期，因此本方法仅可作地震长期趋势预报。本书可供地震、地球物理、地质等地理学界人士参考。

图书在版编目(CIP)数据

日食地震效应预报模型研究/赵得秀主编．—西安：西北工业大学出版社，2017.11

ISBN 978-7-5612-5673-2

Ⅰ.①日… Ⅱ.①赵… Ⅲ.①日食—影响—地震预报模式—研究 Ⅳ.①P315.75

中国版本图书馆CIP数据核字(2017)第249906号

策划编辑：雷 军
责任编辑：李阿盟

出版发行：西北工业大学出版社
通信地址：西安市友谊西路127号 邮编：710072
电　　话：(029)88493844，88491757
网　　址：www.nwpup.com
印 刷 者：陕西金德佳印务有限公司
开　　本：727 mm×960 mm 1/16
印　　张：12
字　　数：201千字
版　　次：2017年11月第1版 2017年11月第1次印刷
定　　价：58.00元

前　言

日食地震效应预报模型研究这一课题，从笔者1989年在《日食与自然灾害》一文中提出地震是由日食引起的这一论点至今已有28个春秋。2007年以后，笔者认识到日食的月影区使地球失去了光压力，由于光的载体是太阳辐射，经计算，可以对日食月影区地壳形成较大外胀力，在外力已知的条件下，用有限单元法进行模拟计算应是可行的。笔者先后经5次争取经费进行模拟计算，但均未能落实。2013年笔者已88岁，来日不多，为了在有生之年验证这一课题的立论——地震是由日食引起的以及计算思路的正确性与计算工作的可行性，决心自筹资金进行这一课题的研究工作。2013年9月落实了前期经费，在郑州召开了第一次会议，安排了工作，原计划从1894—2012年计算约120年跨度，并将120年分三个阶段，第一阶段1894—1927年，以1920年宁夏海原8.6级地震及1927年甘肃古浪8级地震为中心；第二阶段1928—1976年，以唐山1976年7.8级地震为中心；第三阶段1977—2012年，以汶川8级地震为中心。经过一年多的时间，完成了第一阶段以宁夏海原地震及甘肃古浪地震为中心的计算分析工作，证明地震是由日食引起的这一论断是正确的，地震亦是可以计算的，这是一个重大突破！再进行第二、第三阶段的计算工作，可能是一种重复，因此，就结束了本课题的研究工作，各课题小组均进行了总结。

本课题组由我国一批知名的地质界学者、专家组成，如中国地震局地质研究所、苏联莫斯科大学副博士、我国地震预报专家强祖基教授，河南省地理研究所气象专家、编程神手且熟练于日食计算的周克前研究员，曾任南京大学天文系副主任的彭云楼副教授，山东省地质矿产局第七地质矿产勘查院总工程师胡思颐教授级高级工程师，河海大学工程力学系工学博士张健飞副教授等。他们都对本课题做出了巨大的贡献！

本课题最初是计划做全球的数据计算的。强祖基教授提出，鉴于国外地质资料短缺，而新中国成立以后在全国开展了大规模的地球物理勘探工作，对地壳岩层有详细的了解，先计算我国数据，这是个很有创意的见解。又如，张健飞副教授建议，为避免国界过于弯曲，扩大计算范围，从北纬 0°～55°，东经 70°～135°，计算面积有 34 715 914 km^2，共划分 4 278 个格点，这也是非常有益的建议，为今后进一步探索打下了良好的基础。本书由赵得秀主编，书中各章除已注明执笔人外，第 1,6 章由赵得秀执笔。

本课题得到南京水文研究所谭长跃书记的帮助，在他的安排下会见了曾任河海大学校长的姜弘道教授，在姜弘道教授的帮助和安排下，本课题的有限单元法计算得以顺利进行，为本课题的完成奠定了基础，在此表示衷心的感谢。本课题的完成也得到河南省水利科学研究院于院长及诸多同志的支持，其中李文忠高级工程师，于庆生主任，刘霞、王郑生同志在两次郑州会议期间均做了不少的工作，谨表谢意。

写作本书曾参阅了相关文献资料，在此谨向其作者深表谢忱。

由于水平有限，书中错误及疏漏之处在所难免，恳请各位专家、学者批评指正。

编者　赵得秀

2017 年 1 月(时年 92 岁)

目　录

第1章　立论依据 地震是由日食引起的

第1节　本课题发展过程

1989年11月北京召开天地生会议，河南省民政厅救灾办公室彭主任约写一篇有关预防灾害方面的文章，笔者撰写了《日食效应与自然灾害(旱涝、地震)》一文，首次提出地震是由日食引起的论点，其理由如下：

地球地质的发展史大体为，地球形成期(约46亿年前)、熔融地壳形成期(45～41亿年前)、小天体碰撞期(41～39亿年前)、溢流期(39～37亿年前)、板块构造发育期(37亿年前到现在)。经过37亿年的演变，作为一级近似形成的六大板块，目前地球每年在不同部位仍要释放能量，发生地震(全球平均每年约发生5.6万次地震，所释放的能量约为5×10^{17} J)，除其内部有能量聚集外，外部应有一定的条件，促使其能量释放。这一外部条件应：第一，每年都存在；第二，能作用到不同的部位；第三，其作用的能力与释放的能量相当。在众多的外部天文条件中只有日食可以满足以上三个条件，从本节可以得知每年最少发生两次日食，每年的日食都发生在不同的地区，其能量亦相当(一次日食在月影区损失的能量为10^{20} J)……因此，日食是形成地震的主要动力。日食使地壳局部地区失去光辐射压力，产生应力，发生应变而形成地震。

这一论点，在1990年5月河南南阳张衡纪念碑落成会分组会上进行宣讲，引起各省地震局参会同志的很大兴兴趣。

2006年5月，笔者撰写了《地震探源与地震预报》一书，书中指出：日食期间月影运动是以超声速运动的，在月影区将形成7×10^{10} N的外胀力(以后研究太阳辐射的载体是微波，其外胀力在赤道中午见食地区每平方米可达453 atm，1 atm＝$1.013\ 25\times10^{5}$ Pa)，并举出历史上8例8级以上强震。在强震地区，在强震以前，必有日全食或日环食带靠近地震震中，并进一步指出大体相似的日食有相似的地震，如四川炉霍1923年7.3级地震与1973年7.6级地震，两次地震震中经纬度仅差0.1°～0.2°(以后又增加斐济1915年7.2级地震与1957年9月28日7.5级地震，1918年吉林珲春7.2级地震与1957年黑龙江东宁7级地震)。

既然外力可以计算，则用数学模拟的办法应能算出地震。2006年笔者到南京，由南京水文研究所谭长耀书记安排面见了曾任河海大学校长的姜弘道教授。他听过笔者介绍后，提出可用有限单元法进行模拟计算。2007年，由笔者出面组织了团队，参加研究的人员有河海大学姜弘道教授、张健飞副教授，地震局地质研究所强祖基教授，武汉中国地质大学曾佐勋教授，河南省地理研究所周克前研究员，南京大学彭云楼副教授，并向科技部申报了973项目（未获立项）。2007年7月，笔者以这一主题思想出版了《地震预报与地震探源》，2009年又申报973项目（又未获批准）。但这项研究一直未停止。在用动量微分公式计算日食外胀力时，因辐射的载体是微波，其形成的外胀力非常大，在赤道区，中午见食，其每平方米外胀力可达453 atm，计算外胀力的工作已趋完善。

2013年笔者已89岁高龄，来日不多。为了在生前能验证这一论点——用有限单元法计算地震是否成立，决定自筹经费进行计算。同年9月落实了自筹经费后，2013年9月召开了郑州会议，会后各课题小组进行了紧张的工作。北京地震局地质研究所强祖基教授完成了全国断层带分布及地质资料、弹性模量、容重等整理工作；南京大学天文系彭云楼副教授完成了上地幔弹性模量、容重等方面的工作；河南省地理研究所周克前研究员对外胀力计算已算完第一阶段1894—1927年中我国有18次日食的外胀力计算工作；目前河海大学张建飞副教授用有限元法已进行了1894年、1898年、1901年模拟计算工作。1894年4月6日是横穿我国的日食，其月影面积在我国最大，且中午见食最靠近宁夏海原的一次日食，计算显示最大主拉应力中心靠近1920年宁夏海原8.6级地震，另一我国西部最大主拉应力中心与1927年甘肃古浪8级地震亦接近（地壳只有出现拉应力才可出现地震），计算初战告捷，这是计算地震工作的重大突破！故于2013年10月25—26日在郑州山河宾馆召开汇报会，一方面汇报计算成果，另一方面安排下一步计算工作。

本项目计算范围原计划进行全球数据计算，由于国外地质资料缺乏，而在新中国成立以后在全国开展大规模的物探工作，对地壳岩层已有全面的了解，因此强祖基教授建议改为计算我国地区的数据。为了便于计算及布置网格点、计算范围，张健飞教授建议为，北纬0°～55°，东经70°～135°，此次计算原计划从1958－2012年，长度为54年，三个日食的沙罗周期，但我国中部8级强震仅有2008年5月12日四川汶川一个校核点，为了增加计算的可信度，增加1920年12月16日宁夏海原8.6级地震，计算从1894—2013年，长度为120年。计算拟分为3个阶段。第一阶段为1894—1927年，长度为34年，以1920年12月16日宁夏海原8.6级地震，及1927年5月22日甘肃古浪8级地震为中心。第二阶段为1928—1976年，长度为49年，以1976年7月27日唐山7.8级地震为中心。第三阶段为1977—

2013年，长度为37年，以2008年5月12日四川汶川8级地震为中心，三个阶段共计120年。周克前研究员已计算了日食外胀力三个阶段，而张健飞教授在计算完第一阶段应力分析后，发觉再计算第二、第三阶段应力分析，可能是一种重复，建议停止计算第二、第三阶段应力分析，集中分析第一阶段计算成果。经团队研究同意了张健飞副教授这一建议。

由以上计算可知，地震是由日食引起的这一论点是成立的，用有限单元法模拟计算地震是可行的，将来用有限单元法做地震趋势预报亦是可行的。地震是可以计算的！

第2节　立论依据

我国地震灾害是严重的，1556年（明嘉靖三十五年），陕西关中华县8级大地震，死亡约82万人；1920年，宁夏海原8.6级大地震，死亡约28.8万人；1976年唐山大地震，死亡约24.2万人，重伤约16万人；2008年，汶川8级大地震，死亡约8万人，重伤约16万人。国外地震的灾害亦是严重的，1923年，日本关东大地震，震级8.2级，死亡约9.9人，伤约10.4人，失踪约4.3万人，海啸浪高8.1 m；2005年12月24日，苏门答腊9级强震，死亡人数约达22万人；2010年1月26日，海地7.3级大震，死亡约22.25万人，伤约19.6万人；2011年12月11日，日本本州岛宫城县东海域9级强震，引发40.5 m高的海啸，并引发福岛第一核电站发生泄漏事故，死亡人数约为1.5万人，失踪约0.7人，伤约0.5万人，房屋损坏约68.8万栋。若就短时间内死亡人数来讲，地震是众多自然灾害之首。

据地震学家统计，平均每年地球上约发生5.6万次地震，其中：

8级和8级以上地震　　2～3次；
7～7.9级地震　　10次；
6～6.9级地震　　150次；
5～5.9级地震　　800次。

据古登堡-李希特公式：

$$\lg E = 4.8 + 1.5M$$

式中，E为能量，单位为J；M为震级。

全球平均每年发生约5.6万次地震，所释放的能量约为5×10^{17} J，其能量是巨大的。

地球经过46亿多年的演化，应当趋于稳定，但目前地球每年在不同部位仍要释放能量。发生地震，外部应有一定的条件促使其能量释放。这一外部条件应该：

第一，每年都存在；第二，能作用到地球的不同部位；第三，其作用力与地震释放的能量相当。在众多的外部天文条件中只有日食可以满足以上三个特征，有以下五点可以作证。

一、佐证一

一次日食地球损失的能量比全年地震的能量大3个量级。

从天文学得知，每年最少要发生两次日食。日食年年都要发生，且每年的日食发生在不同地区，其能量亦相当，一次日食地球损失的能量约为10^{20} J，比全年地震的能量大3个量级。

二、佐证二

从统计规律看，强震前必有2～4次日全食、日环食带通过震区。

从统计规律看，已发生的8级大震，在震前必有2～4次日全食、日环食带通过震区，无一例外。今举出国内外15例28次强震，如1556年华县8级强震，1654年甘肃天水8级强震，1668年郯城8.5级强震，1679年三河8级强震，1906年旧金山、阿拉斯加8.3级强震，1906年厄瓜多尔8.6级强震与圣地亚哥近海8.4级强震，1920年宁夏海原8.6级强震，1923年日本关东8.3级强震，1950年西藏—察隅8.7级强震，1972年中国台湾8级强震，1976年唐山7.8级强震，2005年苏门答腊9级强震，2008年四川汶川8级强震，2010年海地7.3级大震，2011年日本仙台东海岸9级强震，2012年印尼8.6级强震及1883—1902年5次8级群震。

1. 华县1556年(明嘉靖三十五年)1月25日8级强震

1556年华县8级强震震中为(109.7°E，34.5°N)，在震前有两次日全食、日环食带穿越这一地区。1542年8月11日中午见食(113°E，35°N)，1549年3月29日中午见食(125°E，33°N)，两次中午见食地点很接近。两次日全食、日环食带见表1-1，其行经图如图1-1所示。

表 1-1

年　份	月	日	日出见食		中午见食		日落见食	
			经度	纬度	经度	纬度	经度	纬度
1542	8	11	31°E	44°N	113°E	35°N	173°E	−6°N
1549	3	29	62°E	8°N	125°E	33°N	160°W	42°N

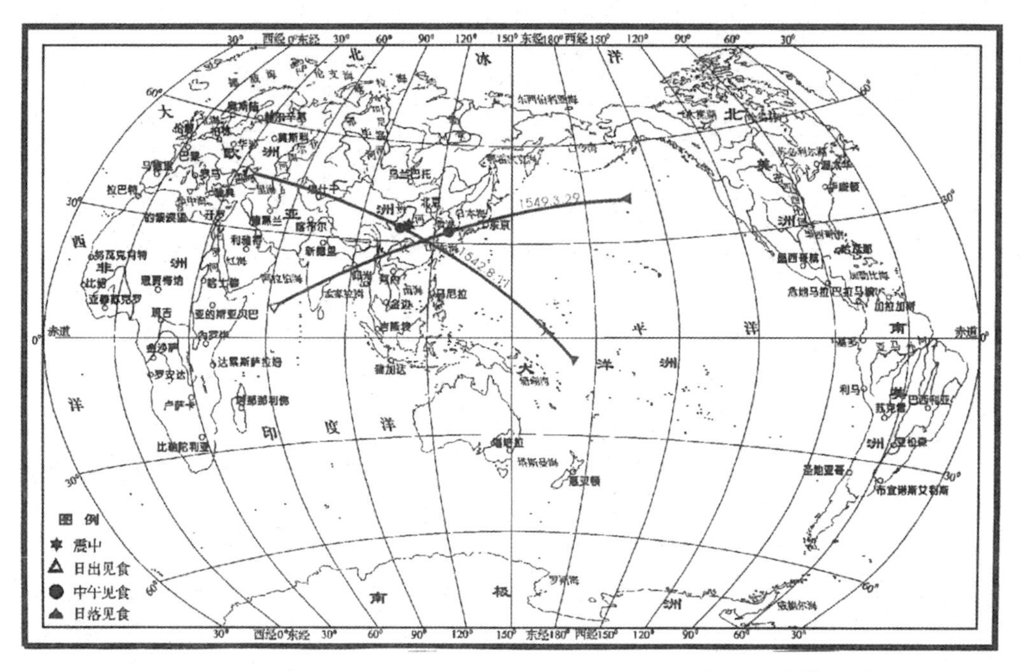

图 1-1　华县 1556 年 1 月 25 日 8 级地震震前日全食、日环食带图

2. 甘肃天水 1654 年(清顺治十一年)7 月 14 日 8 级强震

甘肃天水 1654 年 8 级强震震中为(105.5°E,34.3°N),在震前有两次日全食带横穿这一地区。1641 年 11 月 3 日中午见食(96°E,36°N),距甘肃天水震中西约 940 km,1650 年 10 月 25 日中午见食(119°E,31°N),在甘肃天水震中东。两次全食带见表1-2,其行经图如图 1-2 所示。

表　1-2

年　份	月	日	日出见食		中午见食		日落见食	
			经度	纬度	经度	纬度	经度	纬度
1641	11	3	45°E	58°N	96°E	36°N	153°E	35°N
1650	10	25	65°E	61°N	119°E	31°N	177°E	12°N

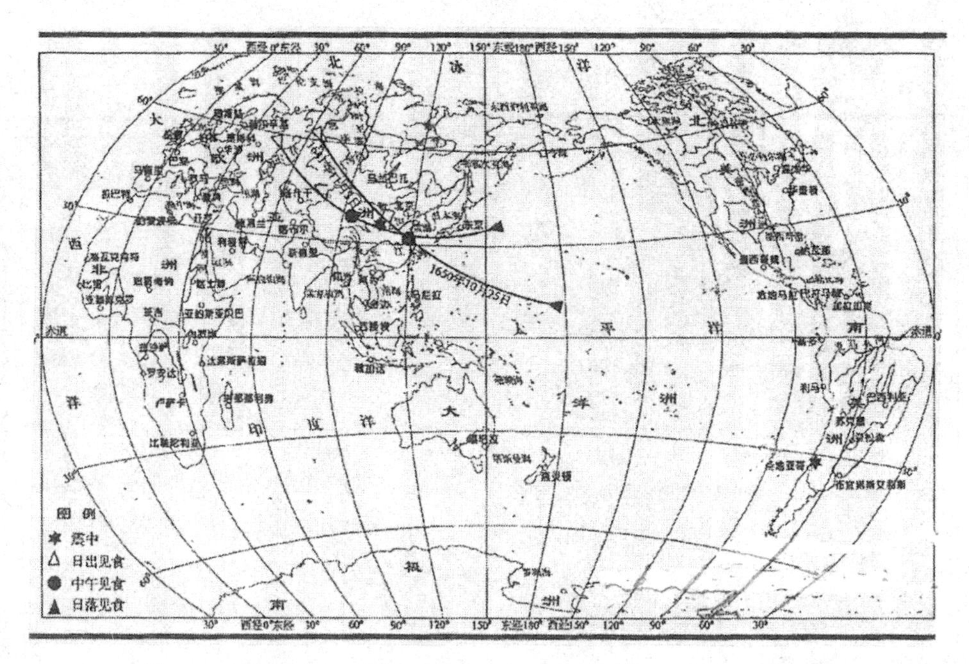

图 1-2 甘肃天水 1654 年 7 月 14 日 8 级强震震前日全食、日环食带图

3. 郯城(江苏)1668 年(清康熙七年)7 月 25 日 8.5 级强震;三河(河北)1679 年(清康熙十八年)9 月 2 日 8 级强震

郯城 1668 年 8.5 级强震与三河 1679 年 8 级强震相隔 11 年,且同处 117°E—118°E,震中仅相距约 560 km,应属同一区域地震,在震前两次日全食,一次日环食带穿越这一地区。郯城震中为(118.5°E,34.8°N),三河震中为(117°E,40°N),1641 年 11 月 3 日中午见食(96°E,36°N),1650 年 10 月 25 日中午见食(119°E,31°N),1658 年 6 月 1 日中午见食(131°E,27°N)。三次日全食、日环食带见表 1-3,其行经图如图 1-3 所示。

表 1-3

年 份	月	日	日出见食		中午见食		日落见食	
			经度	纬度	经度	纬度	经度	纬度
1641	11	3	45°E	58°N	96°E	36°N	153°E	35°N
1650	10	25	65°E	61°N	119°E	31°N	177°E	12°N
1658	6	1	70°E	2°N	131°E	27°N	165°W	7°N

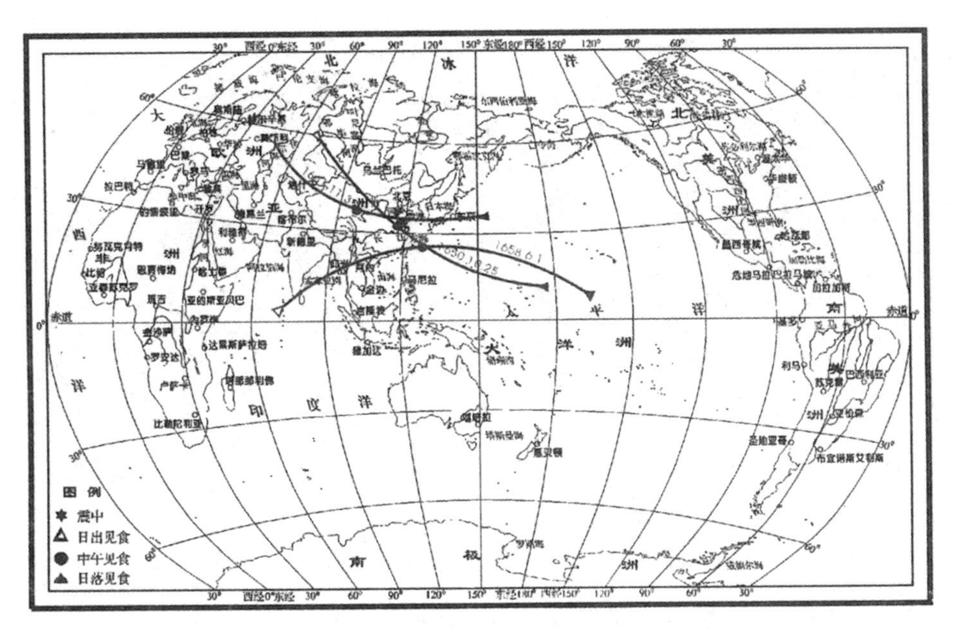

图 1-3　郯城 1668 年 7 月 25 日 8.5 级、三河 1679 年 9 月 2 日 8 级强震震前日全食、日环食带图

4. 旧金山 1906 年 4 月 18 日 8.3 级强震;阿拉斯加 1906 年 8 月 17 日 8.3 级强震

这两次地震都在 1906 年且同在北美,在 1906 年以前有两次日全食、两次日环食带经过震中附近。旧金山震中为(123°W,38°N),阿拉斯加震中为(179°E,51°N)。1878 年 7 月 29 日主食带中午见食地点为(139°W,60°N),靠近阿拉斯加震中北部;而 1885 年 3 月 16 日及 1889 年 1 月 1 日日全食、日环食带均处在阿拉斯加与旧金山中间,中午见食地点,1885 年为(92°W,56°N),1889 年为(138°W,37°N),更靠近旧金山;1893 年 10 月 9 日日全食、日环食带在旧金山震中以南,其中午见食地点为(126°W,12°N)。4 次日全食、日环食带列见表 1-4,其行经图如图1-4所示。

表　1-4

年　份	月	日	日出见食		中午见食		日落见食	
			经度	纬度	经度	纬度	经度	纬度
1878	7	29	118°E	54°N	139°W	60°N	70°W	18°N
1885	3	16	157°W	36°N	92°W	56°N	15°W	71°N
1889	1	1	179°E	53°N	138°W	37°N	94°W	52°N
1893	10	9	173°E	45°N	126°W	12°N	67°W	11°S

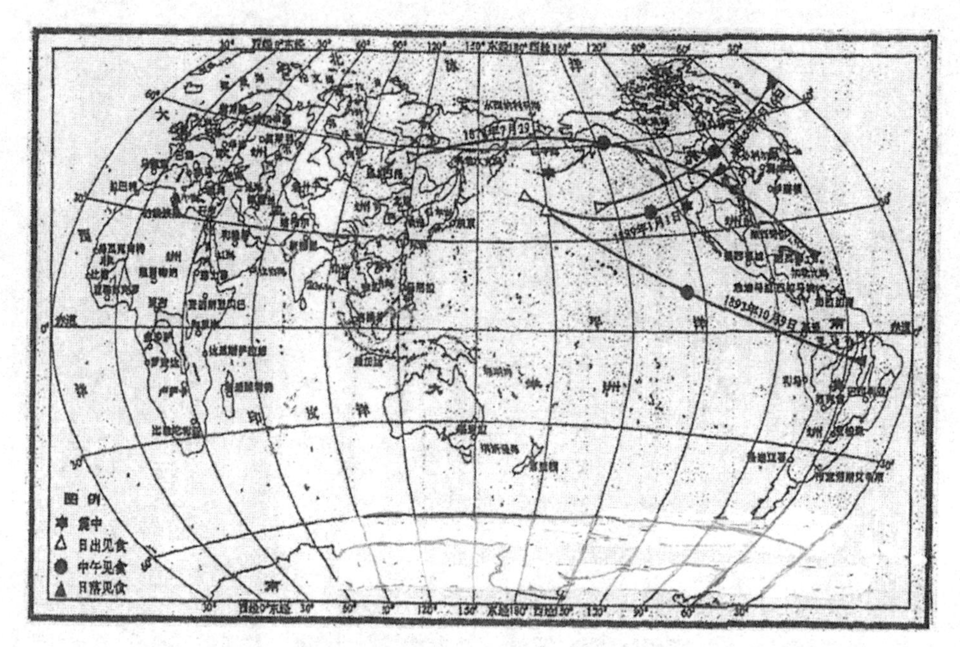

图 1-4　旧金山 1906 年 4 月 18 日 8.6 级、阿拉斯加 1906 年 8 月 17 日 8.3 级强震震前日全食、日环食带图

5. 厄瓜多尔 1906 年 1 月 31 日 8.6 级强震；圣地亚哥近海 1906 年 8 月 17 日 8.4 级强震

厄瓜多尔 1906 年 8.6 级强震震中为(81.5°W，1°N)，圣地亚哥 1906 年强震震中为(72°W，33°S)，死亡约 2 万人。在震前有两次日全食、日环食带横穿这一地区，1893 年 4 月 16 日，中午见食(37°W，1°S)，在厄瓜多尔震中以南，距震中约 2 500 km；1897 年 7 月 29 日中午见食(58°W，15°N)，在厄瓜多尔震中以南，在圣地亚哥震中东北。两次日全食、日环食带见表 1-5，其行经范围如图 1-5 所示。

表　1-5

年　份	月	日	日出见食		中午见食		日落见食	
			经度	纬度	经度	纬度	经度	纬度
1893	4	16	96°W	36°S	37°W	1°S	28°E	16°N
1897	7	29	125°W	16°N	58°W	15°N	4°W	23°S

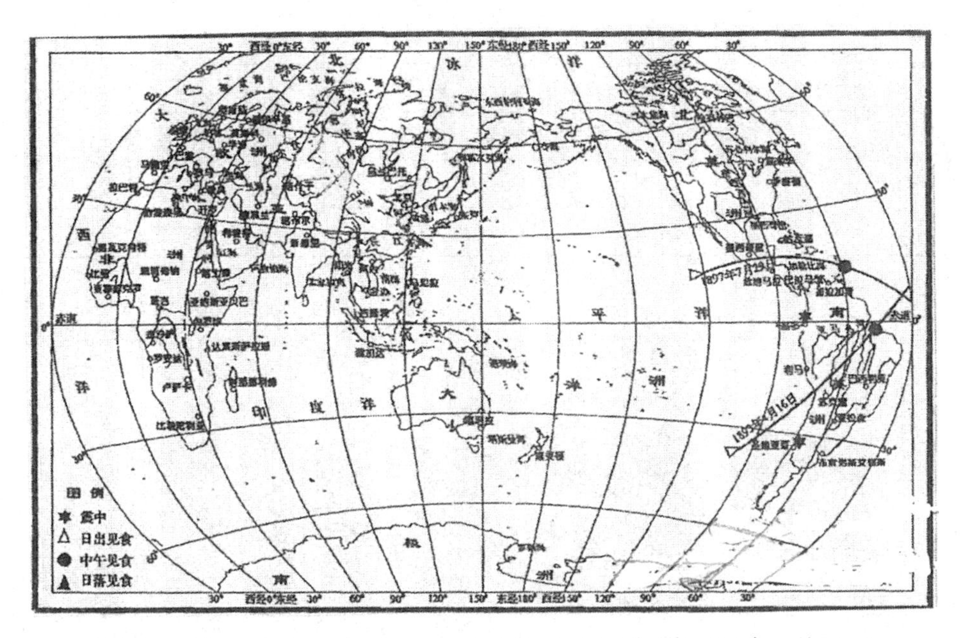

图 1-5　厄瓜多尔 1906 年 1 月 31 日 8.6 级、圣地亚哥近海 1906 年 8 月 17 日 8.4 级强震震前日全食、日环食带图

6. 宁夏海原 1920 年 12 月 16 日 8.6 级强震

宁夏海原 1920 年 12 月 16 日发生 8.6 级强震。史料记载：震灾最严重地区在宁夏海原、固原、靖远、隆德、静宁通渭之间，而尤以宁夏海原、固原间为最烈，估计震中在(36.3°N,106°E)，鸣声如雷如炮，复有大风尘雾。是地一带黄土最厚，地震之后罅裂遍地，崩塌极多，崩塌之土有长三四千尺，阔一二千尺，高四五百尺者多处。崩下处倾覆房窑，掩埋人畜，冲泻所至，又复积聚数里之外，壅成丘陵，所过之地，河流壅塞，道路冲坏。震动延及甘、陕、蜀、鄂、皖、豫、晋、燕、鲁、察、绥、青海等 12 省区，面积约 170×10^4 km^2，死亡约 28.8 万人。在震前有 4 次日全食、日环食带横穿这一地区，1911 年 10 月 22 日中午见食(118°E,11°N)；1904 年 3 月 17 日中午见食(96°E,6°N)；1907 年 1 月 14 日中午见食(89°E,39°N)，与 1894 年中午见食极为接近。1894 年 4 月 6 日中午见食(114°E,47°N)。4 次日全食、日环食带见表 1-6，其行经范围如图 1-6 所示。

表 1-6

年 份	月	日	日出见食		中午见食		日落见食	
			经度	纬度	经度	纬度	经度	纬度
1911	10	22	61°E	45°N	118°E	11°N	178°E	8°S
1904	3	17	36°E	10°S	96°E	6°N	157°E	25°N
1907	1	14	42°E	50°N	89°E	39°N	131°E	57°N
1894	4	6	54°E	7°N	114°E	47°N	158°W	62°N

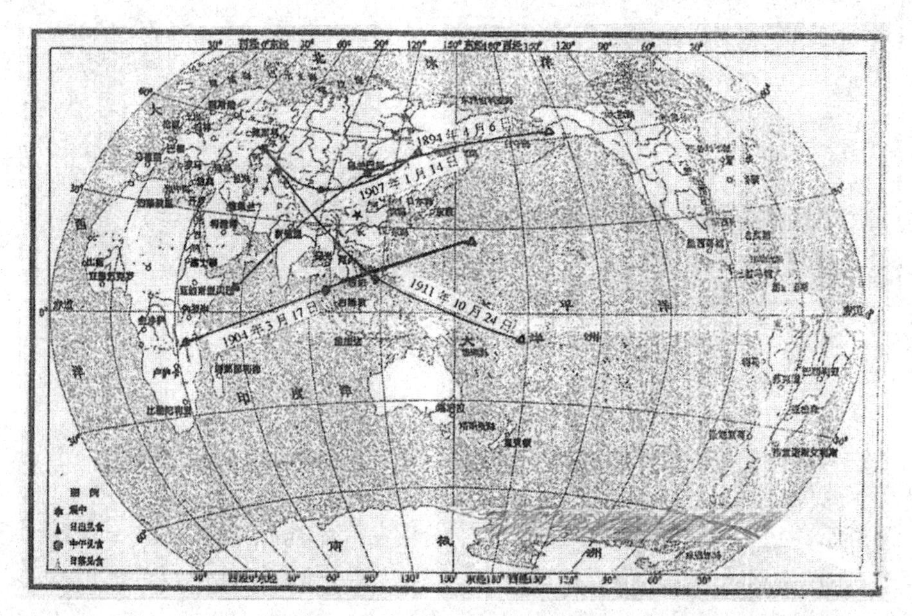

图 1-6　宁夏海原 1920 年 12 月 16 日 8.6 级强震震前日全食、日环食带图

7. 日本关东 1923 年 1 月 8 日 8.3 级强震；堪察加半岛 1923 年 2 月 3 日 8.3 级强震

日本关东 1923 年 8.3 级强震震中为(139.5°E,35.2°N)，死亡约 9.93 人，伤约 10.4 万人，失踪约 4.3 万人，海啸浪高 8.1 m。堪察加半岛于同年 2 月 3 日亦发生 8.3 级强震。有 4 次日全食、日环食带横穿这一地区。1887 年 8 月 19 日中午见食(102°E,53°N)，1894 年 4 月 6 日中午见食(114°E,47°N)，距关东震中约2 600 km；1896 年 8 月 9 日中午见食(112°E,65°N)；1903 年 3 月 29 日中午见食(150°E,

65°N)，距堪察加半岛震中约 2 000 km。4 次日全食、日环食带见表 1－7，其行经范围如图 1－7 所示 。

表 1－7

年 份	月	日	日出见食		中午见食		日落见食	
			经度	纬度	经度	纬度	经度	纬度
1887	8	19	12°E	51°N	102°E	53°N	173°E	24°N
1894	4	6	54°E	7°N	114°E	47°N	158°W	62°N
1896	8	9	0°	63°N	112°E	65°N	179°W	20°N
1903	3	29	80°E	40°N	150°E	65°N	117°W	75°N

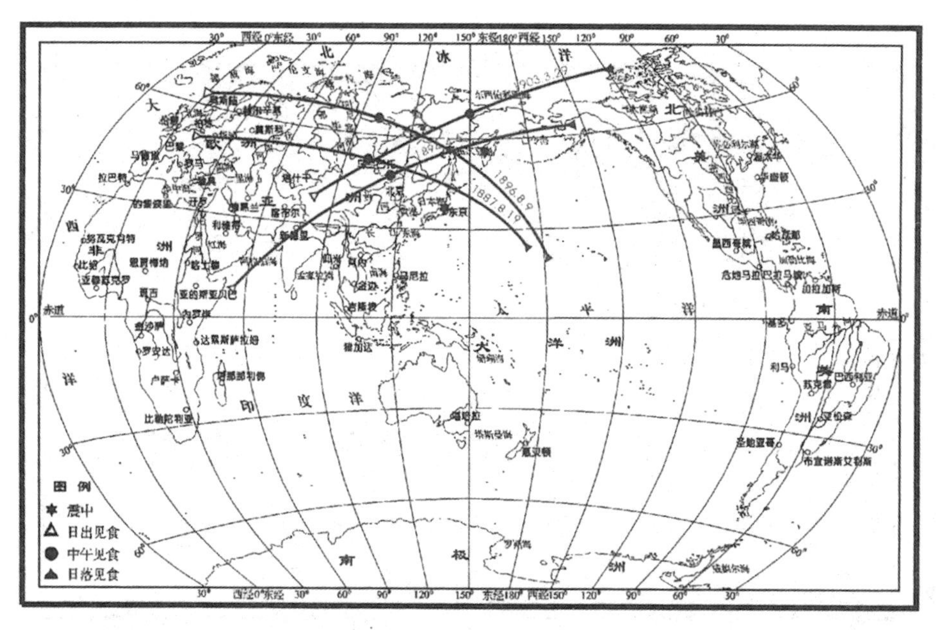

图 1－7 日本关东 1923 年 1 月 8 日 8.3 级、堪察加半岛 1923 年 2 月 3 日 8.3 级强震震前日全食、日环食带图

8. 西藏察隅—墨脱 1950 年 8 月 15 日 8.7 级强震

西藏察隅—墨脱于 1950 年 8 月 15 日 16 时 29 分发生 8.7 级强震，强震震中为(28.4°N, 96.7°E)，房屋倒塌，山崩地裂，印度阿萨姆地区死亡约 0.15 万人，当天又发生 5 次 6 级余震，16 日、18 日、22 日、26 日又发生 4 次 6 级余震。在震前有

三次日全食、日环食带横穿这一地区，1933 年 8 月 21 日中午见食(94°E，18°N)，距震中约1 000 km；1944 年 7 月 20 日中午见食(95°E，19°N)，与 1933 年中午见食极为接近；1941 年 9 月 21 日中午见食(114°E，30°N)，距震中不足 1 000 km。三次日环食、日全食带见表 1－8，其行经范围如图 1－8 所示。

表 1-8

年 份	月	日	日出见食		中午见食		日落见食	
			经度	纬度	经度	纬度	经度	纬度
1933	8	21	24°E	30°N	94°E	18°N	150°E	20°S
1944	7	20	33°E	3°N	95°E	19°N	154°E	7°S
1941	9	21	42°E	45°N	114°E	30°N	177°E	10°N

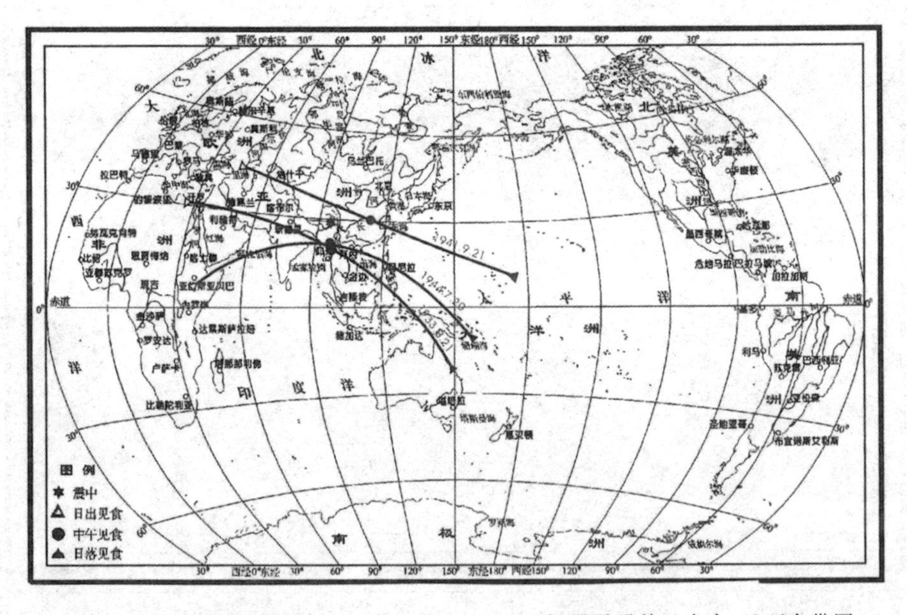

图 1－8 西藏察隅—墨脱 1950 年 8 月 15 日 8.7 级强震震前日全食、日环食带图

9. 中国台湾 1972 年 1 月 25 日 8 级强震；唐山 1976 年 7 月 27 日 7.8 级强震

中国台湾 1972 年 8 级地震与唐山 1976 年 7.8 级强震应属同一区域地震，震前有三次日全食、日环食穿过这一区域，台湾震中为(122.3°E，22.6°N)，唐山震中为(118.2°E，39.6°N)，1948 年 5 月 9 日中午见食(138°E，44°N)接近唐山，而 1955

年 6 月 20 日中午见食(117°E,15°N)与 1958 年 4 月 19 日中午见食(126°E,28°N)接近台湾，三次日环食、日全食带见表 1-9，其行经图如图 1-9 所示。

表　1-9

年　份	月	日	日出见食		中午见食		日落见食	
			经度	纬度	经度	纬度	经度	纬度
1948	5	9	77°E	2°N	138°E	44°N	136°W	43°N
1955	6	20	55°E	4°S	117°E	15°N	177°E	12°S
1958	4	19	66°E	1°N	126°E	28°N	164°W	31°N

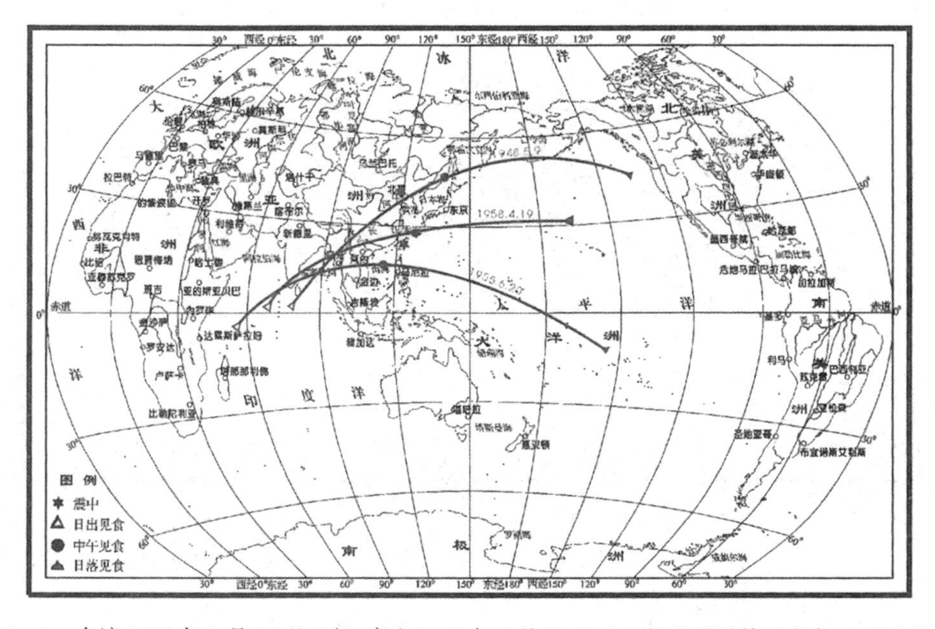

图 1-9　台湾 1972 年 1 月 25 日 8 级、唐山 1976 年 7 月 27 日 7.8 级强震震前日全食、日环食带图

10. 苏门答腊 2005 年 12 月 26 日 9 级地震

在 2005 年以前，1983 年、1995 年各有一次日全食、日环食带经过震区附近，苏门答腊震中为(97°E,2°N)，而 1983 年 6 月 11 日全食中午见食(111°E,7°S)，1995 年 10 月 24 日全食带中午见食(110°E,10°N)，1995 年 10 月 24 日中午见食与 2005 年 12 月 26 日苏门答腊 9 级强震中仅相距 1 200 km。1983 年 6 月 11 日与 1995 年 10 月 24 日全食带见表 1-10，其行经图见如图 1-10 所示。

表 1-10

年 份	月	日	日出见食		中午见食		日落见食	
			经度	纬度	经度	纬度	经度	纬度
1983	6	11	60°E	36°S	111°E	7°S	168°E	18°S
1995	10	24	51°E	34°N	110°E	10°N	172°E	5°N

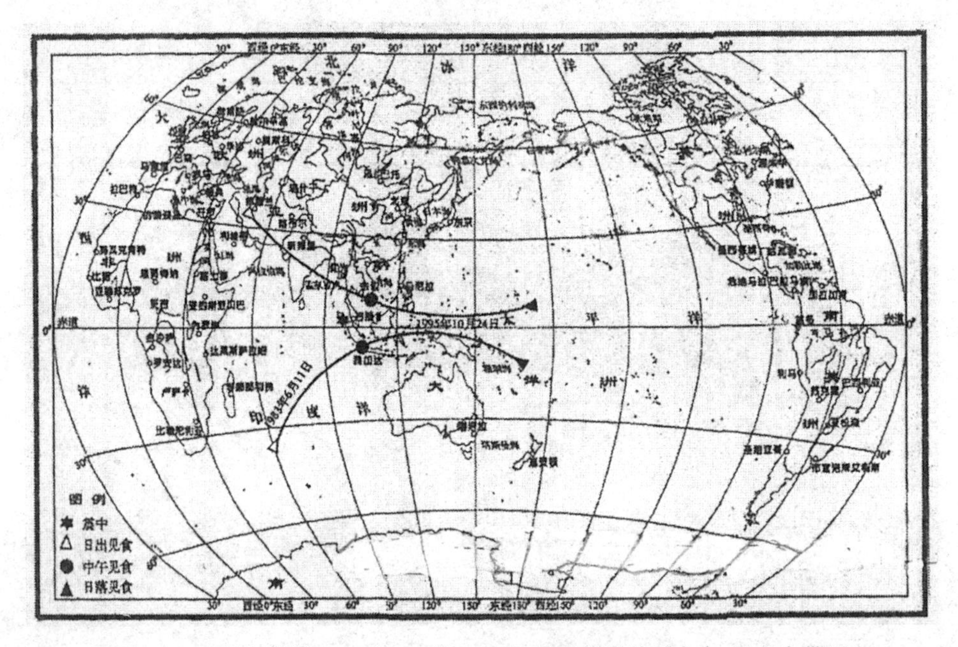

图1 10 苏门答腊2005年12月26日9级地震震前日全食、日环食带图

11.2008年5月12日四川汶川地震

2008年5月12日14时28分四川汶川发生了8级强震，震中为(103.4°E，30°N)，当天又发生6级余震2次，13日又发生6.1级余震，18日江油发生6级余震，25日青川发生6.4级余震。在震前有3次日全食、日环食带经过这一地区，1987年9月23日日全食、日环食带经过汶川，中午见食(135°E，19°N)，1988年3月18日中午见食(146°E，28°N)，1995年10月24日年中午见食(110°E，10°N)，3次日全食、日环食带见表1-11，其日全食、日环食带经过范围如图1-11所示。从图上看汶川居于三次日全食、日环食带西部，其日全食、日环食带形成的地壳应力似未完全释放，这有待后续观测。(该图成图于2008年12月份，并以电子邮件告

知许绍燮院士、强祖基教授注意中国东部、台湾，日本、菲律宾震情，2009 年 1 月 4 日 3 时 43 分在菲律宾与印尼交界的印尼巴布亚群岛(132.8°E，0.7°S)发生 7.7 级地震，6 时 30 分又发生 7.5 级地震(133.5°E，0.7°S，)，在 2 月 11 日的(126.7°E，3.4°N)地区又发生 7.4 级地震，这一推论得到验证。)

表　1-11

年　份	月	日	日出见食		中午见食		日落见食	
			经度	纬度	经度	纬度	经度	纬度
1987	9	23	68°E	46°N	135°E	19°N	167°W	13°S
1988	3	18	86°E	4°S	146°E	28°N	143°W	54°N
1995	10	24	51°E	34°N	110°E	10°N	172°E	5°N

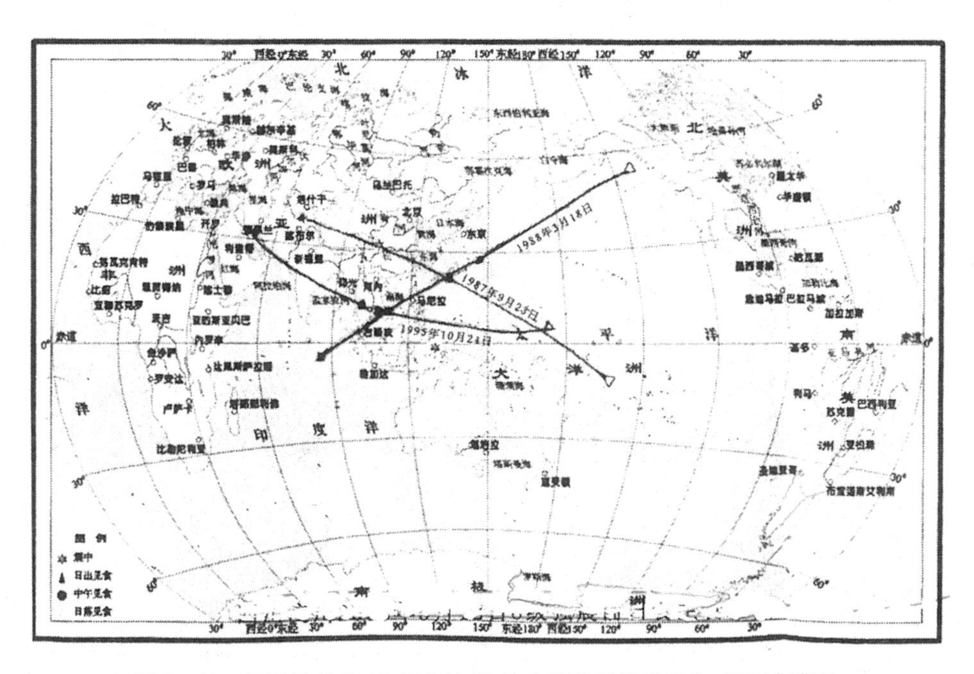

图 1-11　四川汶川 2008 年 5 月 12 日 8 级强震前日全食、日环食带图

12. 海地 2010 年 1 月 12 日 7.3 级强震

海地于 2010 年 1 月 12 日 16 时(当地时间)发生 7.3 级大震，首都太子港受灾情况严重，强震震中为(72.5°W，18.6°N)，距太子港 16 km，震源深度为 10 km，截

至2011年1月26日，地震后第15天，世界卫生组织确认死亡约22.25万人，受伤约19.6万人。在震前有三次日全食、日环食带横穿这一地区，1998年2月26日中午见食(81°W，6°N，)，距震中约1 000 km；1991年7月11日中午见食(105°W，22°N)；1984年5月30日中午见食(74°W，38°N)，距震中不足1 000 km。三次日全食、日环食带见表1-12，其行经范围如图1-12所示。

表 1-12

年 份	月	日	日出见食		中午见食		日落见食	
			经度	纬度	经度	纬度	经度	纬度
1998	2	26	144°W	2°S	81°W	6°N	19°W	30°N
1991	7	11	175°W	13°N	105°W	22°N	46°W	13°S
1984	5	30	136°W	1°N	74°W	38°N	3°E	28°N

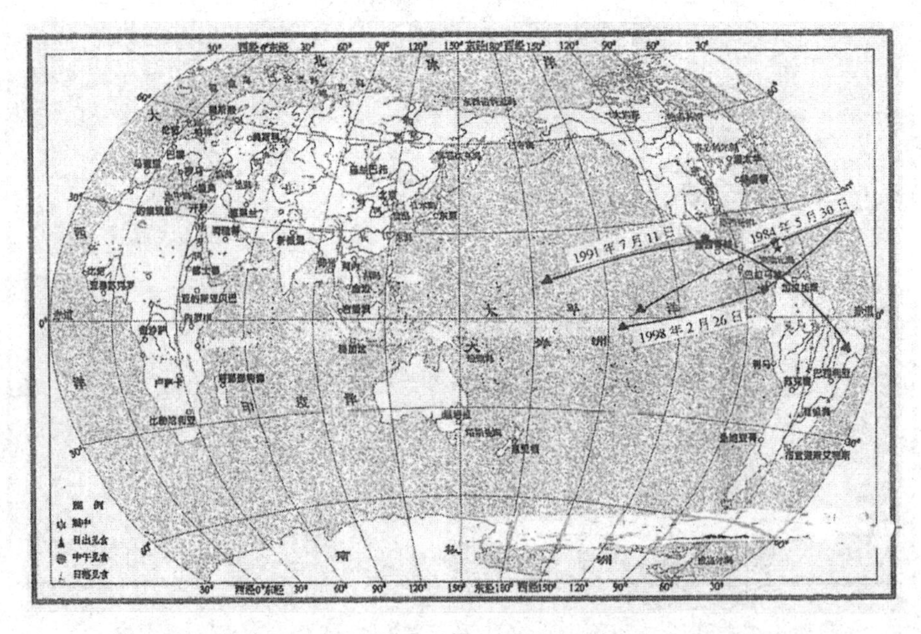

图1-12　海地2010年1月12日7.3级强震震前日全食、日环食带图

13. 日本仙台东海岸2011年3月11日9级强震

日本仙台东海岸海域于2011年3月11日14时(当地时间)发生9级强震，强震震中为(142.5°E，38.1°N)，震源深度为20 km，海啸高度达24 m，死亡约1.58

万人,失踪约 0.35 万人,伤约 10 万人,约 200 百万人无家可归。3 月 12 日日本第一核电站反应堆芯的燃料开始融化,放射性物质出现泄漏,当天下午核电站发生两次爆炸,经济损失达 300 亿美元。在震前有三次日全食、日环食带横穿这一地区,1987 年 9 月 23 日中午见食(135°E,19°N),距震中约 1 000 km;1988 年 3 月 18 日中午见食(146°E,28°N);1981 年 7 月 31 日中午见食(127°E,54°N),距震中不足 1 000 km。三次日全食、日环食带见表 1-13,其行经范围如图 1-13 所示。

表　1-13

年　份	月	日	日出见食		中午见食		日落见食	
			经度	纬度	经度	纬度	经度	纬度
1987	9	23	68°E	46°N	135°E	19°N	167°W	13°S
1988	3	18	86°E	4°S	146°E	28°N	143°W	54°N
1981	7	31	40°E	42°N	127°E	54°N	159°W	25°N

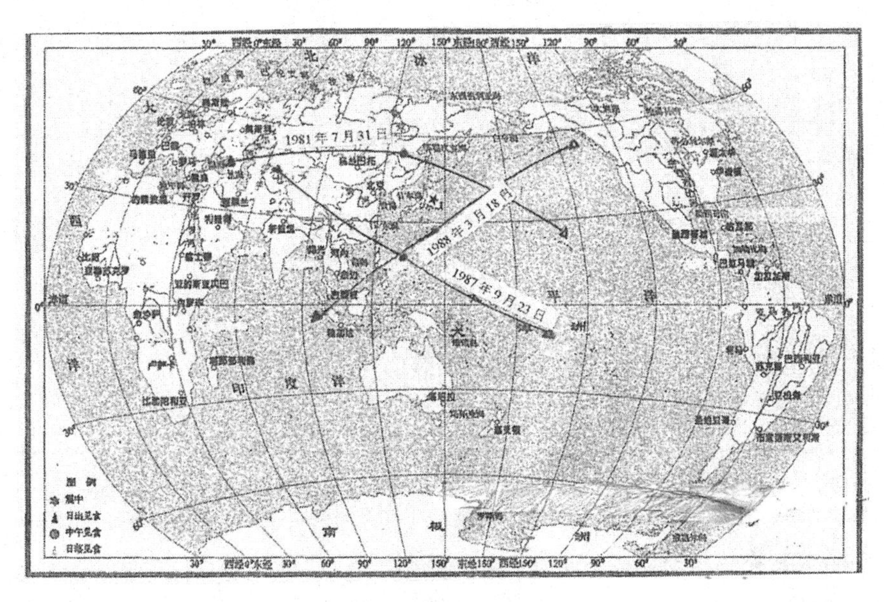

图 1-13　日本仙台东海岸 2011 年 3 月 11 日 9 级强震震前日全食、日环食带图

14. 印尼 2012 年 4 月 11 日 8.6 级强震

印尼于 2012 年 4 月 11 日 16 时发生 8.6 级强震,震中为(93.1°E, 2.3°N),18 时又发生 8.2 级强震,震中为(92.4°E, 0.8°N)。由于是平移型地震,未移动大量

海水，未发生海啸。在震前亦有三次日全食、日环食带通过震区，三次日全食、日环食带见表1－14，其行经范围如图1－14所示。

表 1－14

年　份	月	日	日出见食		中午见食		日落见食	
			经度	纬度	经度	纬度	经度	纬度
2010	1	15	15°E	7°N	72°E	3°N	122°E	36°N
1983	6	11	60°E	36°S	111°E	7°S	168°E	18°S
1969	3	18	44°E	45°S	112°E	19°S	172°E	13°N

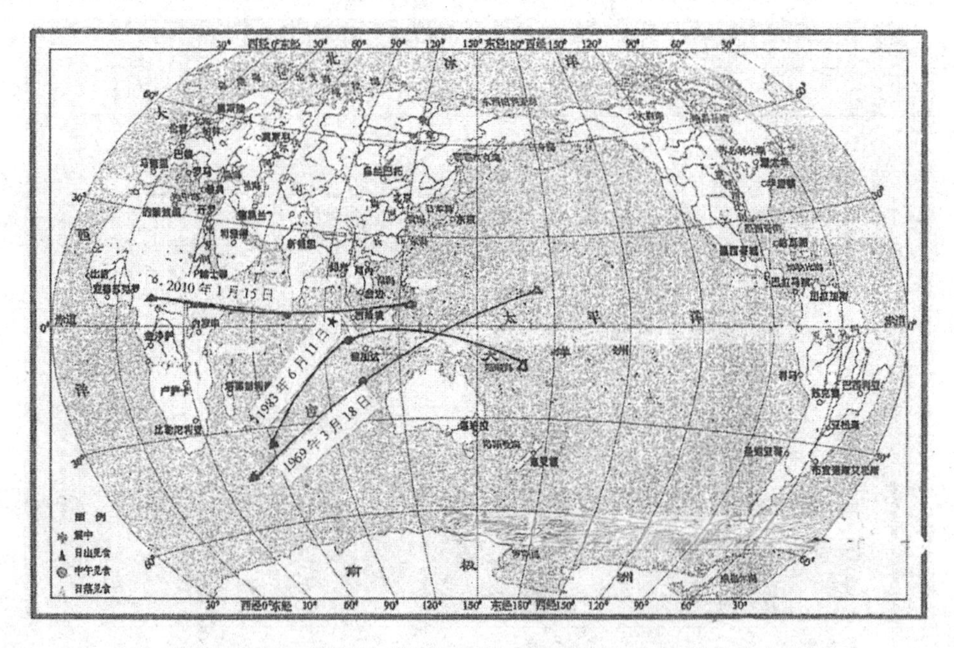

图1－14　印尼2012年4月11日8.6级强震震前日全食、日环食带图

15.强震群

印度尼西亚爪哇岛1883年8月26日强震，印度尼西亚蒂汶岛1896年4月18日8级强震，印度阿萨姆1897年6月12日8.7级强震，日本本洲东海岸1901年8月9日8.2级强震，新疆阿图什北1902年8月22日8.6级强震。

印度尼西亚爪哇岛1883年8月26日强震震中为(106°E,5.8°S)，死亡约1万人；蒂汶岛1896年4月18日8级强震震中为(126°E,8.3°S)；印度阿萨姆1897年

6月12日8.7级强震震中为(91°E,26°N),从8时到11时4次强震死亡约0.61人;日本本洲东海岸1901年8月9日8.2级强震震中为(144°E,40°N);新疆阿图什北1902年8月22日8.6级强震亦连续发生4次强震。在这5次强震前从1868年至1894年的26年间7次日全食、日环食主带密集通过这一地区,计有1868年8月18日、1871年12月12日、1872年6月6日、1875年4月6日、1882年5月17日、1887年8月19日、1894年4月6日。各日全食、日环食带见表1-15,其行经范围如图1-15所示。这可以称之为强地震群。

表　1-15

年　份	月	日	日出见食		中午见食		日落见食	
			经度	纬度	经度	纬度	经度	纬度
1868	8	18	36°E	11°N	103°E	10°N	163°E	16°S
1871	12	12	61°E	19°N	118°E	12°S	178°W	1°N
1872	6	6	65°E	6°N	128°E	41°N	156°W	27°N
1875	4	6	22°E	36°S	83°E	2°S	148°E	21°N
1882	5	17	3°W	11°N	63°E	39°N	139°E	25°N
1887	8	19	12°E	51°N	102°E	53°N	173°E	24°N
1894	4	6	54°E	7°N	114°E	47°N	158°W	62°N

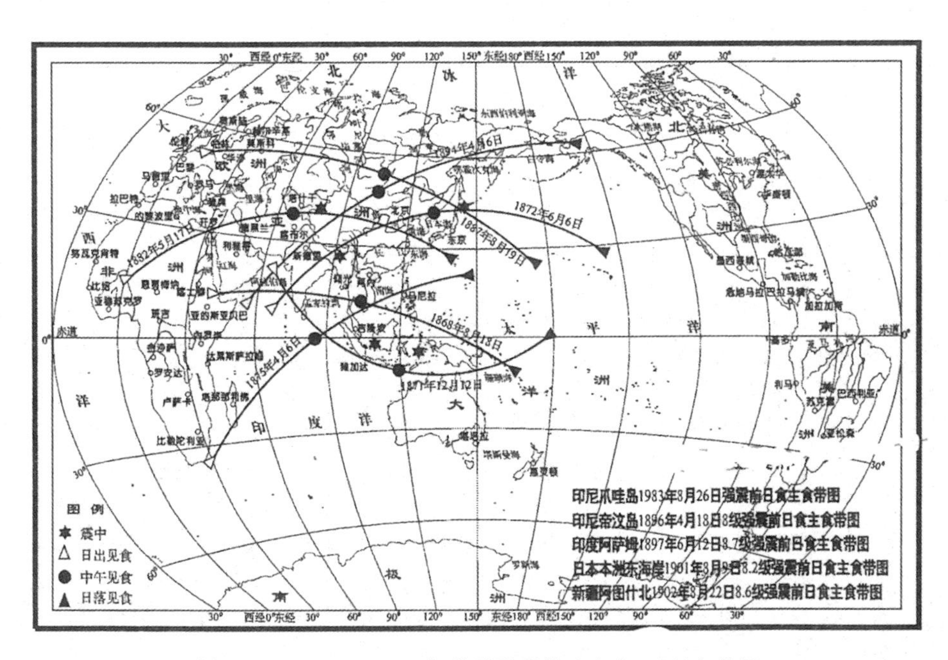

图1-15　1883—1902年强震群震前日全食、日环食带图

从以上14例强地震中可以看出，地震前横穿震区的日食与地震发生的间隔时间最长为郯城区与三河强震的38年，关东与勘察加半岛、斐济(1915年)为36年，炉霍(1973年)、斐济(1957年)为32年，炉霍(1923年)为29年，旧金山与阿拉斯加为23年，苏门答腊、吉黑交界(1818年)为22年，汶川、吉黑交界(1957年)为21年，台湾与唐山为18年，华县为14年，甘肃天水为13年，厄瓜多尔为9年。

三、佐证三，大体相似的日全食、日环食带区，有相似的地震

(1)今以四川炉霍1923年3月24日7.3级地震与1973年2月7日7.6地震加以比较。这两年震中比较接近，震中经纬度相差仅0.1°～0.2°。1923年以前有4次日全食、日环食带横穿这一地区(见表1-16)，1923年3月24日炉霍地震震中为(100.3°E，31.7°N)，震源深度为13 km。

表 1-16

年份	月	日	日出见食		中午见食		日落见食	
			经度	纬度	经度	纬度	经度	纬度
1911	10	22	61°E	45°N	118°E	11°N	178°E	8°S
1907	1	14	42°E	50°N	89°E	39°N	131°E	57°N
1904	3	17	36°E	10°S	96°E	6°N	157°E	25°N
1894	4	6	54°E	7°N	114°E	47°N	158°W	62°N

1973年2月6日以前亦有4次日全食、日环食带横穿这一地区(见表1-17)，1973年2月6日炉霍地震震中为(100.5°E，31.6°N)，震源深度为8 km。

表 1-17

年份	月	日	日出见食		中午见食		日落见食	
			经度	纬度	经度	纬度	经度	纬度
1965	11	23	65°E	38°N	116°E	4°N	175°E	5°N
1955	6	20	55°E	4°S	117°E	15°N	177°E	12°S
1944	7	20	33°E	3°N	95°E	19°N	154°E	7°S
1941	9	21	42°E	45°N	114°E	30°N	117°E	10°N

这两年震中基本一致，震级亦大体相当，震源深度亦接近，震前日全食、日环食

带路径大体相当，可参阅图 1－16，这为地震长期预报提供了一条思路。

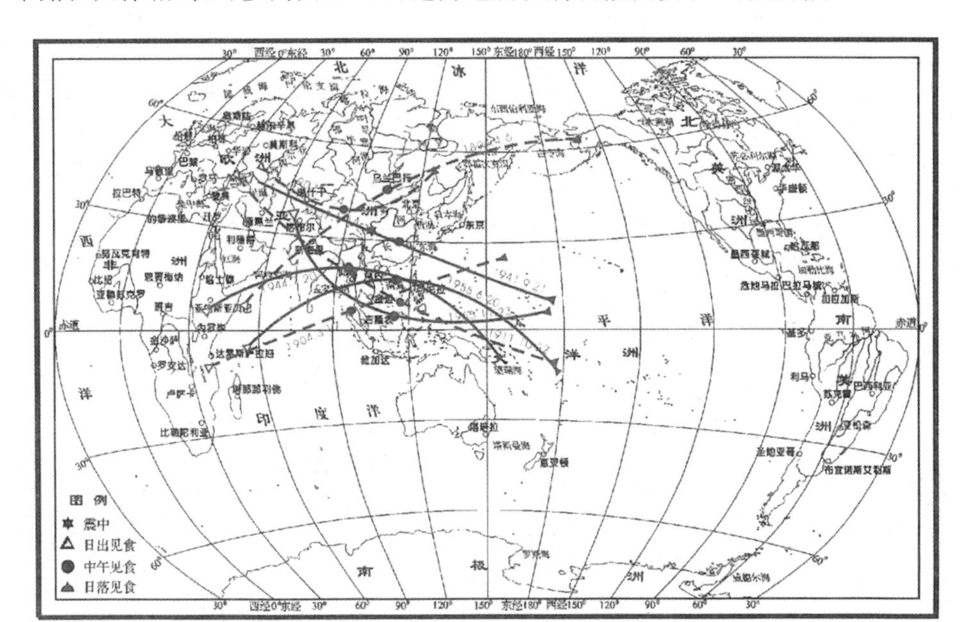

图 1－16　四川炉霍 1923 年 3 月 24 日 7.3 级和四川炉霍 1973 年 2 月 7 日 7.6 级相似地震震前日全食、日环食带图

(2)1918 年 4 月 10 日，吉林珲春东北(130.5°E，43.5°N)发生 7.2 级地震，震源深度为 570 km，1957 年 1 月 3 日黑龙江东宁西南(130.6°E，43.9°N)7 级地震，震源深度为 593 km。这两次震源仅相距约 60 km，1918 年以前 22 年中有 3 次日全食、日环食带穿过这一地区，见表 1－18。

表　1－18

年　份	月	日	日出见食		中午见食		日落见食	
			经度	纬度	经度	纬度	经度	纬度
1907	1	14	42°E	50°N	89°E	39°N	131°E	57°N
1903	3	29	80°E	40°N	150°E	65°N	117°W	75°N
1896	8	9	0°	63°N	112°E	65°N	179°W	20°N

1957 年 1 月 3 日以前的 21 年中，有三次日全食、日环食带横穿这一地区，见表1－19。

表 1-19

年 份	月	日	日出见食		中午见食		日落见食	
			经度	纬度	经度	纬度	经度	纬度
1948	5	9	77°E	2°N	138°E	44°N	136°W	43°N
1941	9	21	42°E	45°N	114°E	30°N	177°E	10°N
1936	6	19	16°E	34°N	101°E	56°N	179°E	26°N

这两次地震前20多年日全食、日环食带食路大体相当，如图1-17所示，震中相近，震级及震源深度均极一致。

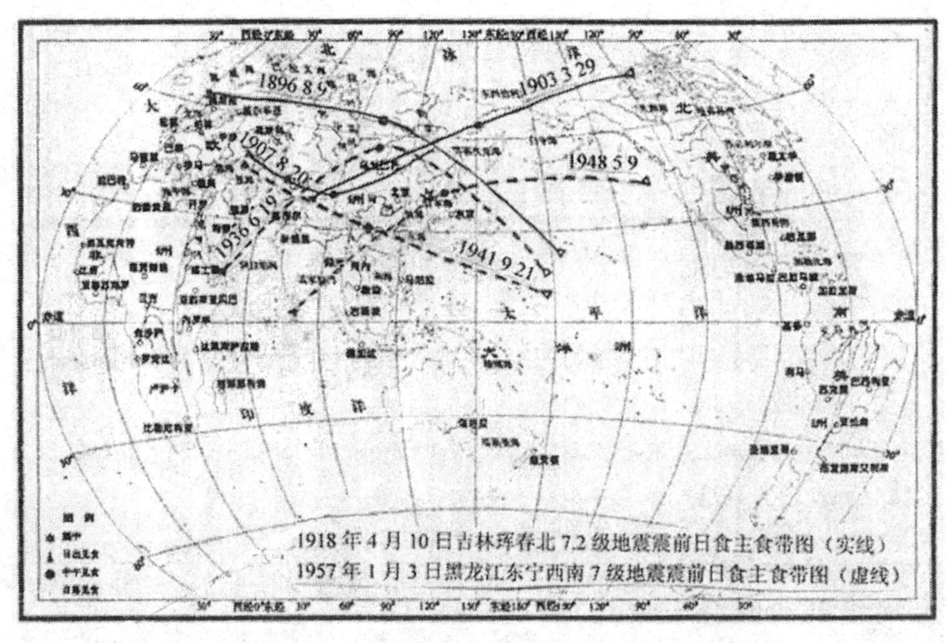

图1-17　1918年4月10日吉林珲春东北7.2级地震与1957年1月3日黑龙江东宁西南7级相似地震震前日全食、日环食带图

(3)1915年2月25日在太平洋斐济岛海域(180°W,20°S)发生7.25级地震，震源深度为600 km;1957年9月28日斐济岛(178.5°W,20.25°S)又发生7.5级地震，震源深度亦为600 km，这两次震源纬度上仅相差0.25°，经度上相差1.5°。1915年以前33年中有3次日全食、日环食带穿过这一地区，见表1-20。

表　1－20

年　份	月	日	日出见食		中午见食		日落见食	
			经度	纬度	经度	纬度	经度	纬度
1908	1	3	154°E	11°N	145°W	12°S	85°W	10°N
1897	2	1	166°E	32°S	118°W	29°S	61°W	11°N
1882	11	10	123°E	2°S	176°W	29°S	106°W	21°S

1957年9月28日以前32年中有3次日全食、日环食带穿过这一地区,见表1－21。

表　1－21

年　份	月	日	日出见食		中午见食		日落见食	
			经度	纬度	经度	纬度	经度	纬度
1951	3	7	161°E	42°S	127°W	21°S	69°W	14°N
1930	10	21	146°E	4°N	155°W	36°S	72°W	48°S
1925	7	20	162°E	37°S	148°W	26°S	100°W	47°S

这两次地震以前30余年均有3次日全食、日环食带横穿这一地区,如图1－18所示,其发生的地震震级、震中、震源深度亦极相似。

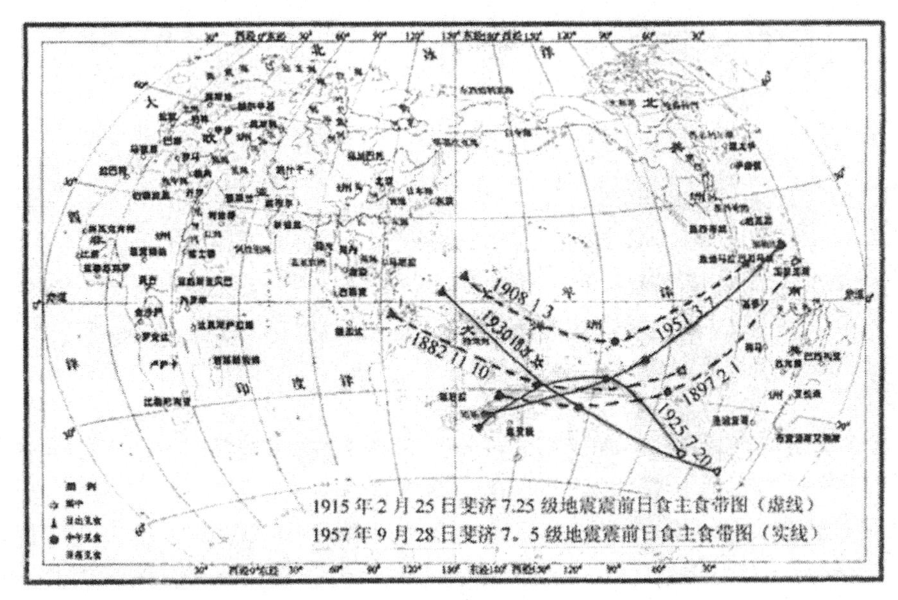

图1－18　1915年2月25日在太平洋斐济岛海域发生7.25级地震与1957年9月28日斐济岛发生7.5级相似地震震前日全食、日环食带图

大体相似的日全食、日环食带走向，有相似的地震。如四川炉霍1923年3月24日7.3级地震与1973年2月7日7.6级地震，这两次震中比较接近，震中经纬度相差仅0.1°～0.2°。1923年以前有四次日全食、日环食带横穿这一地区，1923年3月24日炉霍地震震中为(100.3°E,31.7°N)；1973年2月7日以前亦有四次日全食、日环食带横穿这一地区，1973年2月7日炉霍地震震中为(100.5°E,31.6°N)。1918年4月10日吉林珲春东北(130.5°E,43.5°N)发生7.2级地震，震源深度570 km；1957年1月3日黑龙江东宁西南(130.6°E,43.9°N)发生7级地震，震源深度为593 km，这两次震源仅相距约60 km。又如，1915年2月25日斐济岛海域(180°,20°S)发生7.25级地震，震源深度为600 km，1957年9月28日斐济岛海域(178.5°W,20.25°S)发生7.5级地震，震源深度为600 km，这两次地震前都有3次日全食、日环食带穿过这一地区。由以上三例进一步说明地震是由日食引起的。

四、佐证四，日食对地壳局部可产生相当大的外张应力

当发生日食时，地球在月影区失去光辐射压力。光照在物体上，会对物体施加压力(辐射压力)。依照麦克斯韦(James Clerk Maxwell)的预示，入射光给予物体的动量p由下式给出：

$$p=\nu/c \tag{1-1}$$

式中，ν为物体吸收的能量，J；c为光速，3×10^8 m/s。

如光全部被反射，则入射光给予物体的动量p将为式(1-1)的两倍，即

$$p=2\nu/c \tag{1-2}$$

太阳光照在地球表面有43％返回太空，太阳光给予地球表面的动量p由下式给出：

$$p=1.43\nu/c \tag{1-3}$$

一次中纬度日食地面月影区面积约为1×10^9 km²，在月影区损失能量约为10^{20} J，比全球每年地震能量大3个量级。在中午食甚时，即在中午时太阳全被月球遮住时，辐射损失最大，一般为3～7 min，按3 min计算，则1 m²损失能量为

$$\nu=4.186STA \tag{1-4}$$

式中，S为太阳常数，1.96 kal/(min·cm²)；T为时间；A为面积(m²)。

$$\nu=4.186\times1.96\times3\times100\times100\approx2.4\times10^5\ \text{J}$$

1 cm²损失能量2.4×10 J，1 mm²损失能量2.4×10^{-1} J。

另外，月球是以平均1.01 km/s的速度绕地球转动的，地球也在不停地自转，在纬度φ处自转速率是$0.46\cos\varphi$ km/s，小于月球速度，因此每次日食时月影自西

向东扫过地球,各不同纬度月影速度是不同的,以纬度30°为例,月影速度为

$$1.01-0.46\cos30^\circ=0.702\ \mathrm{km/s}$$

以赤道为例,月影速度为

$$1.01-0.46\cos30^\circ=0.55\ \mathrm{km/s}$$

二者均大于声速在空气中的传播速度331.36 m/s,日蚀期间月影运动量以超声速运动,由于运动速度快,在月影区的冲量要有很大的变化,今以纬度30°为例,由动量定理的微分形式,即

$$F\mathrm{d}t=\mathrm{d}p \tag{1-5}$$

食甚时月影区地球表面失去动量,有

$$p=1.43\nu/c \tag{1-6}$$

1 m^2　$p=1.43\times2.4\times10^5/3\times10^8=1.1\times10^{-3}$ kg·m/s

1 cm^2　$p=1.43\times2.4\times10/3\times10^8=1.1\times10^{-7}$ kg·m/s

1 mm^2　$p=1.43\times2.4\times10^{-1}/3\times10^8=1.1\times10^{-9}$ kg·m/s

今以纬度30°为例,月影速度为0.702 km/s,每米为0.001 4 s,根据式(1-5)

1 m^2　$F=p/t=1.1\times10^{-3}/0.001\,4=0.78$ N

1 cm^2　$F=p/t=1.1\times10^{-7}/0.000\,014=7.8\times10^{-3}$ N,即78 N/m^2

1 mm^2　$F=p/t=1.1\times10^{-9}/0.000\,001\,4=7.8\times10^{-4}$ N,即780 N/ m^2

10^{-6} m^2　$F=p/t=780\,000$ N/ m^2

其变化是非常大的,约为7.8 atm。地球上界处太阳辐射随波长而变,主要集中在紫外线A与红外线B,为其总辐照度的95.94%(参见王炳忠编著的《太阳辐射能的测量与标准》,科学出版社,1988年),其各光谱段波长、辐照度并根据式(1-5),日食给予地球表面的平均力等于给予地球表面动量的平均变化力F,参见表1-22。

日食的全过程一般为2.5 h,最长可达3.5 h,按2.5 h计,即为中午食甚75 min(1.25 h)不见太阳,中午食甚时全过程约为每平方米有535 atm(75÷3×21.4= 535 atm)的张力。这一局部地壳张力(向外胀力)是不容忽视的。因此,日食是引发地震的主要能源,故称之为日食效应。

另外,在日食期间,由于月影以超声速度通过地球大气时形成冲击波,在沿主食带及垂直主食带方向均有气压波动现象,这一因素尚未计算在内。

地震主要发生在地壳(平均厚度约33 km)、上地幔(约320 km)及过渡层(约350 km)。地壳、上地幔及过渡层受自重影响,本身是处于平衡状态的。由于日食效应,日食月影区地幔上部局部受力,经日食月影区地幔上部受力区的叠加(强震区一般为2～4次),地壳、上地幔及过渡层局部受力区,受力中心偏移,形成偏心。

由于偏心产生力距(偏心向左偏,其力距为顺时针方向,偏心向右偏,其力距为逆时针方向,这与地震发生时顺时针转与逆时针转是一致的),偏心大大超出工程上常见的三等分线的中段范围,使局部地区压力增大形成高压区,局部地区压力减小形成受拉区。岩石高压区内正空穴电子受压放出红外辐射,地球表面增温,在受拉区断层产生裂隙而冒气,在震中断层中由于裂隙使岩石位移做功(岩石断裂错动,增温区消失)而发生地震。地震亦是地幔上部受力后应力集中的产物。

表 1-22

光谱段	波长范围/μm	平均/μm	辐照度/$W \cdot m^{-2}$	占总量百分比	F/$N \cdot m^{-2}$	大气压/atm
紫外线-A	0.32~0.40	0.36	8.073×10^1	5.9%	7 800 000×0.64×0.059=294 528	2.91
可见光-A	0.40~0.52	0.46	2.240×10^2	16.3%	7 800 000×0.54×0.164=690 768	6.82
可见光-B	0.52~0.62	0.57	1.877×10^2	13.4%	7 800 000×0.43×0.134=449 436	4.44
可见光-C	0.62~0.78	0.68	2.280×10^2	16.7%	8 000 700×0.32×0.134=416 832	4.11
红外线-A	0.78~1.40	1.00	4.125×10^0	30.2%	780 000 × 0. 302 = 235 560	2.33
红外线-B	1.40~3.00	2.20	1.836×10^0	13.4%	780 000×0.78×0.134=81 525	0.80
总计	0.32~3.00			95.94%	2 168 667	21.40

日食的外胀力与太阳的日射角有关,太阳日射角在赤道区大,纬度越高,太阳日射角越小,则外胀力越小,这与极区很少发生地震是一致的。地球经过46亿年的演化,由于这一外胀力,使赤道半径大,极区半径相应减小。利用人造地球卫星测量,赤道比极半径大21.385 km。

在地震前震中附近由于岩石受压,岩石内正空穴电子受压放出红外辐射,地球表面升温(大于4级以上的地震都有此现象),据国内观测升温幅度达3~14℃,时间长达3~10天不等,增温面积达数十万至数百万平方千米。增温面积大,升温幅度高,则地震震级高。如2004年12月2日14时苏门答腊9级地震,震前25天出现增温情况,其增温面积达800余万平方千米。又如2008年5月12日14时28分四川汶川8级地震,增温面积达400 km^2。

强祖基教授等人在《震前卫星热红外环形应力场特征》等文章中介绍了有关1990年4月26日青海共和7级地震震前热红外异常区,如图1-19所示;1994年9月16日台湾海峡7.3级地震震前热红外异常区,如图1-20所示;1995年4月

21日至5月5日菲律宾萨马岛7～7.5级地震震前热红外异常区,如图1-21所示,热红外异常区都有移动,且震中都在热红外异常区之外。

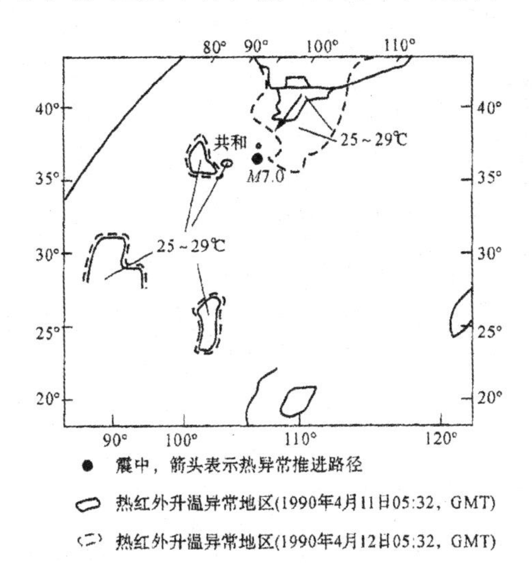

图1-19 1990年4月26日青海共和7级地震震前卫星热红外异常推进路线图

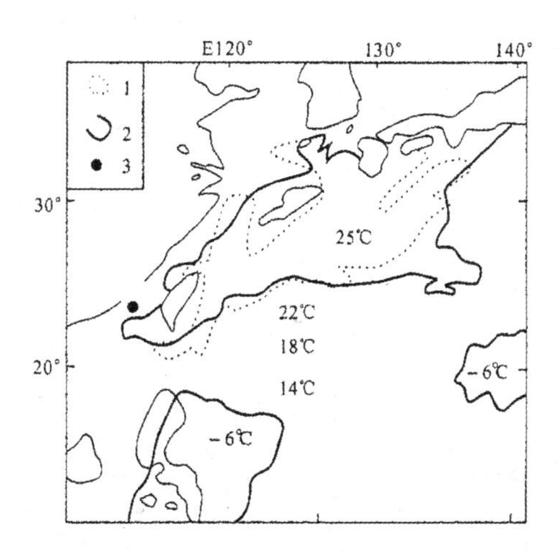

图1-20 1994年9月16日台海海峡7.3级地震卫星热红外温度分布图

1—1994年9月8日15:55(世界时)热异常边界; 2—1994年9月9日15:55(世界时)热异常边界;

3—1994年9月16日台湾海峡7.3级大地震震中(23.0°N,118.5°E)

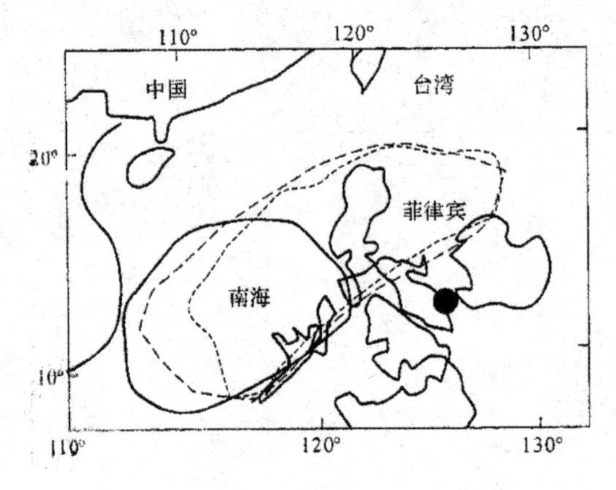

图 1-21　1995 年 4 月 21 日至 5 月 5 日菲律宾萨马岛 7～7.5 级地震震前卫星热红外升温椭圆环推进路线图

五、佐证五，由于日食外胀力影响地幔上层局部会出现偏心受力形成受拉区而引起地震发生

地幔上层在没有外界扰动的情况下处于平衡状态，受日食效应影响，地幔上层局部会出现偏心受力，在地震区即地幔上层岩石高压区之合力偏心距大，形成受拉区及受压区，如材料力学中短柱之偏心受力一样。

短柱之偏心荷载。偏心荷载为直压应力与弯应力组合的特例。设一纵力 P 作用于剖面之二主轴之一轴上，其偏心距为 e，如图 1-22(a) 所示。于是，设在剖面质心 O 上加两相等而相反之力 P，因此二力结果为零，故问题不因之而变。

今力 P 为轴压力，能生直压应力，$-(P/A)$，如图 1-22(b) 所示(工程上规定压应力为 $-$，张应力为 $+$)，而偶力 Pe 在一主平面内生弯曲，其弯应力为 $-(Pey/I)$，如图 1-22(c) 所示，于是其总应力为

$$S_x = -\frac{P}{A} - \frac{Pey}{I_z} \qquad (1-7)$$

在此假定最大弯应力较直压应力小，于是杆之全剖面上均有压应力。设最大弯应力较直压应力大，则平行于 Z 轴有一零应力线，此线分剖面为两部分，在右部上有张应力，而在左部上有压应力(见图 1-22)。

如剖面为矩形，边为 h 及 b，如图 1-22(a) 所示，式(1-7) 变为

$$S_x = -\frac{P}{bh} - \frac{12Pey}{bh^3}$$

令 $y = -\left(\frac{h}{2}\right)$，得

$$(S_x)_{\max} = -\frac{P}{bh} + \frac{6Pe}{bh^2} = \frac{P}{bh}\left(-1 + \frac{6e}{h}\right) \tag{1-8}$$

令 $y = \frac{h}{2}$，得

$$(S_x)_{\min} = -\frac{P}{bh} - \frac{6Pe}{bh^2} = -\frac{P}{bh}\left(1 + \frac{6e}{h}\right) \tag{1-9}$$

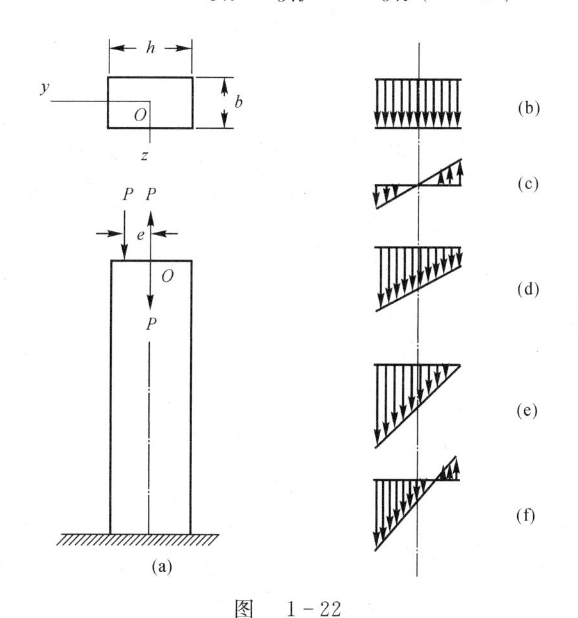

图　1-22

由此可知，当 $e < \frac{h}{6}$ 时，剖面上的应力符号无变迁，如图 1-22(d) 所示；当 $e = \frac{h}{6}$ 时，由式(1-8) 得最大应力为 $2P/bh$，而在矩形剖面对边的应力为零，如图 1-22(e) 所示；当 $e > h/6$ 时，应力的符号变化，剖面有拉应力出现，如图 1-22(f) 所示，即工程上所常见的偏心大大超出工程上常见的三等分线的中段范围。使式(1-7) 等于零，可得零应力线之位置，即

$$y = -h \times h/(12e) \tag{1-10}$$

偏心大大超出工程上常见的三等分线的中段范围，由于偏心(偏心载荷为直压

应力与弯应力的组合)，局部地区压力增大形成高压区，局部地区压力减小形成受拉区。岩层只有受到拉应力才能形成地震，岩石抗拉性能极低，在断层带更低，断层带受拉应力影响，断层裂隙增大而冒气，如苏门答腊 2004 年 12 月 18 日地震前的冒气现象。而巴基斯坦 2005 年 7.8 级地震亦有冒气现象，其震级低，冒气范围小于苏门答腊地震。地震前热红外异常区消失后 1～9 天就发生地震，即高压区的合力及力矩在震中断层中使岩石位移做功，岩石断裂错动，热红外异常区消失而形成地震。

2004 年 12 月 26 日印尼苏门答腊岛北部 9.0 级地震前震区的放气现象(地震云)，如图1－24所示。

2005 年 10 月 8 日巴控克什米尔 7.8 级地震前震区的放气现象(地震云)，如图 1－25 所示。

地震的全过程应是，地壳及地幔上层(A,B,C，以下同)受自重影响，本身是处于平衡状态的，地壳及地幔上层由于日食效应(日食月影区面积纵横各有万余公里，是大尺度)，日食月影区地幔上层局部受力，经日食月影区地幔上层受力区的叠加(强震区一般为 2～4 次，这 2～4 次为日全食或日环食带通过或靠近震中，其他还有多次日偏食通过)，地幔上层局部受力区，受力中心偏移，形成偏心，由于偏心(向左偏，其力距为顺时针方向，向右偏，其力距为逆时针方向，这与地震发生时顺时针转与逆时针转是一致的)，使局部地区压力增大，形成高压区，局部地区压力减小形成受拉区。地震是发生在断层带受拉区的，(由弹性力学可知:弹性体在受力过程中始终保持平衡，因而没有动能的改变，而且弹性体的非机机械亦没有变化，于是，应力所做的功完全转变为物体的形变势能，存储于体积内。地震就是该断层区内拉应力形变势能积累达到了极限。比如，1920 年宁夏海原 8.6 级地震，从 1984 年日食开始到 1917 年的 23 年中，共有 8 次日食经过本地震区，又经过 9 年 2 个月的孕震期，在 1920 年 12 月 18 月发生了 8.6 级强震)，受拉区超过岩石抗拉强度，有裂隙而冒气，有裂隙则应力进一步集中，岩石断裂，岩石位移做功而发生地震，岩石高压区内正空穴电子受压放出红外辐射，地球表面增温，岩石断裂错动，增温区消失，震区便有降水，继而有余震，之后震区再有降水，受压地幔上层卸载，岩石回弹，封闭断层裂隙，地幔上层回复平衡。兹称之为日食-地震效应原理。地震是对岩石圈的一种保护，但对人类现有居住条件而言却是一种灾难。因此，可以建立地壳及地幔上层的力学模型，采用有限单元法计算其每年所受应力，应力集中地区、受拉区与发生地震区相一致，则可为将来地震预报开创一条新路，即用数值模拟方法来预报强地震。

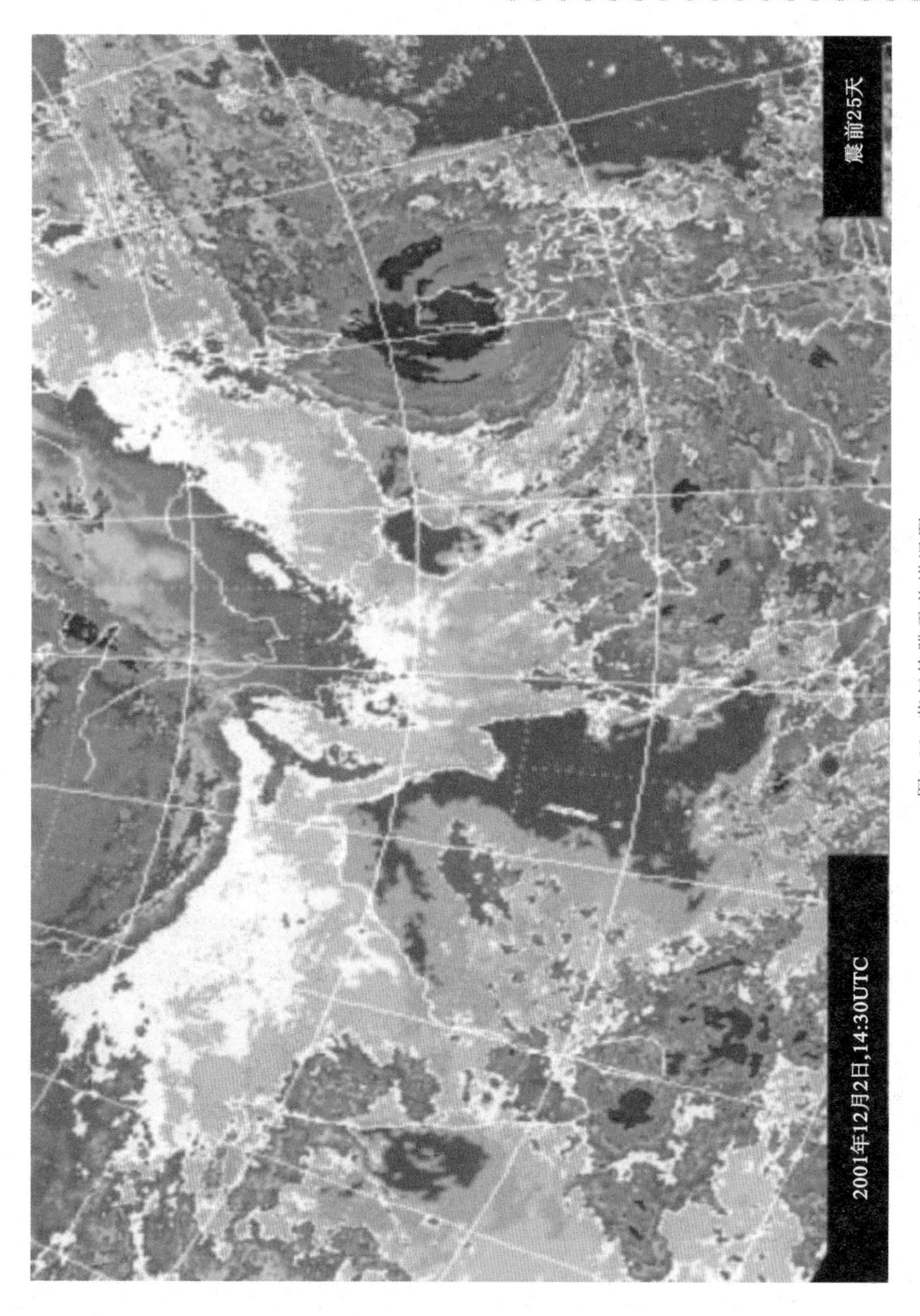

图1-23　苏门答腊震前增温图

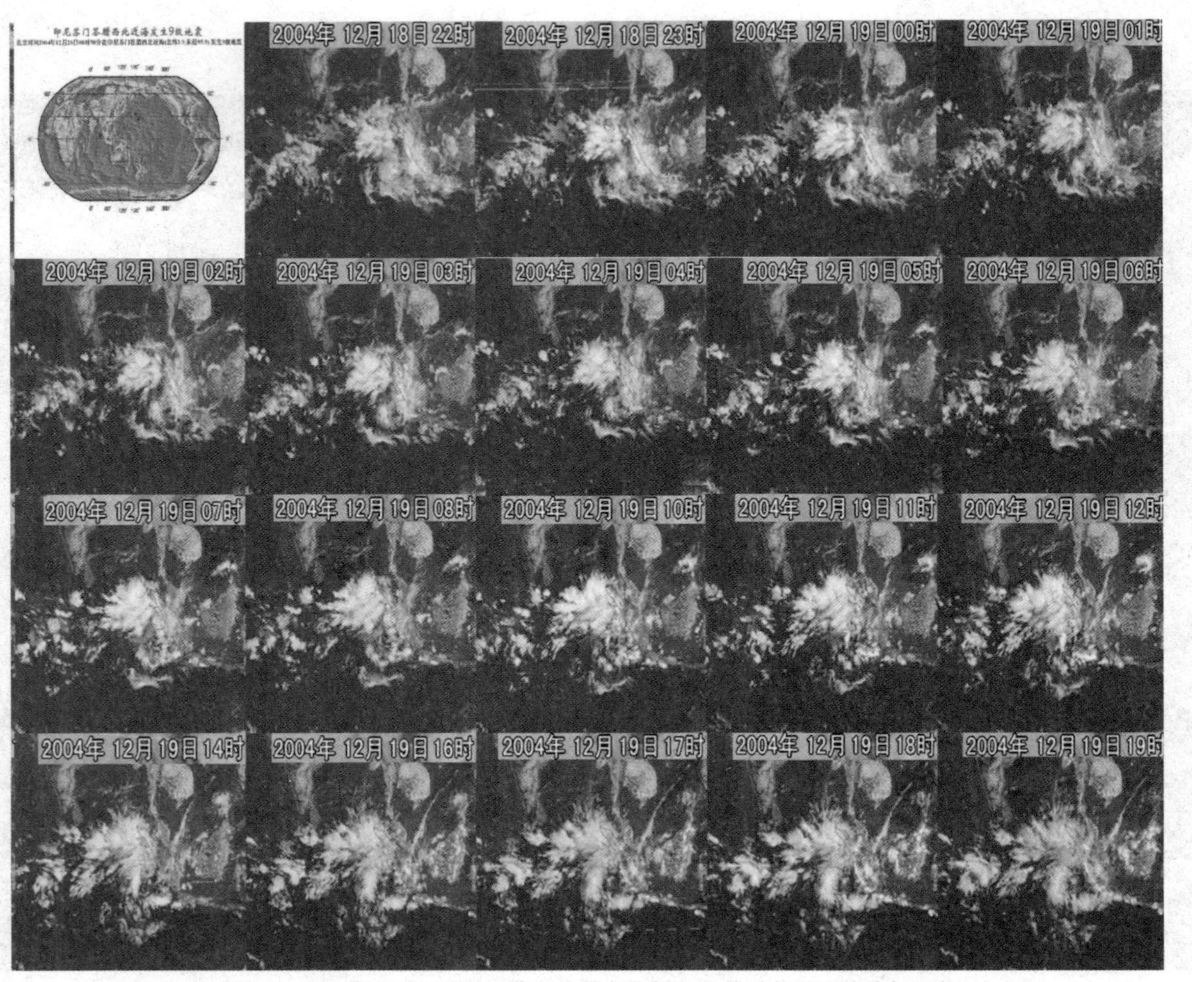

图1-24　2004年12月26日印尼苏门答腊岛北部9.0级地震前震区的放气现象

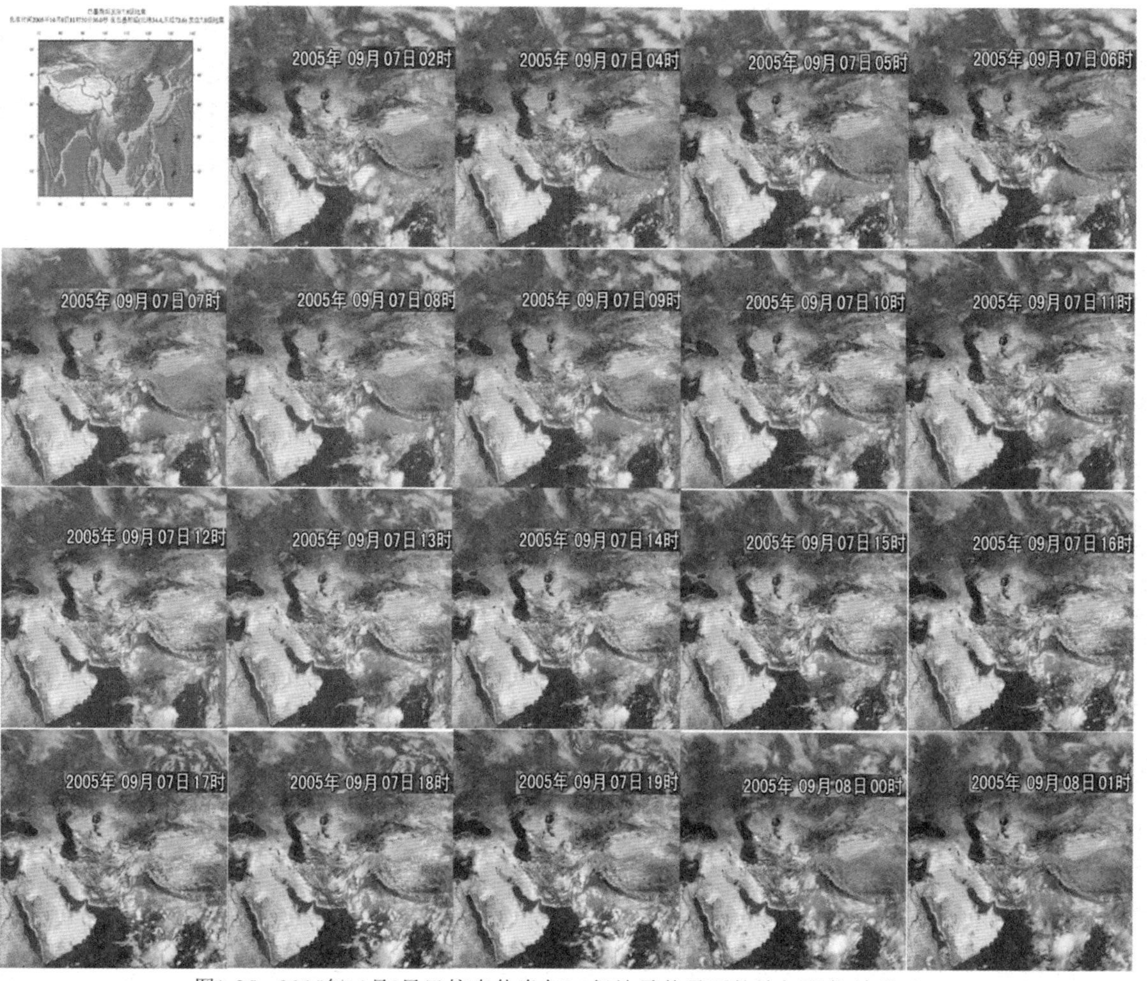

图1-25　2005年10月8日巴控克什米尔7.8级地震前震区的放气现象(地震云)

六、建立日食效应地震预报模型

由以上叙述可知，地震是由日食所引起的，地震震中最深发生在地面以下720 km，70%发生在地面以下200 km，基本在地壳及上地幔的范围。日食对地壳及上地幔所引起的外胀力是可以计算的，因此用有限单元法计算地壳及上地幔的应力特别是拉应力是完全可能的，拉应力是引起地震的主要应力，因此，建立日食效应地震预报模型来预报地震是一条可行之路。

有限单元法分平面问题与空间问题，笔者拟建立的地壳及上地幔模型为空间问题，用有限单元法求解弹性力学空间问题时，简要地说，是把连续的空间弹性体变换为一个离散的空间结构物。作为这个结构的单元，最简单的是采用四面体，如图1-26所示。这些四面体单元只在顶点处以空间铰互相连接，成为空间绞接点(枢接结点)。在结点位移或其某一分量可以不计之处，就在结点上安置一个空间绞座(枢支座)或相应的链杆支座。单元所受的荷载按静力等效的原则移置到结点上，这样就得出计算简图。计算方法是结构力学的位移法，基本未知量是结点的位移。建立位移与应力关系(应力矩阵)，由结点平衡方程(系数矩阵为劲度矩阵)求出位移，由位移求出结点应力。为了建立有限元计算模型，必须对作为外力的日食与作为研究对象的地壳有进一步的了解。

而日食的发生必须具备两个条件，首先月亮必须在朔，其次月亮必须在黄、白两道交点附近。亦即是说，发生日食就是朔望月与交点月的关系，朔望月(以 A 代表)就是从朔到朔，从望到望所需的时间，是月相的平均周期。据勃罗乌的资料，对于1900年 $A=$ 29.530 588 18天；交点月(以 B 代表)是月亮从黄白两道交点向前运行，再回到这个交点所需的时间，是食月的平均周期。据同一资料，$B=27.212\,219\,97$ 天。因此，如果选择一个包括 A 和 B 的整倍数的周期 S，则经 S 以后，月亮相对交点和相对太阳将运行到原来的位置，该周期内一切原来的日食将在原来的次序上重复出现，即

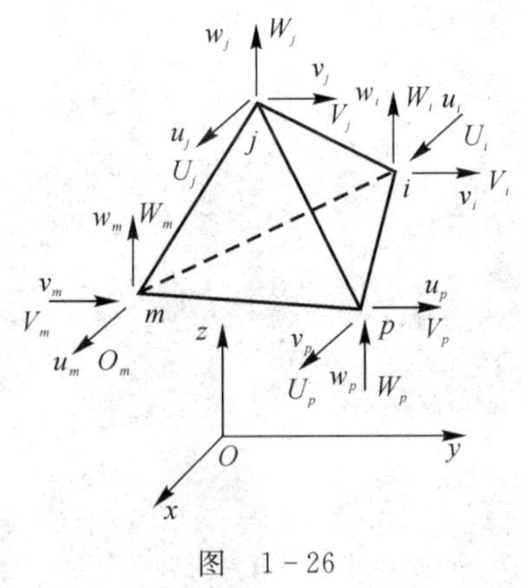

图 1-26

$$S=NA=MB$$

式中，N 和 M 都是整数，$\dfrac{M}{N}=\dfrac{A}{B}=\dfrac{29.53\,058\,818}{27.21\,221\,997}\approx\dfrac{29.53\,059}{27.21\,222}$。

表示为连分式,得

$$\frac{M}{N}=1+\cfrac{1}{11+\cfrac{1}{1+\cfrac{1}{2+\cfrac{1}{1+\cfrac{1}{4+\cfrac{1}{3+\cfrac{1}{5+\cdots}}}}}}}$$

取1,2,3,… 次近似,分别得到

$$\frac{M}{N}=\frac{12}{11},\frac{38}{35},\frac{51}{47},\frac{242}{223},\frac{777}{716},\frac{4\ 127}{3\ 803}$$

取第四个近似,$M=242$,$N=223$,得

$$223A=6\ 585.321\ 2\text{ 天}$$

$$242B=6\ 585.357\ 2\text{ 天}$$

即沙罗周期,沙罗周期为18年$10\frac{1}{3}\sim 11\frac{1}{3}$日(若在223个朔望月内有4个闰月则等于18年$11\frac{1}{3}$日,有5个闰年为18年$10\frac{1}{3}$日),每隔一个沙罗周期,则相同的日食就会相续出现,但由于有$\frac{1}{3}$日的尾数,$\frac{1}{3}$日地球已转了$\frac{1}{3}$圈,因此,日食出现的地区不同。如图1-27所示,每隔三个沙罗周期,即一个沙罗族,则日食又回到相近的位置,如图1-27和图1-28所示。但经度、纬度上都有差别,每两个沙罗族有大体相近的地震,目前与1943—1960年的沙罗周期地震大体相似,是处在地震高发期,如图1-29所示。

我国黄(帝)历(即农历)采用的是阴月阳年,对日食的观测研究有久远的记录与历史,因为每月初一为朔,日食必发生在朔,因此常以日食来校对历法,在日食的周期上有汉朝的三统历、宋朝的统天历(即沙罗周期)等。

从太空拍得的地球图片是一个球体,从赤道到地球中心为6 378 km。然而,确切地说,地球是一个不规则的椭球体,从两极到地球中心的距离为6 356.8 km,比赤道到球心的距离短21.4 km。地球经过长期演变,在结构上具有了圈层特征,地表以上有大气圈、水圈、生物圈,地表以下分为地壳、地幔、地核。

地球有一个坚硬的固体岩石外壳,目前人类打出的最深钻井仅12 km,地球内部情况主要借助地震波在地球内部传播情况可以得到了解。地震波的纵波(P波)可以通过固态及液态物质,而横波(S波)只能通过固态物质。从地震波的观测分析,波速在有些深度处不是缓慢过渡,而是存在跳跃的,最主要的不连续面有莫霍

面、古登堡面，地球内部可划分为三个重要圈层即地壳、地幔（地幔上部与地幔下部）与地核（外核与内核），如图 1 - 30 所示。

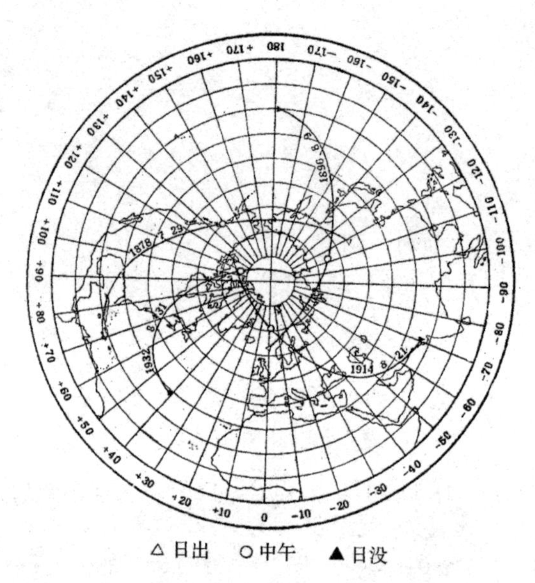

图 1 - 27　每隔一个沙罗周期日全食中心线移动的情况

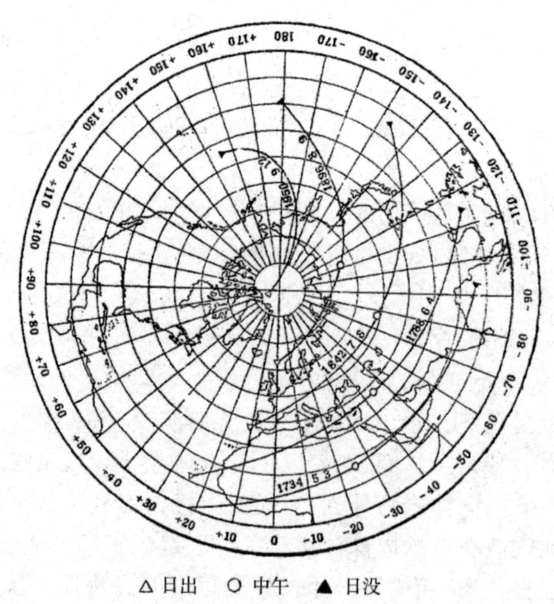

图 1 - 28　每隔三个沙罗周期日全食中心线移动的情况

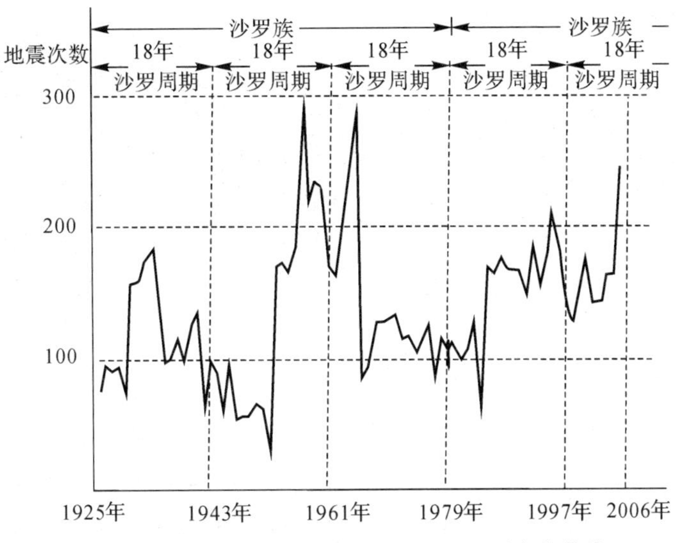

图 1－29　1926—2005 年全球 6 级以上地震变化曲线

地壳在地表与莫霍面之间,地壳厚度变化很大,大洋地壳平均约为 6 km,大陆地壳较厚,平均为 35 km。整个地壳的平均厚度为 16 km。地壳中有一个次级界面叫康拉德面,把地壳分为上、下二层,上层平均厚 10 km,主要成分为硅和铝,称硅铝层。硅铝层并不连续,只有大陆才有,大洋底缺失;下层基本连续分布,主要成分是硅、镁、铝,称硅镁层,如图 1－31 所示。

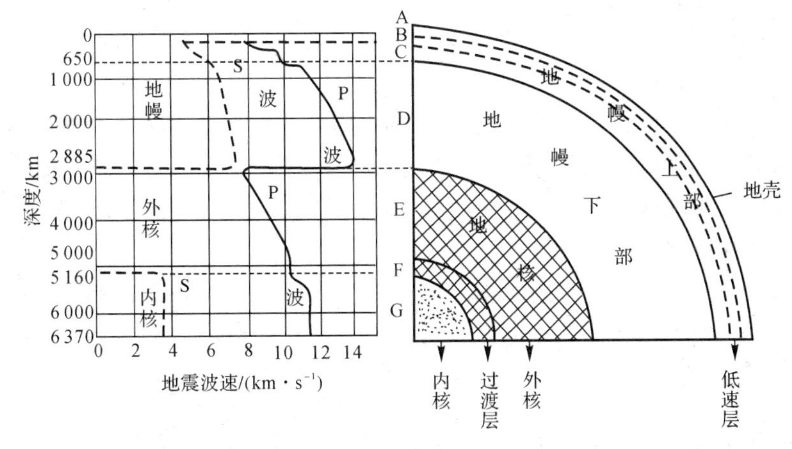

图 1－30　地震波波速在地内的变化(引自陶世龙等人所著《地球科学概论》)

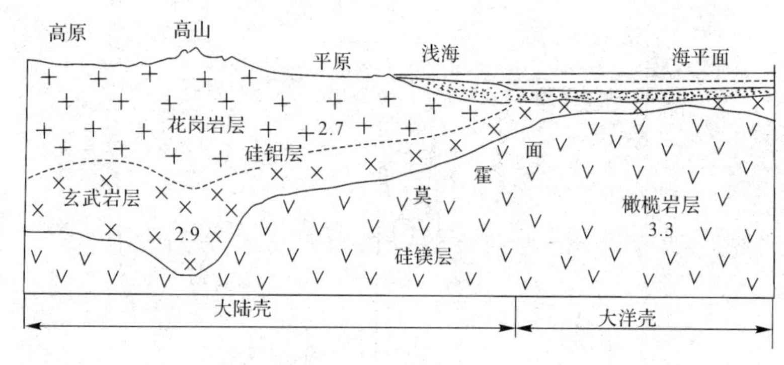

图 1-31

从地球陆地地形看，亚欧大陆亚洲有喜马拉雅山脉、亚布洛诺夫山脉，欧洲有阿尔卑斯山脉，北美有科迪勒拉山系，南美有安迪斯山系等，以喜马拉雅山脉珠穆朗玛峰 8 844 m 为最高，约为地球半径的 6 378 km 的 1.38‰。海洋中以太平洋多海沟最为突出，有马里亚纳海沟、日本海沟、千岛群岛海沟、阿留申海沟、菲律宾海沟、爪哇海沟、汤加海沟、秘鲁智利海沟，其中以马里亚纳海沟 11 034 m 为最深。约为地球半径 6 378 km 的 1.72‰。印度洋、大西洋多为海盆。

地幔介于莫霍面与古登堡面之间，厚约 2 900 km，占地球总体积的 83.4%，地幔范围广大，其组成物质复杂多变，总的来说是固态。在地下 60～250 km 之间，温度增高，岩石虽未熔化但已呈熔融状态，塑性和活动性增强，为其上的固体岩石的活动和各种地壳运动创造了条件，因此这里称作软流圈。软流圈以上的上地幔部分和固体地壳合称为岩石圈。

在岩石圈内还分布有断层，如国外著名的美国圣安德列斯断层(1906 年美国旧金山发生的 7.8 级大地震，沿圣安德列斯断层产生了 450 km 的地表破裂，近南北向)，欧洲土耳其安纳托利亚断层带(近东西向)，国内横断山断层带(龙门山断层及其附近的鲜水河断层等，2008 年 5 月 12 日，该断层发生汶川大地震，造成大量人员伤亡和财产损失)。

地核位于古登堡面以下直到地心，厚约 3 473 km，占地球总体积 16.3%，地核的物质成分主要是铁和镍。人们一般推测地核还可再分为外核与内核，外核物质为液态，内核物质为固态。

地球的质量约为 60 万亿亿吨，地球的平均密度为 5.51 g/cm^3，而地壳上部岩石平均密度为 2.65 g/cm^3，远小于地球平均密度，地球密度随着深度的加深而增大，并且在地下若干深度处密度是跳跃式变化的。

从 1900—2005 年 7 级以上地震资料分析，共发生 7 级以上(包括 7 级)地震

1 832次，平均每年 17.3 次。其中有震源深度资料的有 1 176 次。震源深度最深的为 1962 年 3 月 7 日马里亚纳群岛北(19.2°N，145.1°E)的 685 km，震级 7 级；震源最浅的为 1999 年 10 月 16 日巴斯托附近(34.59°N，116.27°W)，震源深度为 0；1968 年 8 月 10 日马左鲁群岛北(1.38°N，126.24°E)震源深度为 1 km。震源深度为0～100 km，7 级以上的地震有 859 次，占全部(1 176 次)地震次数的 73%；震源深度在 601 km 以上的有 21 次，占总次数的 1.78%。深层地震只发生在少数地区，如斐济(22°S，180°W)，阿根廷北部(28.5°S，63°W)，巴西西部(8°S，71°W)，秘鲁东南部(13.5°S，67°W)及鄂霍次克海(52.3°N，151°E)。不同震源深度发生地震次数见表 1-23。

表　1-23

深　度	次　数	深　度	次　数
0 ～100 km	859 次	401～500 km	15 次
101～200 km	159 次	501～600 km	46 次
201～300 km	49 次	601～700 km	21 次
301～400 km	27 次		

地震主要发生在地表以下 700 km 范围内，即在地壳及上地幔的范围。当进行地壳及地幔上部(A，B，C)应力模拟计算时，由于地壳及地幔上部(A，B，C)的几何形状、边界条件和介质参数复杂，因此采用有限元计算地壳应力的关键就是建立一个合理的地壳有限元模型，必须能够反映地壳及上地幔的主要特征：

(1)几何模型构建及网格离散。包括不同板块、大陆、大洋、断层等地质单元的模拟，既能反映主要特征，亦不能使模型过于复杂。网格划分疏密合理，对于断层、高地震区适当加密，其他区域可以稀疏一些，同时网格划分也要考虑计算能力。

(2)物理参数确定。地球物理参数复杂，不仅在横向存在很大差异，在深度方向也存在不同，因此要根据资料、试验、勘探等手段确定不同区域和不同深度的介质参数。

(3)边界条件施加。地壳和上地幔边界条件包括不同地质单元之间的关系、上地幔与下地幔之间的关系，要研究确定这些边界关系的简化和建立方法。

(4)荷载。地壳和地幔上部(A，B，C)上作用的荷载众多，研究那些主要的荷载作用因素、量值计算方法以及其作用方式，主要包括自重、温度、日食外胀力、构造应力等。

(5)应力分布与地震的关系。根据应力计算结果，研究应力分布与地震之间的关系，建立应力数值、应力集中程度等与地震发生、地震强度之间的关系。同时尽量降低计算误差对地震预测的影响。

考虑到地壳及地幔上部(A,B,C)构造、介质、边界、荷载的复杂性，因此应采用由粗到精的计算方案，首先建立一个较粗的有限元模型计算，然后在粗模型计算结果的基础上，对高应力区加密，进行精细分析。如进行，可计算出近期如1958—2012年各年的应力及应力分布(平面与横断面)，与各年已发生地震相对照，如计算与实况大体相符，则进行第二期计算，并可做出全球地震趋势展望。因此，地震不仅可以由临震精确预报，亦可由地壳及地幔上部(A,B,C)应力模拟计算做出地震中、长期地震展望。

参考资料

[1] 河南省水利厅. 河南省历代涝情年表，1962.

[2] 河南省水利厅. 河南省历代旱情年表，1962.

[3] 水利水电科学研究院水利史研究室. 华北五省旱情分析(草稿)，1960.

[4] 水利水电科学研究院水利史研究室. 长江中下游五省(16—19世纪)旱情分析(草稿)，1960.

[5] 中国气象局气象科学研究院. 中国近五百年旱涝分布图集. 北京：地图出版社，1981.

[6] 广东省地方史志编纂委员会. 广东志水利志. 广州：广东人民出版社，1995.

[7] 赵得秀. 月地关系——论水旱灾害(灾害性天气)发生的原因及其规律(油印本). 河南省水利厅，1964.

[8] 赵得秀. 日食效应(论水旱灾害发生的原因及其规律)(油印本). 郑州水利学校，1983.

[9] 赵得秀. 河南省公元1985至2000年旱涝趋势预测. 郑州水利学校，1984.

[10] 《刘广文水文分析计算文集》编辑委员会. 刘广文水文分析计算文集. 北京：中国水利水电出版社，2003.

[11] 刘合心. 陶氏考古现场. 新浪网 www.sina.com.cn，2009-8-7.

[12] 五千年文明看山西——陶氏考古重大收获及重要意义访谈. 山西日报. 2004-2-12.

[13] 杨鉴初. 日地关系. 北京：科学普及出版社，1963.

[14] 特维尔斯戈伊. 气象学教程. 仇永炎，等，译. 北京：气象出版社，1954.

[15] 涂长望. 大气运行与世界气温关系(中国近代科学论著丛刊——气象学). 北

京:科学出版社,1952.

[16] 李宪之.季节与气候.北京:科学出版社,1957.

[17] 卢敬华.数值天气预报引论.北京:气象出版社,1988.

[18] 项月琴,李建京.安徽宿县日食期间地面太阳辐射和气象要素的测量.中国日环食观测研究文集.北京:科学出版社,1990.

[19] 中国气象局国家气候中心.1998中国大洪水与气候异常.北京:气象出版社,1998.

[20] Lamb H H, Climate. Parent Past and Future. London: Methuen & Co Ltd, 1972.

[21] Zeng Qingcun. Documentation of IAP Two Level Atmospheric General Circulation Model, U S Department of Commerce National Technical Information Service,1989.

[22] Oran R White. The Solar Output and Its Variation, Colorado Associated University Press, 1977.

[23] 刘世楷.普通天文学讲义(油印本).北京师范大学,1956.

[24] 波拉克.普通天文学.戴文赛,译.北京:高等教育出版社,1957.

[25] 南京大学数学天文系天文专业.天文学教程.上海:上海科技出版社,1962.

[26] 胡中为,萧耐园.天文学教程.北京:高等教育出版社,2003.

[27] 唐汉良,余中宽.日月食计算.南京:江苏科技出版社,1980.

[28] 方诗铭,方小芬.中国史历日和中西历日对照表.上海:上海辞书出版社,1987.

[29] Oppolzer Th V. Canon der Finsfernisse(日月食典). WEIN,1885.

[30] 严济慈.热力学第一和第二定律.北京:人民教育出版社,1980.

[31] 瑞斯尼克 R,哈里德 D.物理学.郑永令,等,译.北京:科学出版社,1982.

[32] 张三慧.大学物理学.北京;清华大学出版社,2005.

[33] 赵得秀.地震探源与地震预报.西安:西北工业大学出版社,2007.

[34] 赵得秀,强祖基.地震是可以预报的.西安:西北工业大学出版社,2012.

[35] Timoshenko S, Gleason H. Mac Cullough. Elements of Strength of Materials,snd edition,1940.

[36] 铁木生可,麦克可洛.材料力学.王德荣,译.北京:人民教育出版社,1951.

[37] 强祖基,等.卫星热红外异常——临震前兆.科学通报,1990,35(7):1324 -1327.

[38] 华东水利学院.弹性力学问题的有限单元法.北京:水利电力出版社,1974.

[39] 杨桂通.弹性力学简明教程.北京:清华大学出版社,2006.
[40] 沙润.地球科学精要.北京:高等教育出版社,2003.
[41] 时振梁,赵荣国,王淑贞,等.世界地震目录(1900－1980,$Ms>6$).北京:地图出版社,1986.
[42] 周昌玉,贺小华.有限元分析的基本方法及工程应用.北京:化学工业出版社,2006.
[43] 赵得秀,赵文桐.论日食与水旱灾害的关系.西安:西北工业大学出版社,1992.

第2章 地球外胀力的计算

周克前

［作者简介］ 周克前，男，1937年8月出生，安徽省芜湖市人。1951年参加中国人民解放军。1954年毕业于军事学校，在空军从事航空气象技术工作，任技术员。1955—1962年在河南省气象局从事科学研究工作，任助理工程师。1962年以后到河南省科学院地理研究所从事气候气象、遥感和日地关系等研究工作。历任实习研究员、助理研究员、副研究员和兼职教授。曾于1964年在中国科学院地理研究所进修。1985年赴日本农林水产省进修，1992年、1997年两度作为访问学者赴英国，在英国Armagh天文台进行日地关系的合作研究。多次获得国家、省部级科学技术成果奖，发表论文数十篇，出版专著、译著三部。

地球受太阳的光辐射，即存在着光压力。发生日食时，光压力被月亮所遮挡，相对而言，产生方向相反的一种胀力，可称之为外胀力。显然，要计算这种外胀力，必须先对日食时的月影进行计算。

我国出版的《天文年历》中提供了每次日食时的各种数据，可以通过这些数据查算出月影随时间的变化。但是，我国的《天文年历》始自1950年，1950年以前的日食就无法进行计算。我们查到，美国NASA的网站上提供有公元前2000年到公元前3000年的贝赛尔根数(Besselian Elements)。于是，在本书中，利用这些数据，相应地编制了专用的计算机程序，进行所有的月影计算。通过对照，与利用《天文年历》所获得的计算结果是一致的，故完全可以采用。

根据本书研究的范围(0°～55°N，70°～135°E)及研究的重点1920年宁夏海原8.6级地震，笔者所选择的日食为自1894年4月6日起，到1927年6月29日，共有18次日食通过所研究的范围。此18次日食的贝赛尔根数与日食简图如图2－1所示。

1.01 NN=1894: YY=4: RR=6
DT= −6.3 : TDT=400

n	x	y	d	l1	l2	μ
0	−0.2208370	0.5329420	6.4279399	0.5499090	0.0037520	239.376953
1	0.4818591	0.2587269	0.0151210	−0.0001260	−0.0001254	15.004180
2	0.0000466	−0.0000534	−0.0000010	−0.0000114	−0.0000113	0.000000
3	−0.0000067	−0.0000038	0.0000000	0.0000000	0.0000000	0.000000

F1 = 0.0046700: F2 = 0.0046467

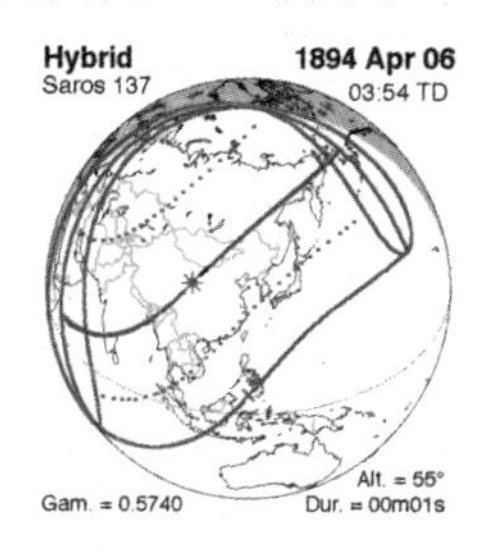

(a)

图 2－1

1.02 NN=1898: YY=1: RR=22

DT= −4.9 : TDT=700

n	x	y	d	l1	l2	μ
0	−0.3359200	0.4223760	−19.6515198	0.5436640	−0.0024620	282.041351
1	0.5397963	0.1830896	0.0091300	0.0000957	0.0000952	14.998640
2	−0.0000414	0.0001082	0.0000050	−0.000012	−0.0000125	0.000000
3	−0.0000085	-0.0000031	0.0000000	0.0000000	0.0000000	0.000000

F1= 0.0047497: F2= 0.0047260

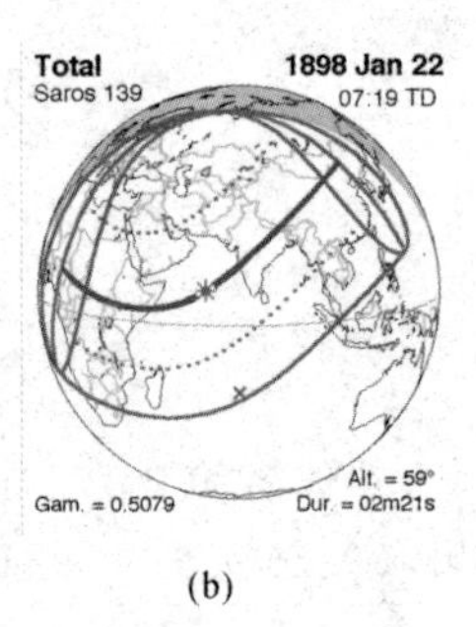

(b)

1.03 NN=1901: YY=5: RR=18

DT= --0.9 : TDT=600

n	x	y	d	l1	l2	μ
0	0.3000790	−0.3249220	19.4025593	0.5329930	−0.0130790	270.947510
1	0.5746928	0.0785243	0.0091310	0.0000393	0.0000392	15.001160
2	−0.0000044	−0.0001160	−0.0000040	−0.0000127	−0.0000126	0.000000
3	−0.0000096	−0.0000012	0.0000000	0.0000000	0.0000000	0.000000

F1 = 0.0046205:F2 = 0.0045975

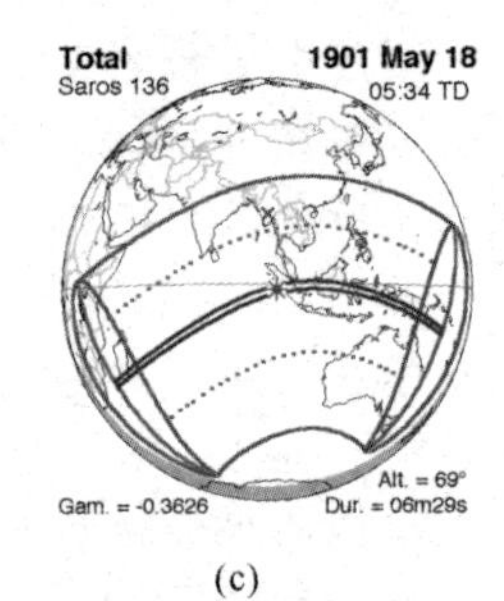

(c)

1.04 NN=1901: YY=11: RR=11

DT = -0.2: TDT = 700

n	x	y	d	l1	l2	μ
0	−0.1485010	0.5107540	−17.2592907	0.5736550	0.0273800	288.988861
1	0.4951119	−0.0904811	−0.0114220	0.0000159	0.0000158	15.000160
2	0.0000226	0.0000855	0.0000040	−0.0000098	−0.0000098	0.000000
3	−0.0000055	0.0000009	0.0000000	0.0000000	0.0000000	0.000000

F1 = 0.0047253: F2 = 0.0047017

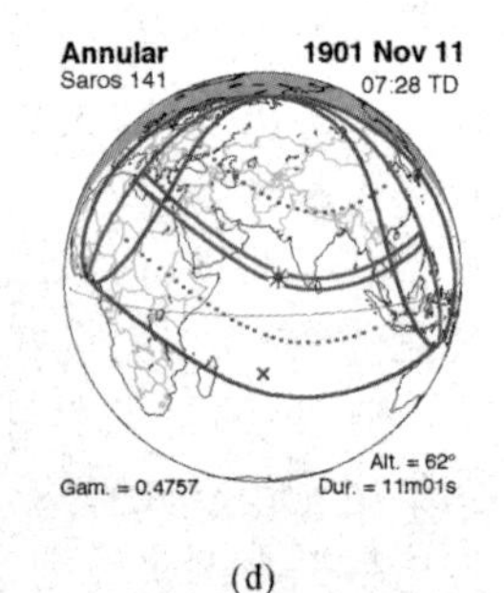

(d)

1.05 NN=1902: YY=10: RR=31

DT = 1.1: TDT=800

n	x	y	d	l1	l2	μ
0	0.2664210	1.1244520	−13.8480396	0.5653380	0.0191040	304.064087
1	0.5041973	−0.1206279	−0.0133560	0.0000994	0.0000989	15.001770
2	−0.0000056	0.0000402	0.0000030	−0.0000104	−0.0000103	0.000000
3	−0.0000061	0.0000014	0.0000000	0.0000000	0.0000000	0.000000

F1 = 0.0047115 : F2 = 0.0046881

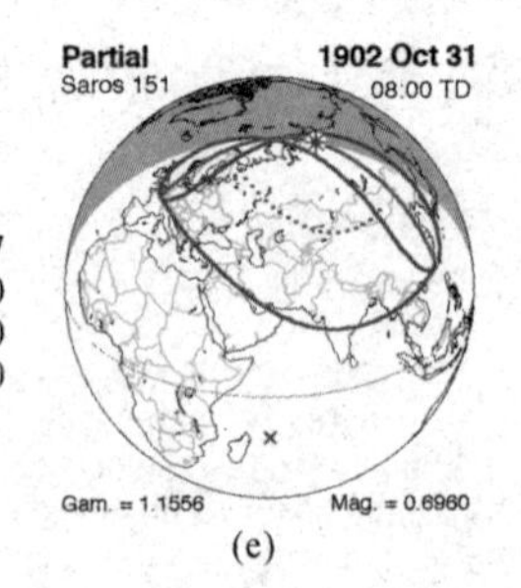

(e)

续图 2-1

1.06 NN=1903:YY=3:RR=29

DT = 1.6 : TDT =200

n	x	y	d	l1	l2	μ
0	−0.0445550	0.8684720	2.8622601	0.5551500	0.0089670	208.678360
1	0.5117080	0.1623546	0.0158870	−0.0001318	−0.0001312	15.004430
2	0.0000254	−0.0000486	−0.0000010	−0.0000110	−0.0000110	0.000000
3	−0.0000068	−0.0000021	0.0000000	0.0000000	0.0000000	0.000000

F1 = 0.0046830: F2 = 0.0046597

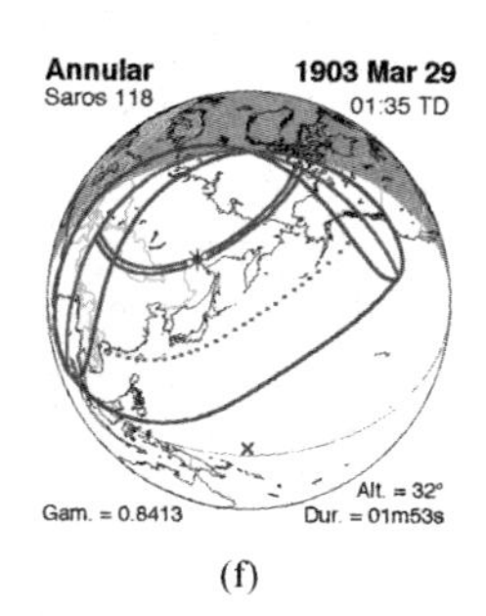

(f)

1.07 NN=1904: YY=3: RR=17

DT = 2.8 :TDT = 600

n	x	y	d	l1	l2	μ
0	0.1164240	0.1733470	−1.4989600	0.5693080	0.0230550	267.842133
1	0.4852192	0.1542018	0.0160890	−0.0000713	−0.0000709	15.004200
2	0.0000025	0.0000054	0.0000000	−0.0000100	−0.0000099	0.000000
3	−0.0000056	−0.0000017	0.0000000	0.0000000	0.0000000	0.000000

F1 = 0.0046984: F2= 0.0046750

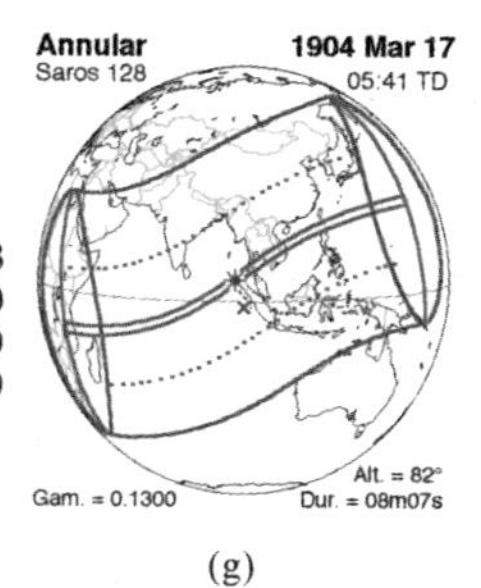

(g)

1.08 NN=1907: YY=1: RR=14

DT = 6.4 : TDT = 600

n	x	y	d	l1	l2	μ
0	−0.1153200	0.8568050	−21.5014095	0.5410190	−0.0050930	267.795258
1	0.5750167	0.0404170	0.0069750	0.0000674	0.0000670	14.997600
2	−0.0000147	0.0001100	0.0000060	−0.0000129	−0.0000128	0.000000
3	−0.0000095	−0.0000006	0.0000000	0.0000000	0.0000000	0.000000

F1 = 0.0047534: F2 = 0.0047297

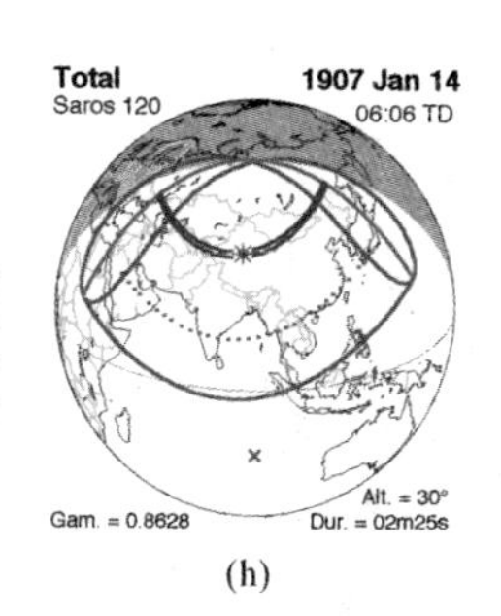

(h)

1.09 NN=1909: YY=6: RR=17

DT = 9.6 : TDT= 2300

n	x	y	d	l1	l2	μ
0	−0.2828900	0.8666240	23.3907604	0.5463470	0.0002090	164.844147
1	0.5424881	0.0699772	0.0010190	0.0001254	0.0001248	14.999160
2	0.0000156	−0.0001997	−0.0000050	−0.0000112	−0.0000112	0.000000
3	−0.0000076	−0.0000011	0.0000000	0.0000000	0.0000000	0.000000

F1 = 0.0046013:F2 = 0.0045784

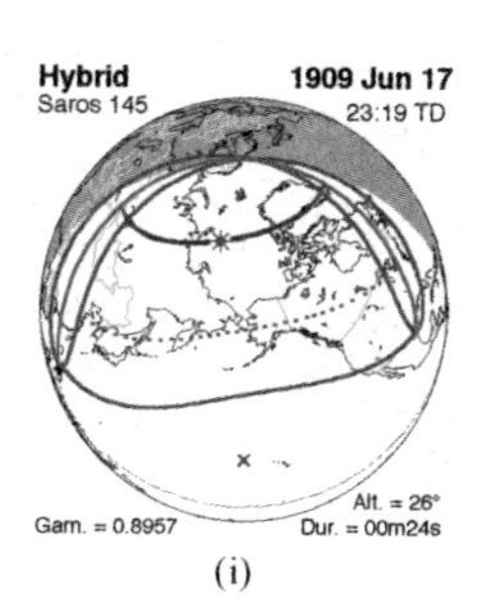

(i)

续图　2－1

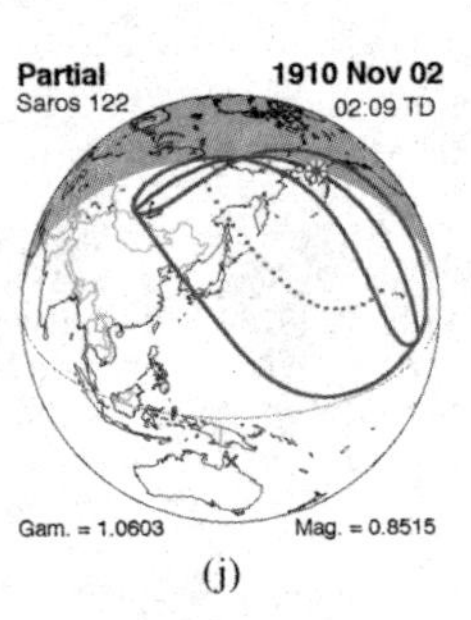

(j)

1.10 NN=1910: YY=11: RR=2
DT = 11.5 : TDT = 200

n	x	y	d	l1	l2	μ
0	0.3717910	0.9955900	−14.4357500	0.5721560	0.0258890	214.080246
1	0.4599940	−0.2081832	−0.0128600	0.0000396	0.0000394	15.001410
2	0.0000155	0.0000419	0.0000030	−0.0000099	−0.0000098	0.000000
3	−0.0000051	0.0000025	0.0000000	0.0000000	0.0000000	0.000000

F1 = 0.0047140:F2 = 0.0046905

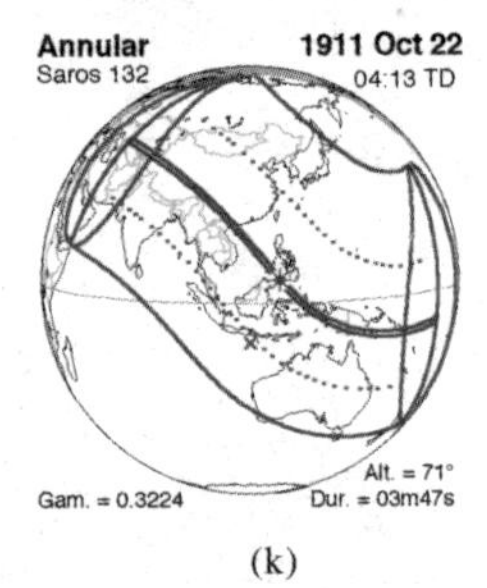

(k)

1.11 NN=1911: YY=10: RR=22
DT = 12.8:TDT =400

n	x	y	d	l1	l2	μ
0	0.0426860	0.3394950	−10.6387901	0.5605250	0.0143160	243.815979
1	0.4709485	−0.2371629	−0.0143030	0.0001192	0.0001186	15.002840
2	0.0000107	0.0000494	0.0000020	−0.0000107	−0.0000106	0.000000
3	−0.0000059	0.0000031	0.0000000	0.0000000	0.0000000	0.000000

F1 = 0.0046994: F2 = 0.0046760

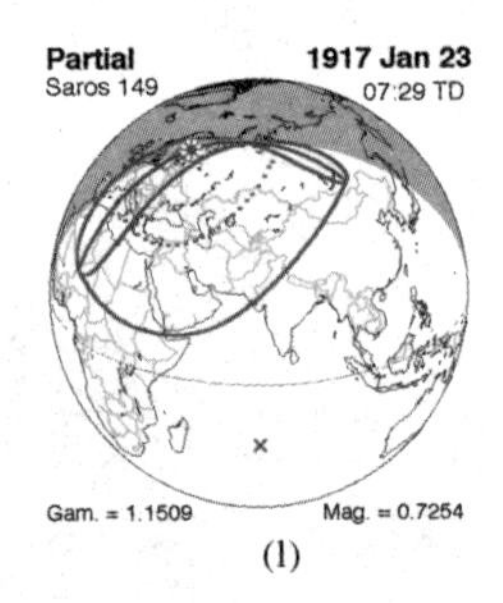

(l)

1.12 NN=1917: YY=1: RR=23
DT = 19.3: TDT = 700

n	x	y	d	l1	l2	μ
0	−0.6316400	1.0011030	−19.5614700	0.5381890	−0.0079090	282.028046
1	0.5517336	0.1868927	0.0092180	−0.0000019	−0.0000019	14.998720
2	−0.0000094	0.0000787	0.0000050	−0.0000131	−0.0000131	0.000000
3	−0.0000093	−0.0000033	0.0000000	0.0000000	0.0000000	0.000000

F1 = 0.0047495 : F2 = 0.0047258

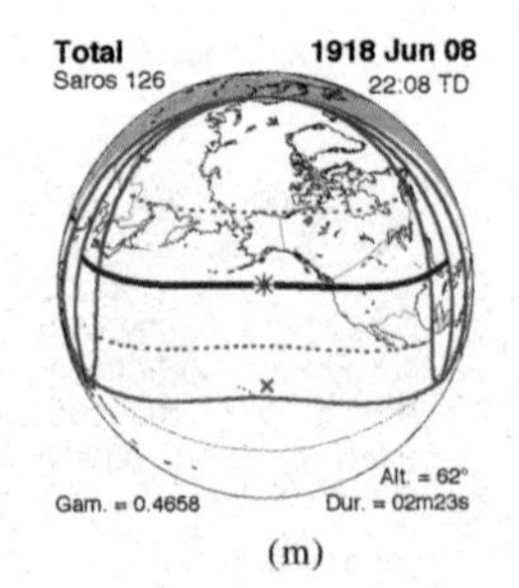

(m)

1.13 NN=1918: YY=6: RR=8
DT = 20.5 : TDT = 2200

n	x	y	d	l1	l2	μ
0	−0.0702560	0.4660260	22.8383198	0.5424030	−0.0037160	150.308166
1	0.5563586	−0.0015522	0.0037960	0.0001160	0.0001154	14.999460
2	−0.0000137	−0.0001820	−0.0000050	−0.0000116	−0.0000116	0.000000
3	−0.0000082	0.0000001	0.0000000	0.0000000	0.0000000	0.000000

F1 = 0.0046056 :F2 = 0.0045826

续图 2-1

1.14 NN=1921: YY=4: RR=8

DT = 22.1 : TDT = 900

n	x	y	d	l1	l2	μ
0	−0.3838610	0.8107020	7.0553198	0.5552500	0.0090670	314.492218
1	0.5124522	0.1542349	0.0152370	−0.0001160	−0.0001154	15.004190
2	0.0000457	−0.0000709	−0.0000020	−0.0000109	−0.0000109	0.000000
3	−0.0000067	−0.0000020	0.0000000	0.0000000	0.0000000	0.000000

F1 = 0.0046684: F2 = 0.0046452

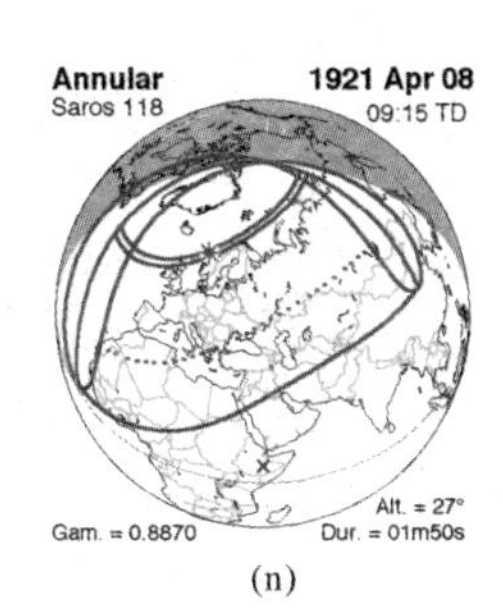

(n)

1.15 NN=1922: YY=9: RR=21

DT = 23.0 :TDT = 500

n	x	y	d	l1	l2	μ
0	0.1155360	−0.2606850	1.0257300	0.5332570	−0.0128170	256.655518
1	0.5559984	−0.1781558	−0.0157720	−0.0000076	−0.0000076	15.005010
2	−0.0000076	0.0000083	0.0000000	−0.0000129	−0.0000129	0.000000
3	−0.0000095	0.0000030	0.0000000	0.0000000	0.0000000	0.000000

F1 = 0.0046573 :F2 = 0.0046341

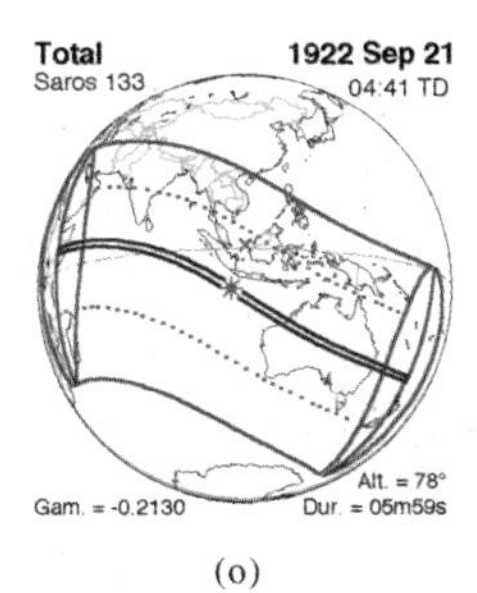

(o)

1.16 NN=1924: YY=8: RR=30

DT = 23.7 :TDT = 800

n	x	y	d	l1	l2	μ
0	0.1695630	1.3174350	9.0712099	0.5525510	0.0063820	299.843597
1	0.5154314	−0.1501279	−0.0145490	−0.0001065	−0.0001060	15.004400
2	−0.0000086	−0.0001183	−0.0000020	−0.0000109	−0.0000108	0.000000
3	−0.0000069	0.0000019	0.0000000	0.0000000	0.0000000	0.000000

F1 = 0.0046322 :F2 = 0.0046091

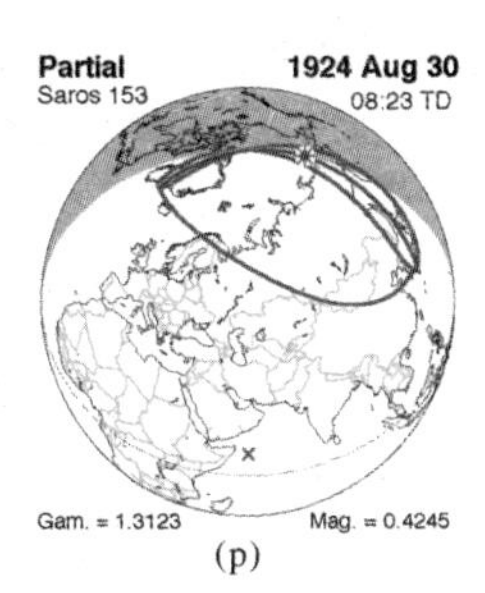

(p)

1.17 NN=1926: YY=1: RR=14

DT = 24.0 : TDT = 700

n	x	y	d	l1	l2	μ
0	0.2082480	0.2126190	−21.4245892	0.5394540	−0.0066510	282.767120
1	0.5788472	0.0413595	0.0070950	−0.0000534	−0.0000531	14.997660
2	−0.0000154	0.0001494	0.0000060	−0.0000130	−0.0000130	0.000000
3	−0.0000097	−0.0000006	0.0000000	0.0000000	0.0000000	0.000000

F1 = 0.0047534 :F2 = 0.0047297

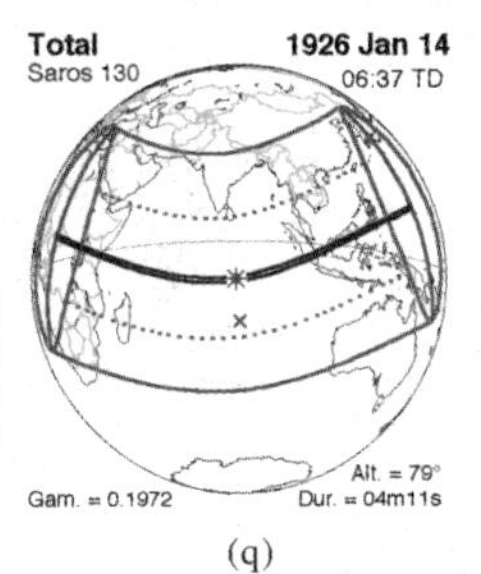

(q)

续图　2 - 1

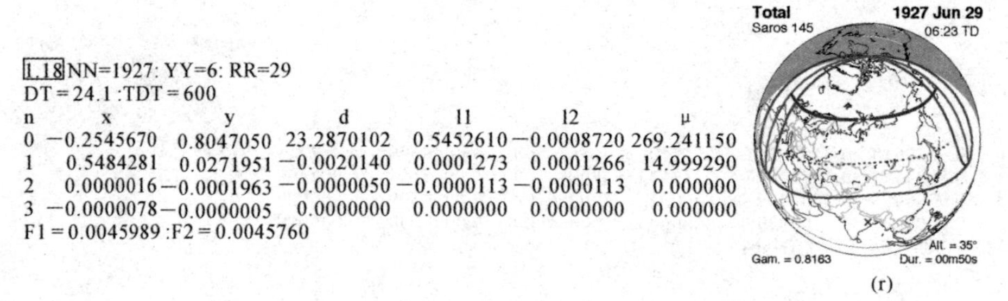

1.18 NN=1927: YY=6: RR=29
DT = 24.1 :TDT = 600

n	x	y	d	l1	l2	μ
0	−0.2545670	0.8047050	23.2870102	0.5452610	−0.0008720	269.241150
1	0.5484281	0.0271951	−0.0020140	0.0001273	0.0001266	14.999290
2	0.0000016	−0.0001963	−0.0000050	−0.0000113	−0.0000113	0.000000
3	−0.0000078	−0.0000005	0.0000000	0.0000000	0.0000000	0.000000

F1 = 0.0045989 :F2 = 0.0045760

续图 2-1

地球上的月影是不停地移动着的。对于地球表面上的每一个点来说，太阳的高度角与方位角也是不断变化的。因此，必须对地球上每一个坐标点的外胀力进行计算。而这些坐标点的坐标是根据下一步有限元法计算的要求来决定的。

笔者所选取的地域为北纬 0°～55°，东经 75°～135°。在此范围内，格点的排列是不规则的，因此必须对每一点格点进行计算(见图 2-2)。

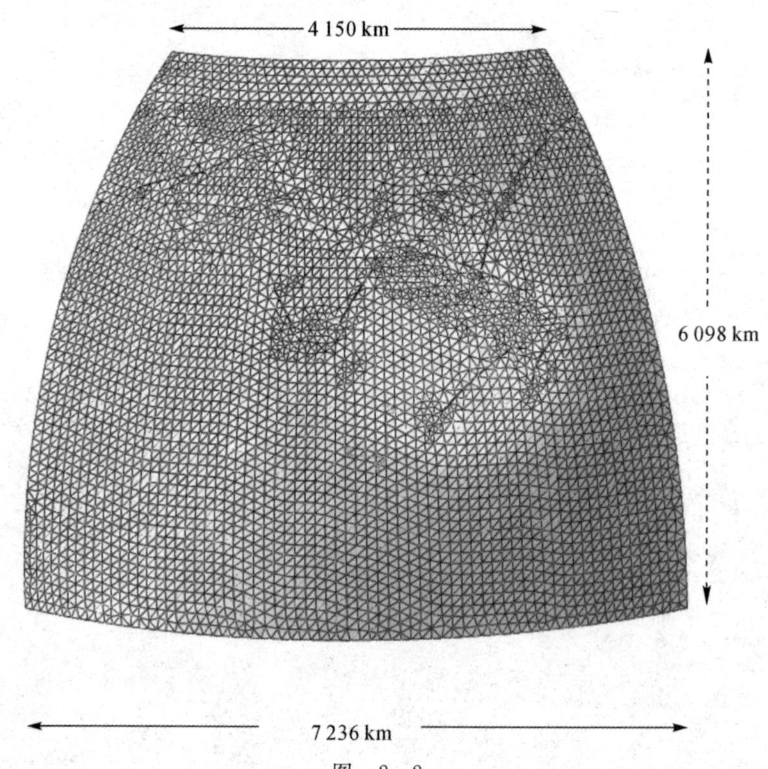

图 2-2

计算面积时，格点数相当于 4 046＋232÷2＝4 162

总面积＝6 098×(4 150＋7 236)/ 2＝34 715 914 km^2

边界上格点共 232 个，其“代表”的面积为非边界上格点的一半。非边界上格点有 4 278－232＝4 046 个。

平均每个格点“代表”的面积 A'＝ 34 715 914 km^2/4 162 ＝8 341 km^2。每个格点周边有若干相邻的格点，其中必有一个最近的格点。设二者之间的距离为 D，可以求得 4 278 个 D 值，其平均值 D'为 86.196 79 km。由此可以求得每一格点的 D/D'值。

每个格点“代表”的面积(A)大小不一，无法精确计算。作为一种近似，可以假定 A/A'与 D/D'存在比例关系，即可以求出 A 值。边界上的格点所“代表”的面积为非边界上的格点所“代表”的面积的一半。

有了 A 值(单位为 km^2)，乘以压强(单位为 kN/km^2)，即可得总张力。

程序说明如下：

此程序计算的是每个格点所代表的面积的总胀力。

数据来源：:D:\DATAC. xls(即具有代表面积(两最近格点距离的二次方)的数据. xls)与 Besselian Elements4. doc

计算结果:D:\18940406. xls(以日食年月日为文件名)

D:\DATAC. xls

A 列——有限元分析所提供的数据(序号)

B 列——有限元分析所提供的数据(经度)

C 列——有限元分析所提供的数据(纬度)

D 列——非边界点为 D 列数据的二次方(km^2)。边界点为 D 列数据的二次方(km^2)的一半。

E 列——0(无用)

D:\18940406. xls

A 列——有限元分析所提供的数据(序号)

B 列——有限元分析所提供的数据(经度)

C 列——有限元分析所提供的数据(纬度)

D 列——非边界点为 D 列数据的二次方(km^2)。边界点为 D 列数据的二次方(km^2)的一半。

E 列——0(无用)

F 列——单位面积胀力(N/km^2)

G 列——格点上的总胀力(单位面积胀力×格点所代表的面积)(单位:N)

H 列——高度角(设最低高度角不小于 5°)

I 列——方位角(为日食全过程中每 10 min 一个数值的平均值。)

第一行 JKL——日食年月日

此程序可用 Visual Basic 6.0 写成如下格式:

```
Private Sub Form_Click()

Const M% = 4, N% = 8
Dim AA(M, N) As Single, I As Integer, J As Integer

NN =1894: YY = 4: RR = 6

Print NN; "年";: Print YY; "月";: Print RR; "日"

A = NN / 4
NO = 79.6764 + 0.2422 * (NN - 1901) - Int(NN - 1901) / 4
B = A - Int(A)
C = 32.8
If YY <= 2 Then C = 30.6
If B = 0 And YY > 2 Then C = 31.8
G = Int(30.6 * YY - C + 0.5) + RR

AA(1, 2) =-0.220837:    AA(1, 3) = 0.532942:   AA(1, 4) = 6.4279399: AA(1, 6)
= 0.549909:   AA(1, 7) = 0.003752:  AA(1, 8) = 239.376953:
AA(2, 2) = 0.4818591:   AA(2, 3) = 0.2587269:   AA(2, 4) = 0.015121: AA(2, 6) =
-0.000126:  AA(2, 7) = -0001254:   AA(2, 8) = 15.00418:
AA(3, 2) = 0.0000466:  AA(3, 3) = -0.0000534:  AA(3, 4) = -0.000001: AA(3, 6)
= -0.0000114:  AA(3, 7) = -0.0000113:  AA(3, 8) = 0:
AA(4, 2) =-0.0000067:  AA(4, 3) = -0.0000038:  AA(4, 4) = 0: AA(4, 6) = 0:
AA(4, 7) = 0: AA(4, 8) = 0

TDT =400: F1 = 0.00467: F2 = 0.0046467: DT = -6.3

AA(1, 1) = 0: AA(1, 5) = AA(1, 4)
```

```
AA(2, 1) = 1: AA(2, 5) = AA(2, 4)
AA(3, 1) = 2: AA(3, 5) = AA(3, 4)
AA(4, 1) = 3: AA(4, 5) = AA(4, 4)

Print
For I = 1 To M
  For J = 1 To N
    Print Tab(12 * J); AA(I, J);
  Next J
Print
Next I
Print

Print "   TDT="; TDT
Print "   TAN F1="; F1
Print "   TAN F2="; F2
Print "   DT="; DT

Const M1% = 43, N1% = 8
Dim CC(M1, N1) As Single, I2 As Integer, J2 As Integer

For I2 = 21 To 1 Step -1
  For J2 = 1 To 8
  CC(22 - I2, J2) = AA(1, J2) - AA(2, J2) * I2 / 6 - AA(3, J2) * I2 / 6 - AA(4,
J2) * I2 / 6
  Next J2
Next I2

For I2 = 0 To 21
  For J2 = 1 To 8
  CC(22 + I2, J2) = AA(1, J2) + AA(2, J2) * I2 / 6 + AA(3, J2) * I2 / 6 + AA(4,
J2) * I2 / 6
    Next J2
Next I2

For I2 = 1 To M1
```

```
CC(I2, 1) = TDT + Int(CC(I2, 1) * 10 / 60) * 100 + ((CC(I2, 1) * 10 / 60) - Int(CC
(I2, 1) * 10 / 60)) * 60
If CC(I2, 1) < 0 Then CC(I2, 1) = 2400 + CC(I2, 1)
Next I2

For I2 = 1 To M1
CC(I2, 4) = Sin(CC(I2, 4) * 3.1415926 / 180)
CC(I2, 5) = Cos(CC(I2, 5) * 3.1415926 / 180)
Next I2

Print
For I2 = 1 To M1
    For J2 = 1 To N1
      Print Format(CC(I2, J2), "0.#####      ");
   Next J2
   Print
Next I2
200

Dim xlApp As Excel.Application
Dim xlBook As Excel.Workbook
Dim xlSheet As Excel.Worksheet

Set xlApp = CreateObject("Excel.Application")
Set xlBook = xlApp.Workbooks.Add("d:\DATAC.xls")
Set xlSheet = xlBook.Worksheets(1)

xlApp.Visible = True

Const M3% = 4278, N3% = 9
Dim EE(M3, N3) As Single, I4 As Integer, J4 As Integer

For I = 1 To 4278
  For J = 1 To 5
EE(I, J) = Cells(I, J)
Next J
```

```
Next I

For KK = 1 To 4278
F = EE(KK, 3): L = EE(KK, 2)
B1 = 1 / 298.257: F3 = F / 180 * 3.14159
C = 1 / Sqr(1 - (2 * B1 - B1 * B1) * Sin(F3) ^ 2)
S = (1 - B1) ^ 2 * C
HO = 0
R1 = (C + 0.1568 * H0 * 0.000001) * Cos(F3)
R2 = (S + 0.1568 * H0 * 0.000001) * Sin(F3)

Const M2% = 43, N2% = 6
Dim DD(M2, N2) As Single, I3 As Integer, J3 As Integer

Sum = 0
For I = 1 To 43

Q = CC(I, 1)
X = CC(I, 2)
Y = CC(I, 3)
D1 = CC(I, 4)
D2 = CC(I, 5)
U1 = CC(I, 6)
U2 = CC(I, 7)
MM1 = CC(I, 8)
H = MM1 + L - 1.002738 * DT * 15 / 3600
H1 = Sin(H / 180 * 3.14159)
K = H1 * R1
E1 = R2 * D2
Z1 = R2 * D1
H2 = Cos(H / 180 * 3.14159)
E2 = R1 * D1 * H2
Z2 = R1 * D2 * H2
E = E1 - E2
Z = Z1 + Z2
MM1 = X - K
```

```
MM2 = Y - E
L1 = U1 - Z * F1
L2 = U2 - Z * F2
SF = (L1 - Sqr(MM1 * MM1 + MM2 * MM2)) / (L1 + L2)

DD(I, 1) = CC(I, 1)
DD(I, 2) = SF

SP = Int(CC(I, 1) / 100 + 0.0001): FP = Int(CC(I, 1) - SP * 100 + 0.0001)
LP = L / 15
HP = SP - 8 + FP / 60
NNN = G + (HP - LP) / 24
T = NNN - NO
kp = 2 * 3.1415926 * T / 365.2422
ER = 1.000423 + 0.032359 * Sin(kp) + 0.000086 * Sin(2 * kp) - 0.008439 * Cos(kp)
+ 0.000115 * Cos(2 * kp)

ED = 0.3723 + 23.2567 * Sin(kp) + 0.1149 * Sin(2 * kp) - 0.1712 * Sin(3 * kp) -
0.758 * Cos(kp)
ED = ED + 0.3656 * Cos(2 * kp) + 0.0201 * Cos(3 * kp)

ET = 0.0028 - 1.9857 * Sin(kp) + 9.9059 * Sin(2 * kp) - 7.0924 * Cos(kp) -
0.6882 * Cos(2 * kp)
SD = SP + (FP - (0 - (L + 0)) * 4) / 60
SZ = SD + ET / 60
T1 = (SZ - 12) * 15
ED = ED * 3.1415926 / 180
WD = F * 3.1415926 / 180
T1 = T1 * 3.1415926 / 180
GD = Sin(ED) * Sin(WD) +Cos(ED) * Cos(WD) * Cos(T1)
GDJ1 = Atn(GD / Sqr(1 - GD * GD))
GDJ = 180 * GDJ1 / 3.1415926:

FW = (GD * Sin(WD) - Sin(ED)) / (Cos(GDJ1) * Cos(WD))
If FW = 0 Then FW = 0.00001
FW = Atn(Sqr(1 - FW * FW) / FW)
```

```
FWJ = 180 * FW / 3.1415926

If SZ > 24 Then SZ = SZ - 24
If SZ < 0 Then SZ = SZ + 24
If SZ <= 12 And FW <= 0 Then FWJ = -FWJ: GoTo 500
If SZ <= 12 And FW > 0 Then FWJ = 180 - FWJ: GoTo 500
If SZ > 12 And FW <= 0 Then FWJ = 360 + FWJ: GoTo 500
If SZ > 12 And FW > 0 Then FWJ = 180 + FWJ

500
DD(I, 3) = GDJ
DD(I, 4) = FWJ

DD(I, 5) = 0

DD(I, 6) = 101.325 * (10 / 3) * 453.75 * Sin(DD(I, 3) * 3.1415926 / 180) * (1 - DD
(I, 5) / 10000) * DD(I, 2)
If DD(I, 2) <= 0 Or DD(I, 3) <= 0 Then DD(I, 6) = 0

Print Format(DD(I, 1), "      0          ");
Print Format(DD(I, 2), "    0.00          ");
Print Format(DD(I, 3), "      00      ");
Print Format(DD(I, 4), "      000      ");
Print Format(DD(I, 5), "      0000    ");
Print Format(DD(I, 6), "       0    ")
600
Sum = Sum + DD(I, 6)
If DD(I, 2) > DD(I - 1, 2) Then ZZZ = I

Next I
EE(KK, 6) = Int(Sum)
EE(KK, 7) = Int(Sum) * EE(KK, 4)

700

EE(KK, 8) = Int(DD(ZZZ, 3))
```

```
If EE(KK, 8) <5 THEN EE(KK, 8) =5
EE(KK, 9) = Int(DD(ZZZ, 4))

If EE(KK, 7) <= 0 Then EE(KK, 6) = 0

Print Format(EE(KK, 1), "     0###          ")
Print Format(EE(KK, 2), "     0###.##      ");
Print Format(EE(KK, 3), "     0###.##    ");
Print Format(EE(KK, 4), "      #           ");
Print Format(EE(KK, 5), "      #                ");
Print Format(EE(KK, 6), "     0#.                 ");
Print Format(EE(KK, 7), "     0#.                   ");
Print Format(EE(KK, 8), "     0#.       ")
Print Format(EE(KK, 9), "     0#.       ")

Next KK

Dim objExcelFile As Excel.Application
Dim objWorkBook As Excel.Workbook
Dim objImportSheet As Excel.Worksheet
Set objExcelFile = New Excel.Application
objExcelFile.DisplayAlerts = True

Set objWorkBook = objExcelFile.Workbooks.Open("d:\A18940406.xls")
Set objImportSheet = objWorkBook.Sheets(1)

For I = 1 To 4278
For J = 1 To 9
objImportSheet.Cells(I, J) = EE(I, J)
Next J
Next I

Sum = 0
For I = 1 To 4278
Sum = Sum + EE(I, 4)
Next I
```

```
objImportSheet.Cells(4279, 4) = Sum

Sum = 0
For I = 1 To 4278
Sum = Sum + EE(I, 6)
Next I
objImportSheet.Cells(4279, 6) = Sum

Sum = 0
For I = 1 To 4278
Sum = Sum + EE(I, 7)
Next I
objImportSheet.Cells(4279, 7) = Sum

objImportSheet.Cells(1, 10) = NN
objImportSheet.Cells(1, 11) = YY
objImportSheet.Cells(1, 12) = RR

objExcelFile.Quit
Set objWorkBook = Nothing
Set objImportSheet = Nothing
Set objExcelFile = Nothing

xlBook.Close (True)
xlApp.Quit
Set xlApp = Nothing

End Sub
```

所得到的结果直接进入 Excel。

在计算程序中要考虑到多种参数。

根据日期、时间和当地经、纬度计算太阳天顶角和方位角。

1. 日地距离

地球绕太阳公转的轨道是椭圆形的，太阳位于椭圆两焦点中的一个。发自太阳到达地球表面的辐射能量与日地间距离的二次方成反比，因此，一个准确的日地

距离值 R 就变得十分重要了。日地平均距离 R_0 又称天文单位，有

$$1\text{ 天文单位}=1.496\times10^8\ \text{km}$$

或者，更准确地讲等于(149 597 890±500) km。日地距离的最小值(或称近日点)为 0.983 天文单位，其日期大约在 1 月 3 日；而其最大值(或称远日点)为 1.017天文单位，日期大约在 7 月 4 日。地球处于日地平均距离的日期为 4 月 4 日和 10 月 5 日。

由于日地距离对于任何一年的任何一天都是精确已知的，所以这个距离可用一个数学表达式表述。为了避免日地距离用具体长度计量单位表示过于冗长，一般均以其与日地平均距离比值的二次方表示，即 $E_R=(R/R_0)^2$，也有的表达式用的是其倒数，即 R_0/R，这并无实质区别，只是在使用时，需要注意，不可混淆。

得到的数学表达式为

$$E_R=1.000\ 423+0.032\ 359\sin\theta+0.000\ 086\sin2\theta-0.008\ 349\cos\theta+0.000\ 115\cos2\theta \tag{2-1}$$

式中，θ 称日角，即

$$\theta=2\pi t/365.242\ 2 \tag{2-2}$$

这里 t 又由两部分组成，即

$$t=N-N_0 \tag{2-3}$$

式中，N 为积日，所谓积日，就是日期在年内的顺序号，例如，1 月 1 日其积日为 1，平年 12 月 31 日的积日为 365，闰年的积日则为 366，等等。

$$N_0=79.676\ 4+0.242\ 2\times(\text{年份}-1985)-\text{INT}[(\text{年份}-1985)/4] \tag{2-4}$$

2. 太阳赤纬角

地球绕太阳公转的轨道平面称黄道面，而地球的自转轴称极轴。极轴与黄道面不是垂直相交，而是呈 66.5°角的，并且这个角度在公转中始终维持不变。正是由于这一原因形成了每日中午时刻太阳高度的不同，以及随之而来的四季的变迁。太阳高度的变化可以从图 2－3 中形象地看到。图中日地中心的连线与赤道面间的夹角每天(实际上是每一瞬间)均处在变化之中，这个角度称为太阳赤纬角。它在春分和秋分时刻等于零，而在夏至和冬至时刻有极值，分别为＋23.442°，－23.442°。

由于太阳赤纬角在周年运动中任何时刻的具体值都是严格已知的，所以它(E_D)也可以用与式(2－1)相类似的表达式表述，即

$$E_D=0.372\ 3+23.256\ 7\sin\theta+0.114\ 9\sin2\theta-0.171\ 2\sin3\theta-0.758\cos\theta+0.365\ 6\cos2\theta+0.020\ 1\cos3\theta \tag{2-5}$$

式中，θ 的含义与式(2－1)中的相同。

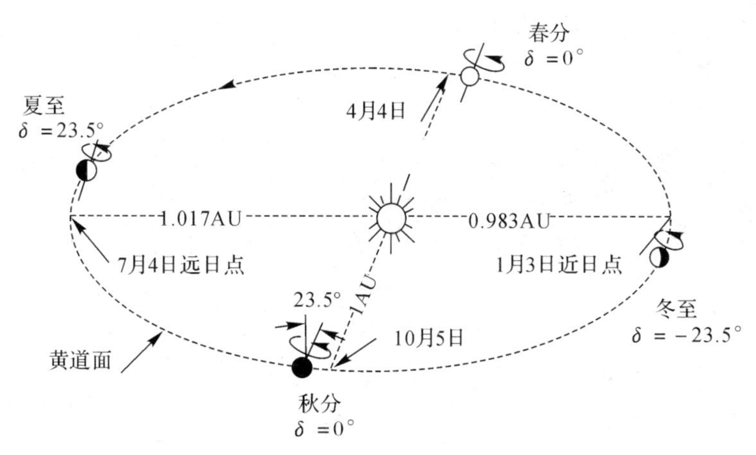

图 2-3　地球绕太阳运行轨迹

3. 时差

真正的太阳在黄道上的运动不是匀速的，而是时快时慢的，因此，真太阳日的长短也就各不相同。但人们的实际生活需要一种均匀不变的时间单位，这就需要寻找一个假想的太阳，它以均匀的速度在运行。这个假想的太阳就称为平太阳，其周日的持续时间称平太阳日，由此而来的小时称为平太阳时。

平太阳时 S 是基本均匀的时间计量系统，与人们的生活息息相关。由于平太阳是假想的，因而无法实际观测它，但它可以间接地从真太阳时 $S_{\odot}$ 求得，反之，也可以由平太阳时来求真太阳时。为此，需要一个差值来表达二者的关系，这个差值就是时差，以 E_t 表示，即

$$S_{\odot}=S+E_t \tag{2-6}$$

由于真太阳的周年视运动是不均匀的，因此，时差也随时都在变化着，但与地点无关，一年当中有 4 次为零，并有 4 次达到极大。时差也可以以式(2-1)相似的表达式表示为

$$E_t=0.0028-1.9857\sin\theta+9.9059\sin2\theta-7.0924\cos\theta-0.6882\cos2\theta \tag{2-7}$$

上面给出了 3 个计算式，从形式上讲，它们与一般书籍中给出的并无不同。之所以又重新研究它，是因为以往的公式存在以下的通病：①对平年和闰年不加区分，一方面，这对闰年就不好处理，另一方面，闰年的影响有累积效应，会逐步增长；②即使是从当年天文年历查到的数值，也是格林尼治经度处 0 点时刻的数值，而笔者所需要的数值，会因所在地点的地理经度以及具体时刻与表值有异而不同。具

体地讲，一般要进行下述3项订正。

(1)年度订正：除非只用当年的天文年历值，此外均需使用此项订正，引入此项订正的原因就是一回归年的实际长度不是365日，而是365.242 2日，但日历上只有整日，不可能有小数日。假定选用的是1981年的表值，1982年再用时，就要加上－0.2(－0.242 2)日的订正了。这个订正到了1983年为－0.51(－0.484 4)日，1984年为－0.7(－0.726 6)日，但此年为闰年，多了1日，实际订正应为－0.7＋1＝ 0.3(0.273 4)日，1985年为0.0(0.031 2)日，等等，其余类推。

(2)经度订正：即使笔者查阅的是当年的天文年历，也需此项订正。在我国的地理经度范围内，各地的订正值为

≤90°E－0.2日　　＞90°E～＜128°E－0.3日　　≥128°E－0.4日

(3)时刻订正：要求同前一项。即使在格林尼治当地，不同时刻也需加以订正。各时段的订正值是

时段	$3^{36}-6^{00}$	$6^{00}-8^{24}$	$8^{24}-10^{48}$	$10^{48}-13^{12}$
日	＋0.2	＋0.3	＋0.4	＋0.5
时段	$13^{12}-15^{36}$	$15^{36}-18^{00}$	$18^{00}-20^{24}$	
日	＋0.6	＋0.7	＋0.8	

由于我国普遍采用的是北京时，它与格林尼治的地方时相差8 h，故具体到我国情况：

时段(北京时)	$2^{00}-4^{24}$	$4^{24}-6^{48}$	$6^{48}-9^{12}$	$9^{12}-11^{36}$
订正值(日)	－0.2	－0.1	0	0.1
时段	$11^{36}-14^{00}$	$14^{00}-16^{24}$	$16^{24}-18^{48}$	$18^{48}-21^{12}$
订正值	0.2	0.3	0.4	0.5

前面3个计算式中，项数多，计算麻烦，后面多项订正，更显烦琐。为了方便实际应用，特编制如下仅含20句的BASIC语言程序供使用。

```
10    input"经度,经分和年份",JD,JF,NF
20    A=NF/4:K=2*3.1415926#/365.2422
30    N0=79.6764+0.2422*(NF-1985)
        -INT((NF-1985)/4)
40    input"月,日,时,分(按北京时)",Y,R,S,F
50    B=A-INT(A)
60    C=32.8
```

```
70    if Y≤2 thenC=30.6
80    if B=0 and Y>2 then C=31.8
90    G=INT(30.6*Y-C+0.5)+R
100   L=(JD+JF/60)/15
110   H=S-8+F/60
120   N=G+(H-L)/24
130   T =(N-N0)/K
140   式(1)
150   式(5)
160   式(7)
170   print"Er=";Er;"Ed=";Ed,"Et=";Et
180   input"是否仍要计算 y/n?",W0
190   if W="Y" or W="y" then 10 else 200
200   end
```

程序中 50～90 各句的目的在于计算当天的积日，100 句是经度订正，110 句是时刻订正，130 句包含 3 年度订正的内容。

最常见的是要求计算太阳高度和太阳方位。

太阳高度($h_\odot$)的计算公式为

$$\sin h_\odot = \sin\delta\sin\varphi + \cos\delta\cos\varphi\cos\tau \tag{2-8}$$

式中，δ 就是太阳赤纬角，即式(2－5)中的 E_D；φ 为当地的地理纬度；τ 为当时的太阳时角。φ 值不难获得，且一旦确定，不会改变。δ 值的计算可以从前述程序中得到。唯一需要说明的是太阳时角的计算。其计算式为

$$\tau = \left(S_\odot + \frac{F_\odot}{60} - 12\right) \times 15^\circ \tag{2-9}$$

这里时 S 和分 F 的符号均加上了⊙下标，表示是真太阳时，为了从北京时求出真太阳时，需要两个步骤：首先，将北京时换成地方时 S_d，则有

$$S_d = S + \left\{F - \left[120^\circ - \left(JD + \frac{JF}{60}\right)\right] \times 4\right\} \Big/ 60 \tag{2-10}$$

式中，120°是北京时的标准经度，乘 4 是将角度转化成时间，即每度相当于 4 min，除 60 是将分钟化成小时。

进行时差订正，即

$$S_\odot = S_d + E_t/60 \tag{2-11}$$

这里应该指出的是，时角是以太阳正午时刻为 0 点的，顺时针方向(下午)为

正,反之为负。

太阳方位角的计算式为

$$\cos A = (\sin h_{\odot} \sin\varphi - \sin\delta)/\cos h_{\odot} \cos\varphi \qquad (2-12)$$

由此可求出两个 A 值,第一个 A 值是午后的太阳方位,当 $\cos A \leqslant 0$ 时,$90° \leqslant A \leqslant 180°$;当 $\cos A \geqslant 0$ 时,$0 \leqslant A \leqslant 90°$。第 2 个 A 值为午前的太阳方位,取 $360° - A$。

实例:计算东经 110°北回归线上 1999 年 6 月 23 日北京时 12:42 的太阳高度角及当日的日落时的方位角。

计算:将 JD=110,JF=0,NF=1999,Y=6,R=23,S=12,F=42,各参数输入运行的程序;屏幕上立即显示 Er=1.0330,Ed=23.438,Et=-1.84。

将北京时 12:42 换算成东经 110°的地方时,利用式(2-10),可得 $S_d=12:02$。

加当日时差 $E_t \approx -2$,得此时当地的 $S_{\odot}=12:00$,将其代入式(2-9)得 $\tau=0°$,北回归线处 $\varphi=23.442°$。

根据式(2-8)求得 $h_{\odot}=89.966°$。

读者可能产生疑问,为何在北回归线上,夏至日的中午时刻的太阳高度不等于 90°,大家不妨变换 NF 的输入值,看一看结果不仅都不等于 90°,且各年之间还略有差异。之所以会如此,是因为夏至不仅有日期,还有时刻,很难遇到夏至时刻在正午是 12 时的。

在计算日落时的方位角时,由于此时 $h_{\odot}=0$,则式(2-12)的形式变化为

$$\cos A = -\sin\delta/\cos\varphi \qquad (2-13)$$

将已知参数代入,得 $\cos A=-0.3977$。

依照判据 $90° \leqslant A \leqslant 180°$,故 $A=113.44°$。

计算步骤与程序:

求 G 值(用 EXCEL VBA)

```
Function AAA(A, Y,R)
B = A / 4 - Int(A / 4)
C = 32.8
If Y <= 2 Then C = 30.6
If B = 0 And Y > 2 Then C = 31.8
AAA = Int(30.6 * Y - C + 0.5)+R
End Function
```

求 N0 值(用 EXCEL)

```
N0=79.6764+0.2422*(A2-1901)-INT((A2-1901)/4)
```

查取经纬度\时间与食分

求高度角(用 EXCEL VBA)

```
Function GDJ(JD, WD, S, F,G,N0)
K = 2 * 3.14159 * ((G + (S - 8 + F / 60 - JD / 15) / 24) - N0) / 365.2422
ED = 0.3727 + 23.2567 * Sin(K) + 0.1149 * Sin(2 * K) - 0.1712 * Sin(3 * K) -
0.758 * Cos(K) + 0.3656 * Cos(2 * K) + 0.0201 * Cos(3 * K)
ET = 0.0028 - 1.9857 * Sin(K) + 9.9059 * Sin(2 * K) - 7.0924 * Cos(K) -
0.6882 * Cos(2 * K)
T1 = (S + (F + JD * 4) / 60 + ET / 60 - 12) * 15
ED = ED * 3.14159 / 180
WD = WD * 3.14159 / 180
T1 = T1 * 3.14159 / 180
GDJ = Atn((Sin(ED) * Sin(WD) + Cos(ED) * Cos(WD) * Cos(T1)) / Sqr(1 -
(Sin(ED) * Sin(WD) +Cos(ED) * Cos(WD) * Cos(T1)) ^ 2))
GDJ = 180 * GDJ / 3.14159
End Function
```

(注意每次日食的 G 与 N0 需预先赋值)

1	经度 A	纬度 B	时 C	分 D	高度角 E
2	150	−30	22	20	38.125 681 79
3	−170	−36	23	53	74.070 130 43

求张力(用 EXCEL)

张力=最大张力×SIN(高角度)×食分×海深折扣

=453.75 * SIN(GDJ * 3.14159/180) * (1−HS/120) * SF

食分	高度角	海洋深度	张　力
0.03	32.828 05	0	7.379 598 298
0.18	40.933 46	0	53.511 961 66
0.31	34.008 87	0	78.675 465 55
0.32	18.683 16	0	46.512 542 97
0.25	4.074 992	0	8.061 098 2

内插(用 MATLAB)

```
Private Sub CommandButton1_Click()
f1 = 0.0046433: f2 = 0.0046202: m0 = 0.0043641
b1 = 1 / 298.257: f3 = f / 180 * 3.14159
c = 1 / Sqr(1 - (2 * b1 - b1 * b1) * Sin(f3) ^ 2)
s = (1 - b1) ^ 2 * c
r1 = (c + 0.1568 * h0 * 0.000001) * Cos(f3)
r2 = (s + 0.1568 * h0 * 0.000001) * Sin(f3)
x = b2: y = c2: d1 = d2: d2 = e2: u1 = f2: u2 = g2: m1 = h2
h = m1 + l - 1.002738 * 67 * 15 / 3600
h1 = Sin(h / 180 * 3.14159)
k = h1 * r1: e1 = r2 * d2: z1 = r2 * d1
h2 = Cos(h / 180 * 3.14159)
e2 = r1 * d1 * h2: z2 = r1 * d2 * h2
e = e1 - e2: z = z1 + z2
k1 = m0 * r1 * h2: e3 = m0 * k * d1
x2 = x1(Int(t)): y2 = y1(Int(t))
m1 = x - k: m2 = y - k
n1 = x2 - k1: n2 = y2 - e3: m3 = m1 / m2: n3 = n1 / n2
m4 = Atn(m3) * 180 / 3.14159 + 360
n4 = Atn(n3) * 180 / 3.14159 + 180: m6 = m4 - n4
m5 = m1 / Sin(m4 / 180 * 3.14159)
n5 = n1 / Sin(n4 / 180 * 3.14159): l1 = u1 - z * f1
s1 = m5 * Sin(m6 / 180 * 3.14159) / l1
f4 = 180 - Atn(s1 / Sqr(1 - s1 * s1)) * 180 / 3.14159
t4 = (l1 * Cos(f4 / 180 * 3.14159) - m5 * Cos(m6 / 180 * 3.14159)) / n5
l2 = u2 - z * f2
g = (l1 - Sqr(m1 * m1 + m2 * m2)) / (l1 + l2)
End Sub
```

4.有关日食张力计算结果的一些说明

(1)计算结果放在 Excel 表中,共有 4 278 组数据,每组有 8 个数字,即为 8 列。每列的意义如下:

A,*B*,*C* 为张健飞提供的数据(见第 5 章)。*A* 为序数(恐以后有用,留作一列);*B* 为经度;*C* 为纬度。

D 为与面积有关的数据，目前未定，暂定为 1。

E 为海深，陆地为 0，海洋深度以米计，考虑到所选择的地区海洋深度不大，暂定为 0。

F 为日食张力，单位为 kN/m^2。

G 为太阳高度角，用于计算日食张力的矢量。

H 为太阳方位角，用于计算日食张力的矢量。

(2)Excel 表共有 11 个，从文件名(如 189401. xls，189411. xls)上可以看出顺序。1894 是所计算的年份，后缀两位数即为顺序数。

(3)为便于数据的交流，尽可能减少数据输入手工操作，今后大量数据尽可能放在 Excel 表中。

(4)这一次只给出一次日食的计算结果，先试算一下，等到相互配合成功之后，即可展开对多次日食的计算。

5. 对地球张力图集的说明

(1)这些图是按照本项目总体的要求绘制的。

(2)图的范围：北纬 0°～55°，东经 55°～135°，与有限元计算要求一致，但底图取墨卡托投影，不同原图。图的左侧标有纬度，下侧标有经度。

(3)图中的等值线是按照本项目总体要求拟定的算法得到的外胀力值(考虑到日食食分、太阳高度角及其随时间的变化等)。

(4)这一次计算，自 1894 年到 1927 年共有 18 次日食，每次日食都有一幅外胀力分布图。之后，将这些分布图依次进行叠加，即第一幅、第一幅到第二幅、第一幅到第三幅……第一幅到第十八幅，共有 18 幅图。每幅图右下角所标数字即为起讫的日食年月日，如 18940406≫19111022 即为自 1894 年 4 月 6 日日食到 1911 年 10 月 22 日日食叠加的外胀力。等值线上的数字为外胀力，单位是 N/km^2。

(5)每幅图上的棕色线段，示意为断裂带的位置，线段旁数字为断裂带代码，线段有宽有窄，但只是示意，并不代表实际值。

(6)图中还标有地震中心的位置(以“十”表示)以及相关的数据。

(7)图集中顺序按时间先后排列(见图 2-4～图 2-51 和表 2-1)。由此，希望有助于分析日食外胀力与发生的地震在时间与空间上的关系。

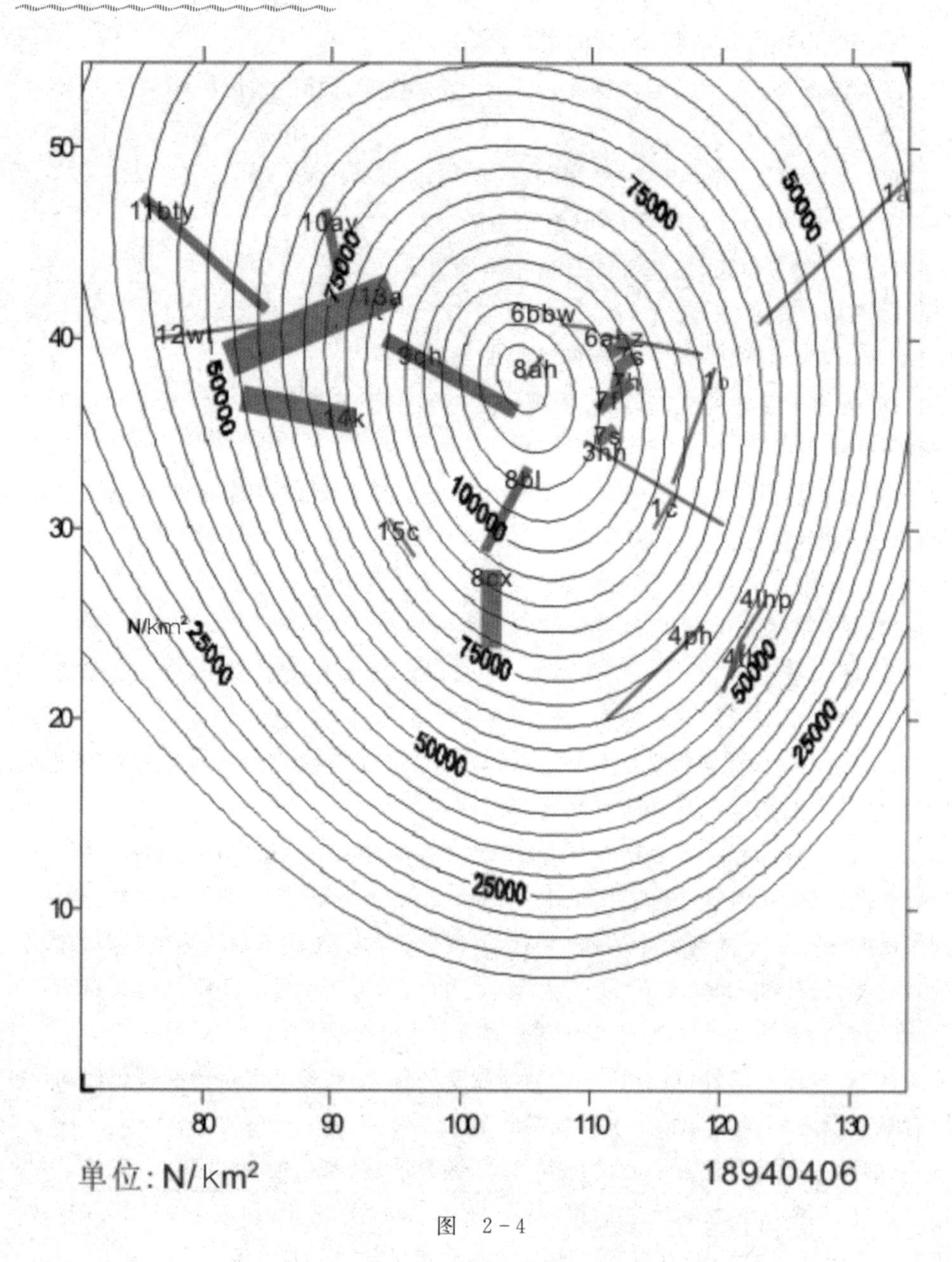
11bty
10ay
13a
12wt
9qh
14k
6bbw
6abz
8ah
1b
1a
3hh
8bl
1c
15c
8cx
4lhp
4ph
N/km²
75000
50000
25000
100000
18940406
单位:N/km²

图 2-4

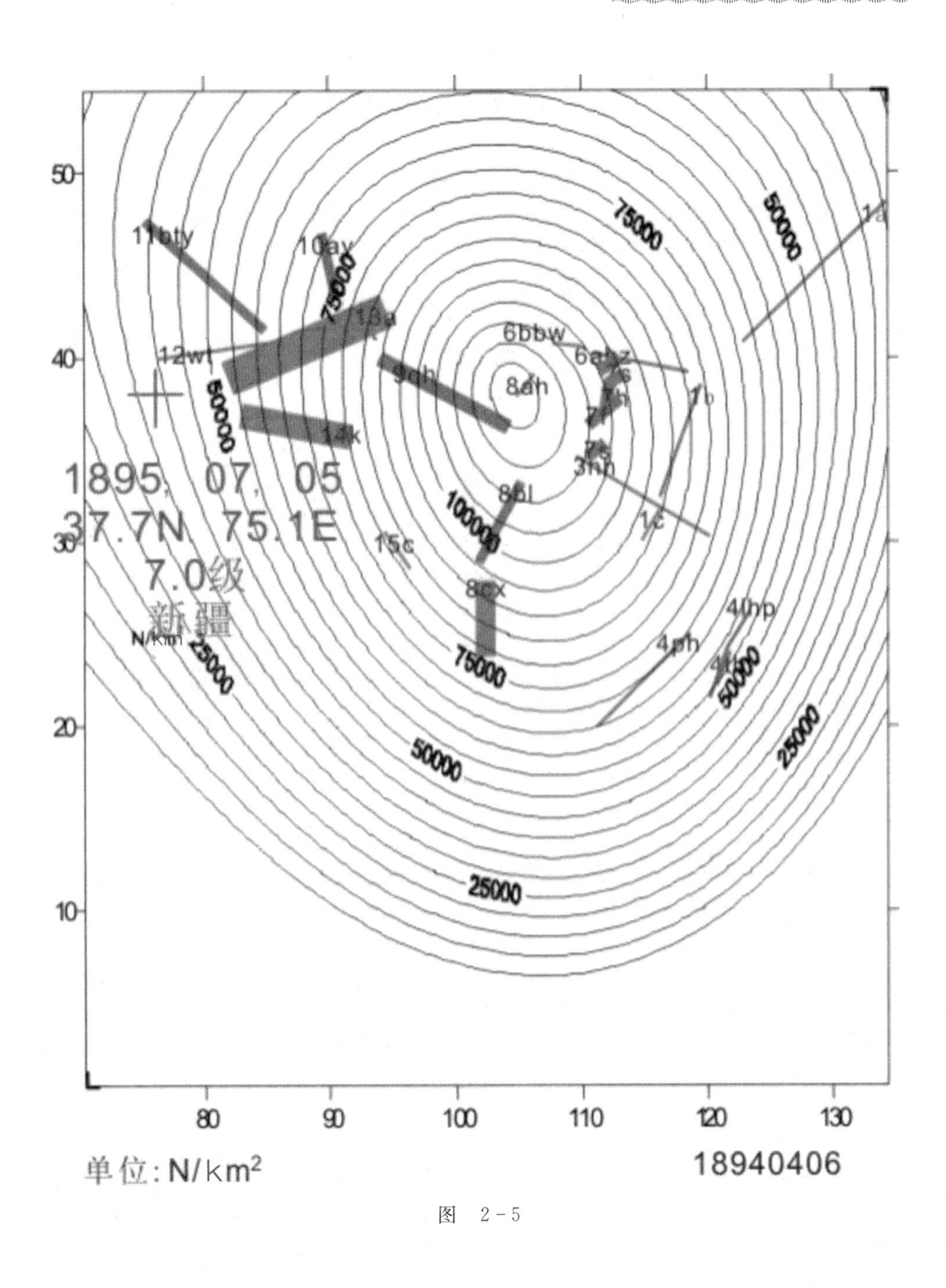

图　2-5

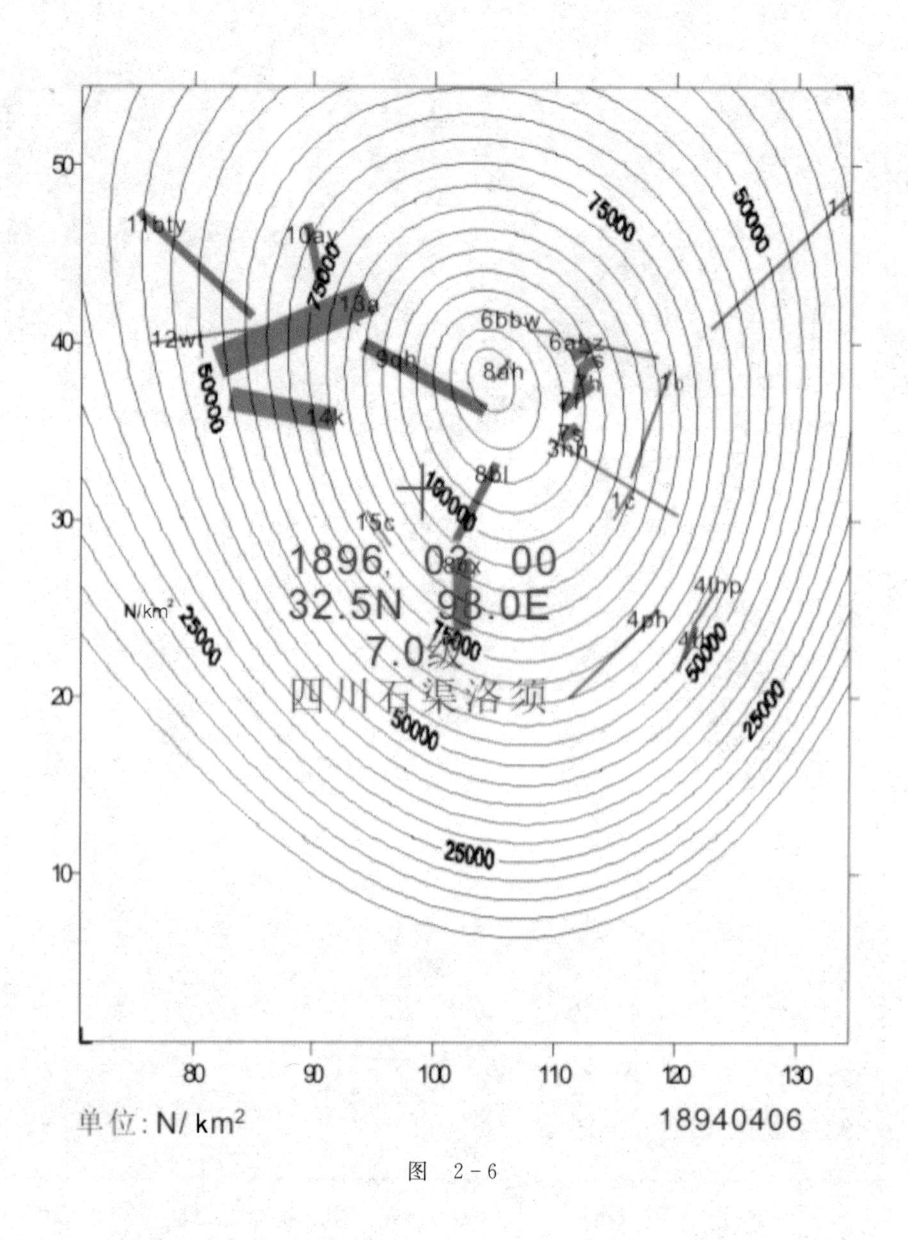

图 2-6

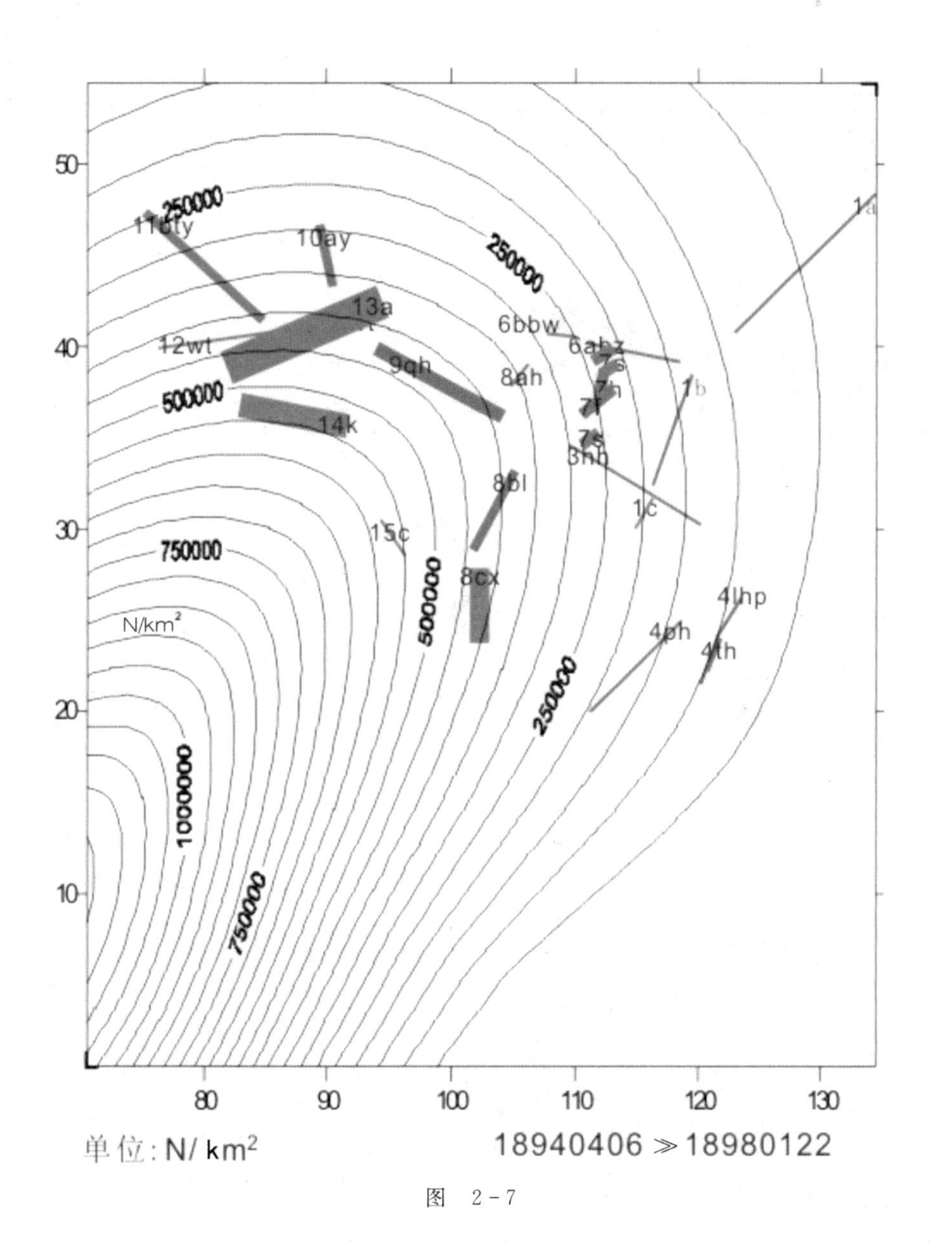
250000
11bfy
10ay
250000
13a
6bbw
12wt
6abz
9qh
7s
8ah
7h
1b
500000
7f
14k
7s
3hh
8bl
1c
15c
750000
500000
8cx
4lhp
N/km²
4ph
4th
250000
1000000
750000
1a
50
40
30
20
10
80
90
100
110
120
130
单位：N/ km²
18940406 ≫ 18980122

图　2-7

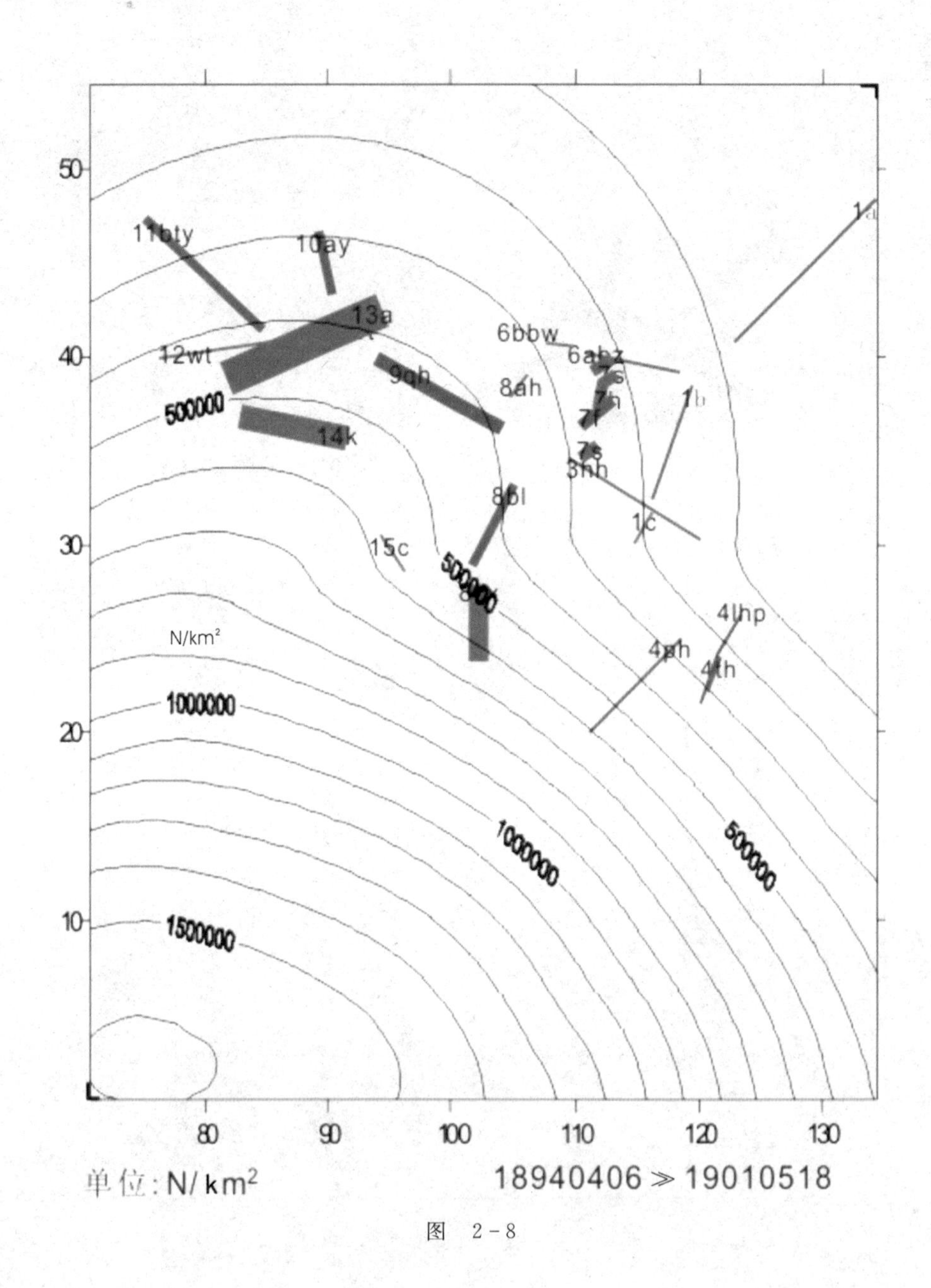

11bty
10ay
13a
12wt
6bbw
6abz
9qh
8ah
1a
1b
1c
500000
14k
3hh
8bl
15c
4lhp
4ph
4lh
N/km²
1000000
1500000
单位：N/km²
18940406 ≫ 19010518

图 2-8

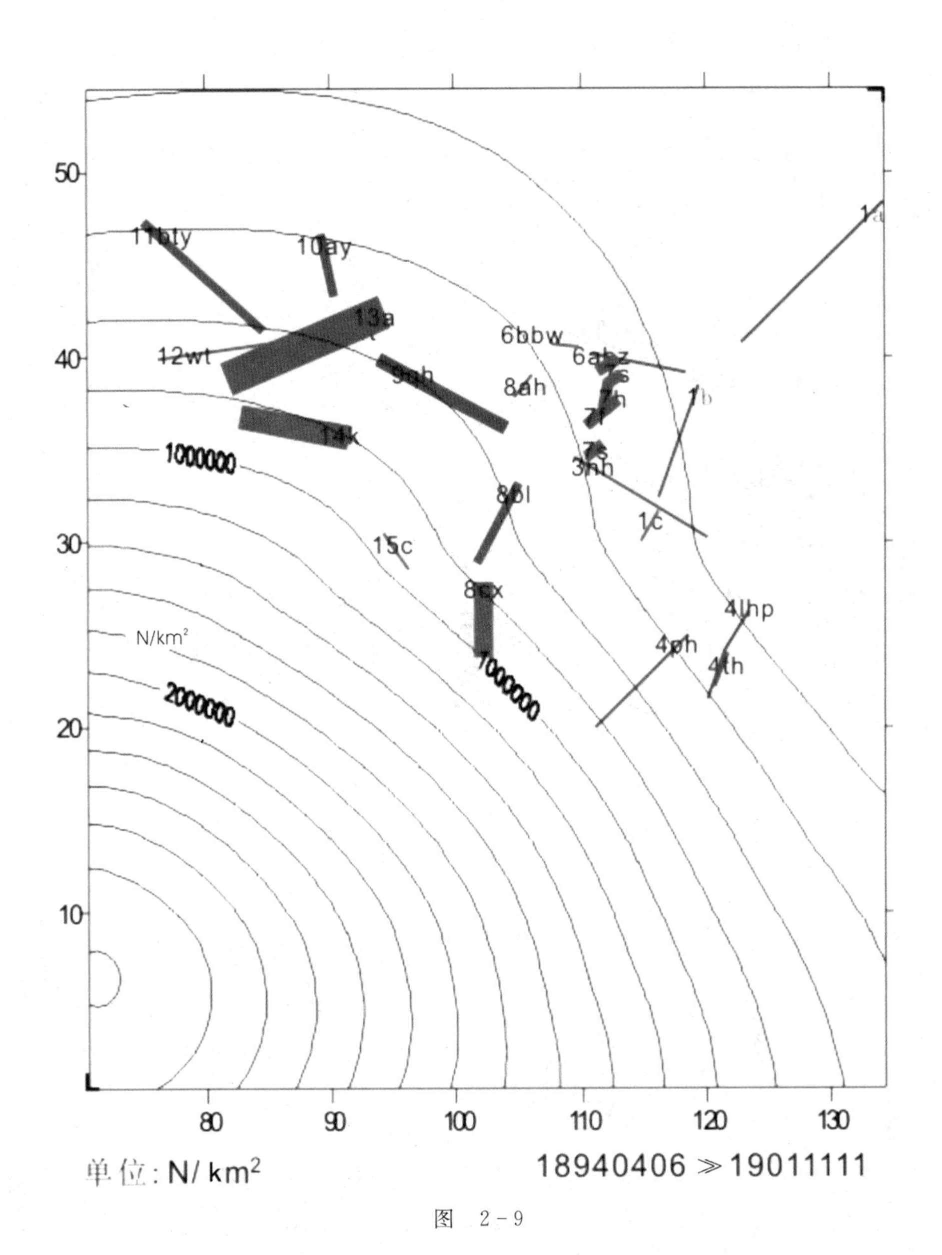

50
40
30
20
10
80
90
100
110
120
130
11bty
10ay
13a
12wt
6bbw
6abz
9ah
8ah
7h
7f
1b
14k
7s
3hh
1000000
8bl
1c
15c
8cx
4lhp
N/km²
4ph
4th
7000000
2000000
1a
单位: N/ km²
18940406 ≫19011111

图　2－9

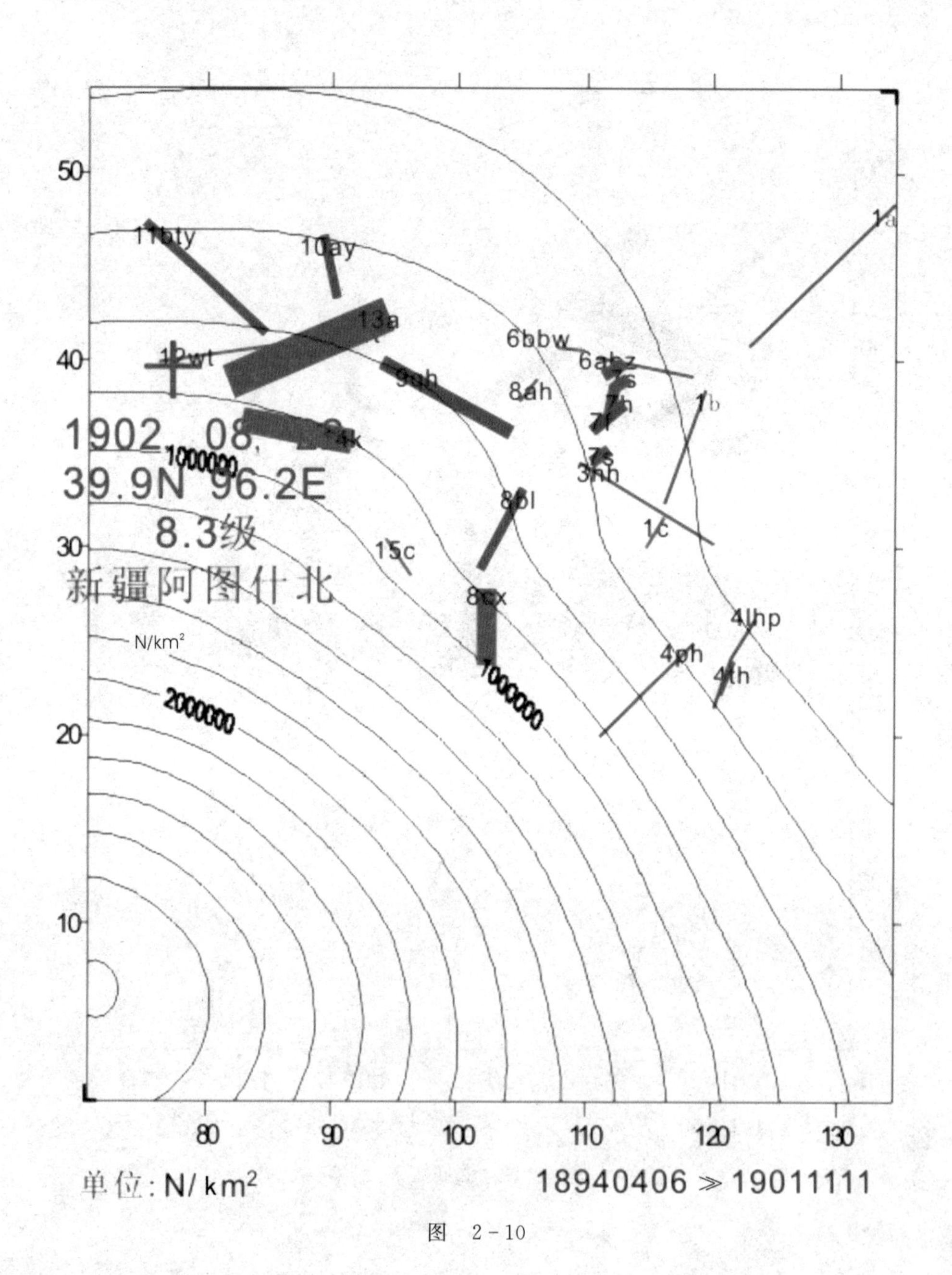
1902 08
39.9N 96.2E
8.3级
新疆阿图什北
1000000
2000000
N/km²
单位: N/km²
18940406 ≫ 19011111

图 2-10

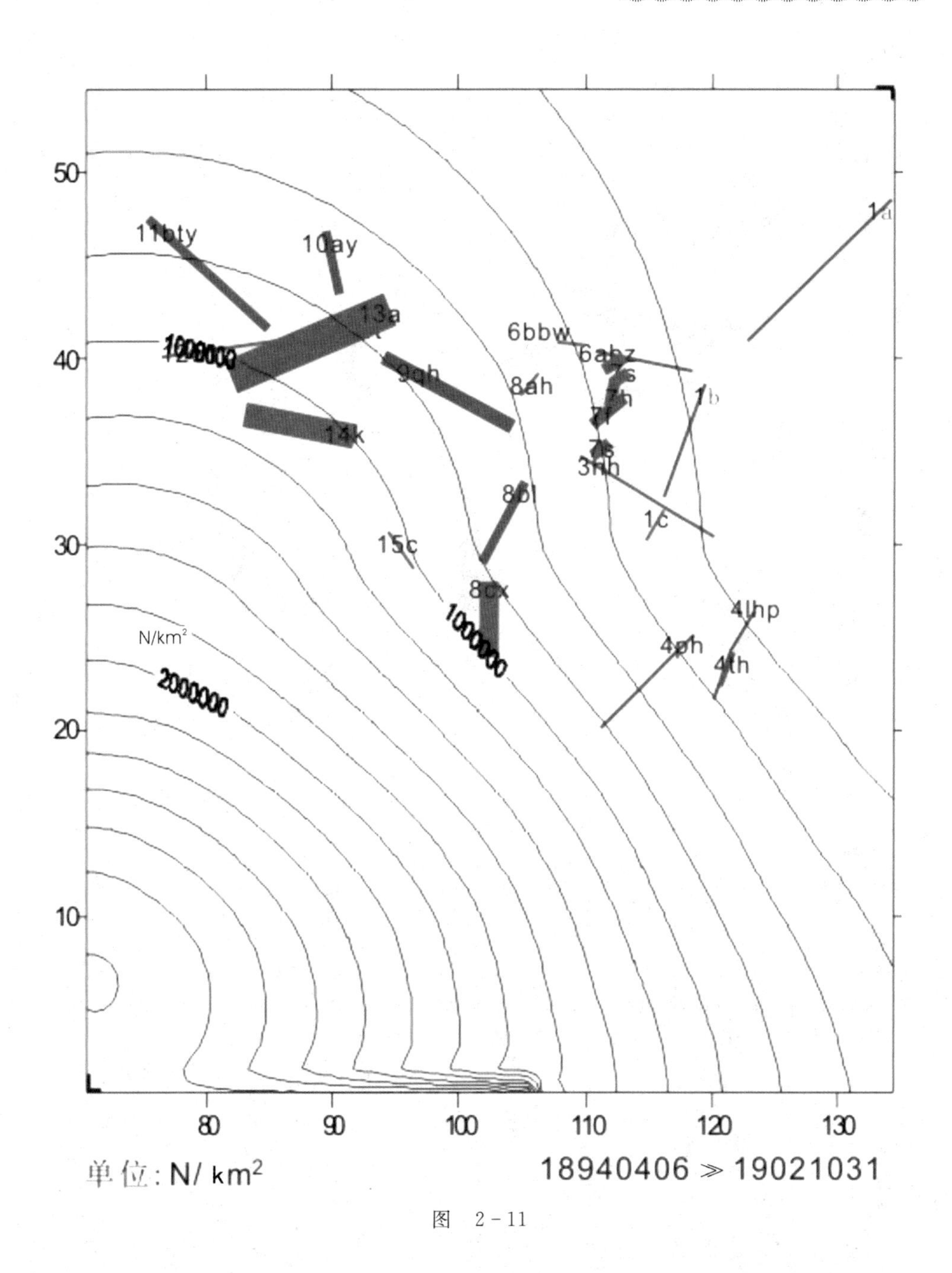

50
40
30
20
10
80
90
100
110
120
130
11bty
10ay
13a
1000000
9qh
14k
6bbw
6abz
8ah
1a
1b
3nh
8bl
1c
15c
8cx
1000000
4lhp
4ph
4th
N/km²
2000000
单位: N/ km²
18940406 ≫ 19021031

图　2－11

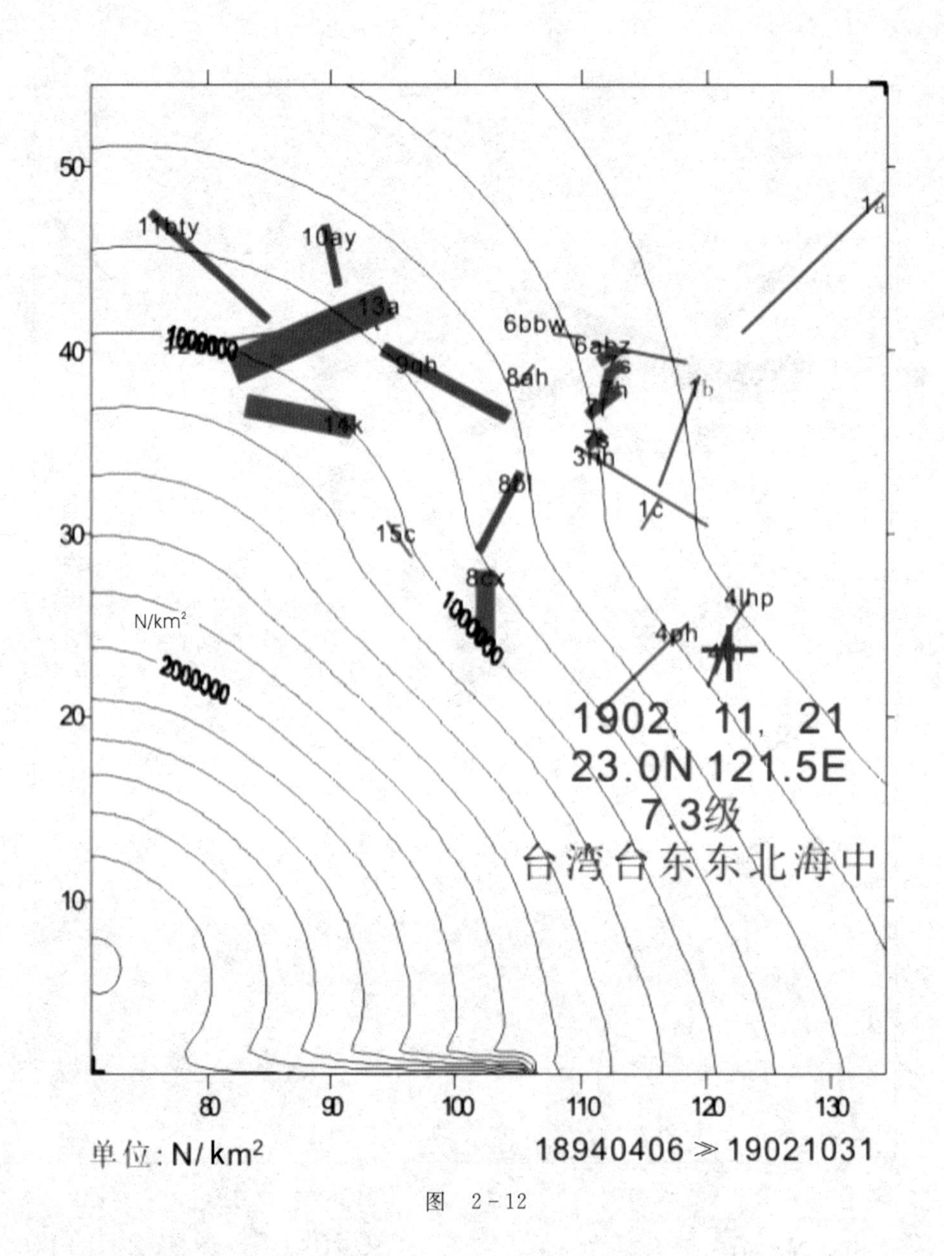
1902、11、21
23.0N 121.5E
7.3级
台湾台东东北海中
单位: N/km²
18940406 ≫ 19021031
N/km²
2000000
1000000
11btty
10ay
13a
9gh
8ah
6bbw
6abz
14k
15c
8cx
3hh
1a
1b
1c
4lhp
4gh

图 2-12

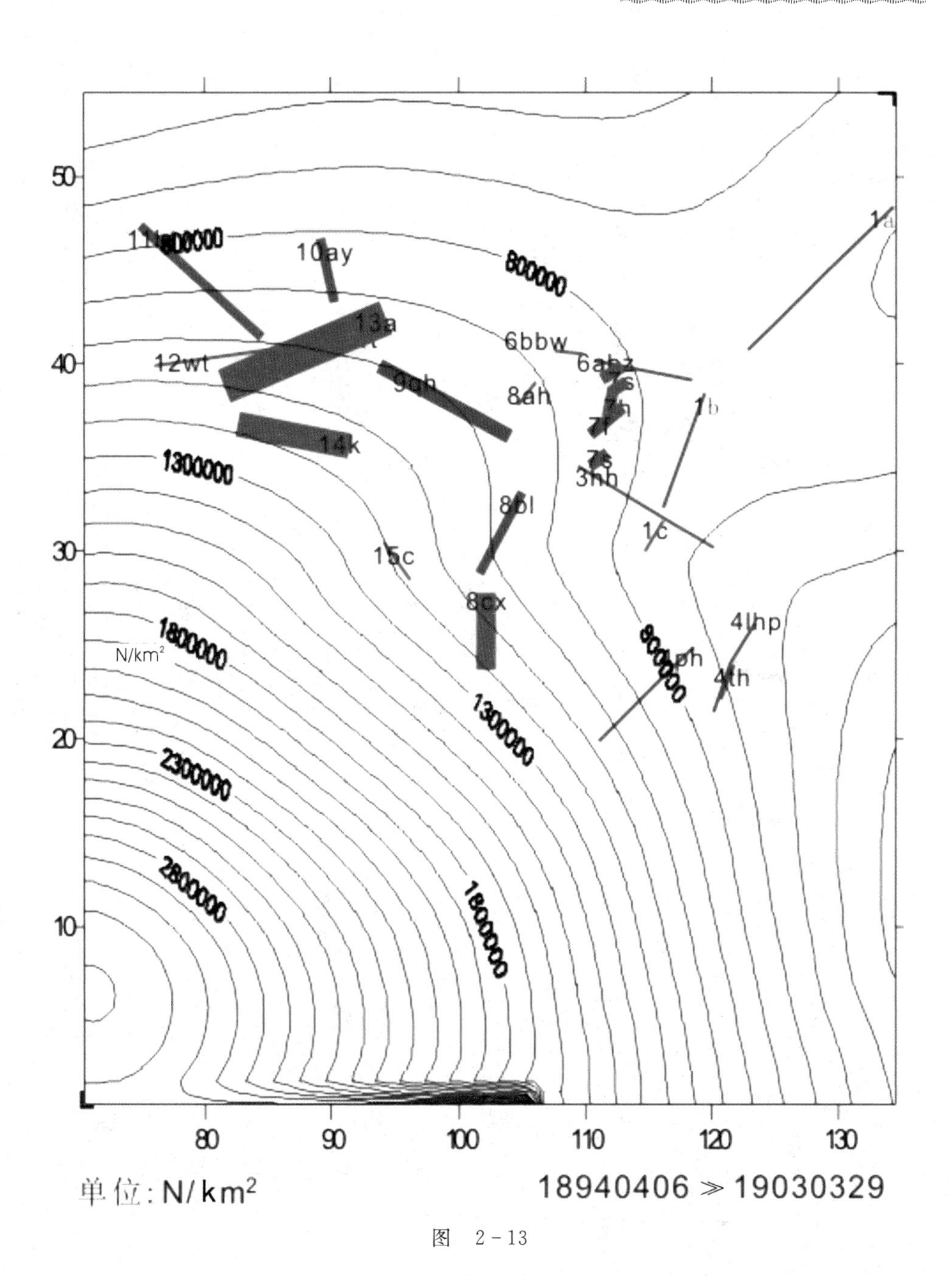

50
40
30
20
10
80
90
100
110
120
130
800000
1300000
1800000
2300000
2800000
N/km²
10ay
13a
12wt
9gh
14k
6bbw
6abz
8ah
1b
1a
3hh
8bl
1c
15c
8cx
4lhp
4th
单位: N/km²
18940406 ≫ 19030329

图　2－13

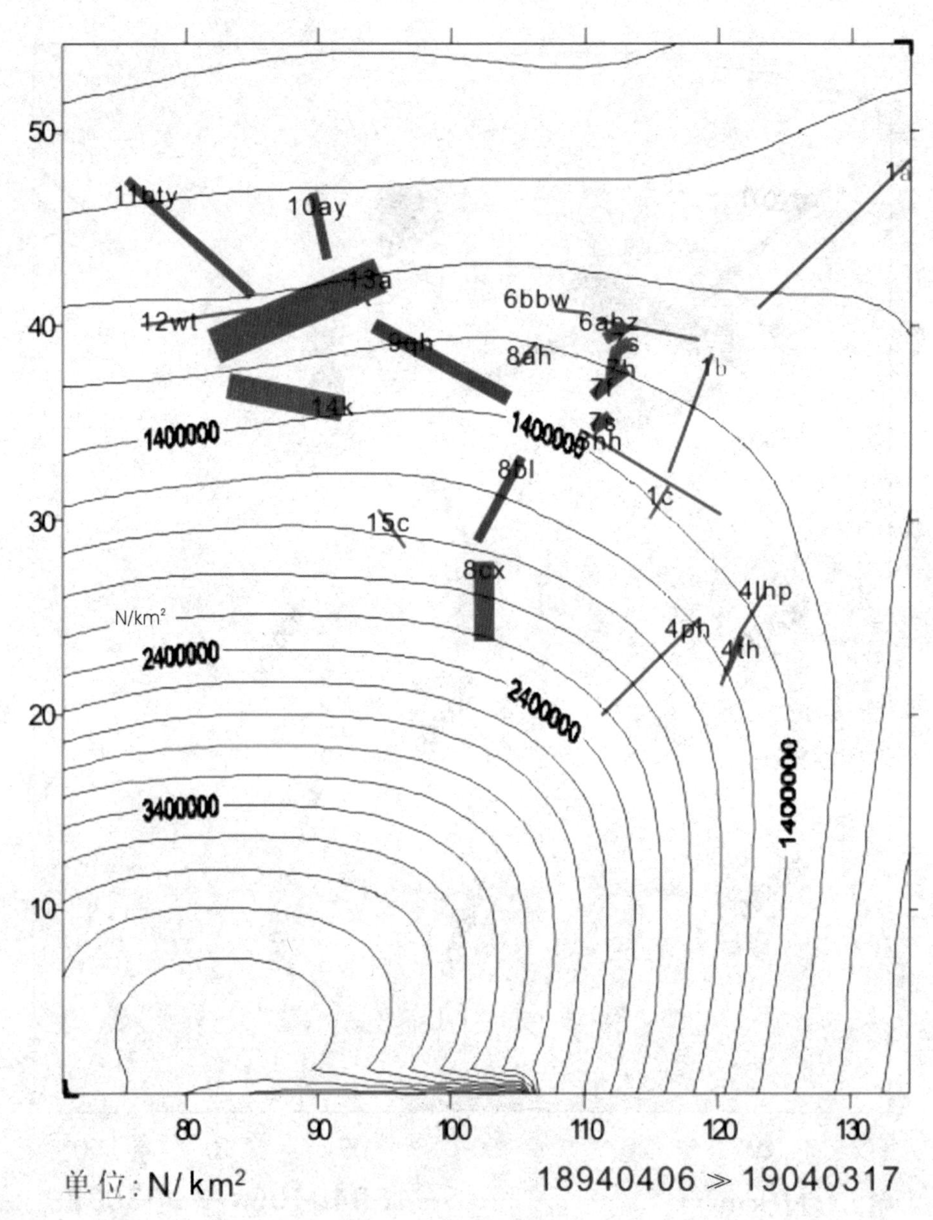

50
40
30
20
10
80
90
100
110
120
130
11bty
10ay
13a
12wt
6bbw
6abz
9qh
8ah
1b
1a
14k
1400000
1400000
8bl
1c
15c
8cx
N/km²
4lhp
4ph
4th
2400000
2400000
3400000
1400000
单位: N/km²
18940406 ≫ 19040317

图 2-14

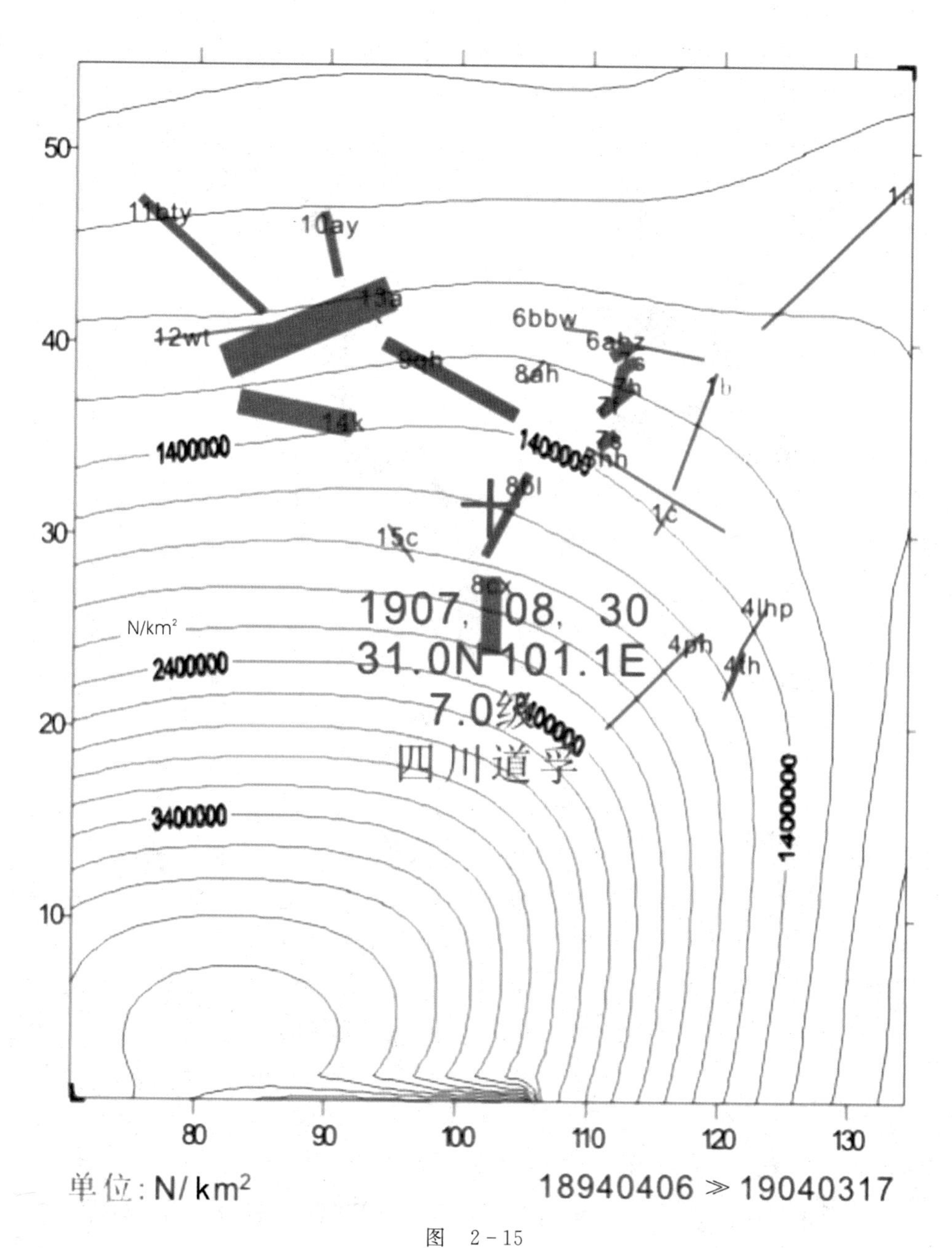

50
40
30
20
10
80
90
100
110
120
130
11bty
10ay
13a
12wt
6bbw
6abz
8ah
1b
1a
14k
1400000
1400000
2400000
3400000
1400000
8bl
1c
15c
8cx
1907, 08, 30
31.0N 101.1E
7.0级
四川道孚
4lhp
4ph
4lh
N/km²
单位: N/km²
18940406 ≫ 19040317

图　2-15

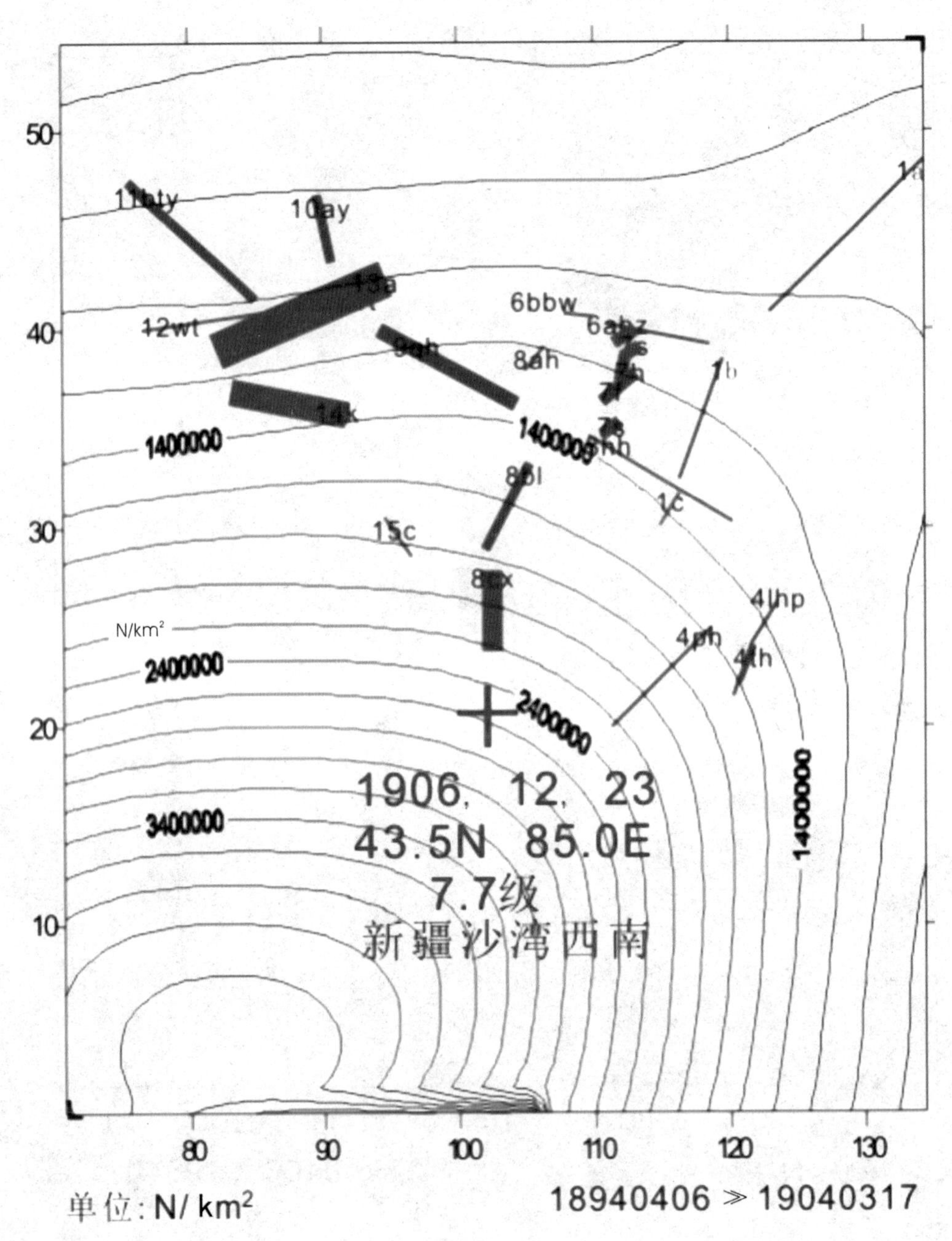
1906, 12, 23
43.5N 85.0E
7.7级
新疆沙湾西南
单位: N/km²
18940406 ≫ 19040317
1400000
2400000
3400000

图 2-16

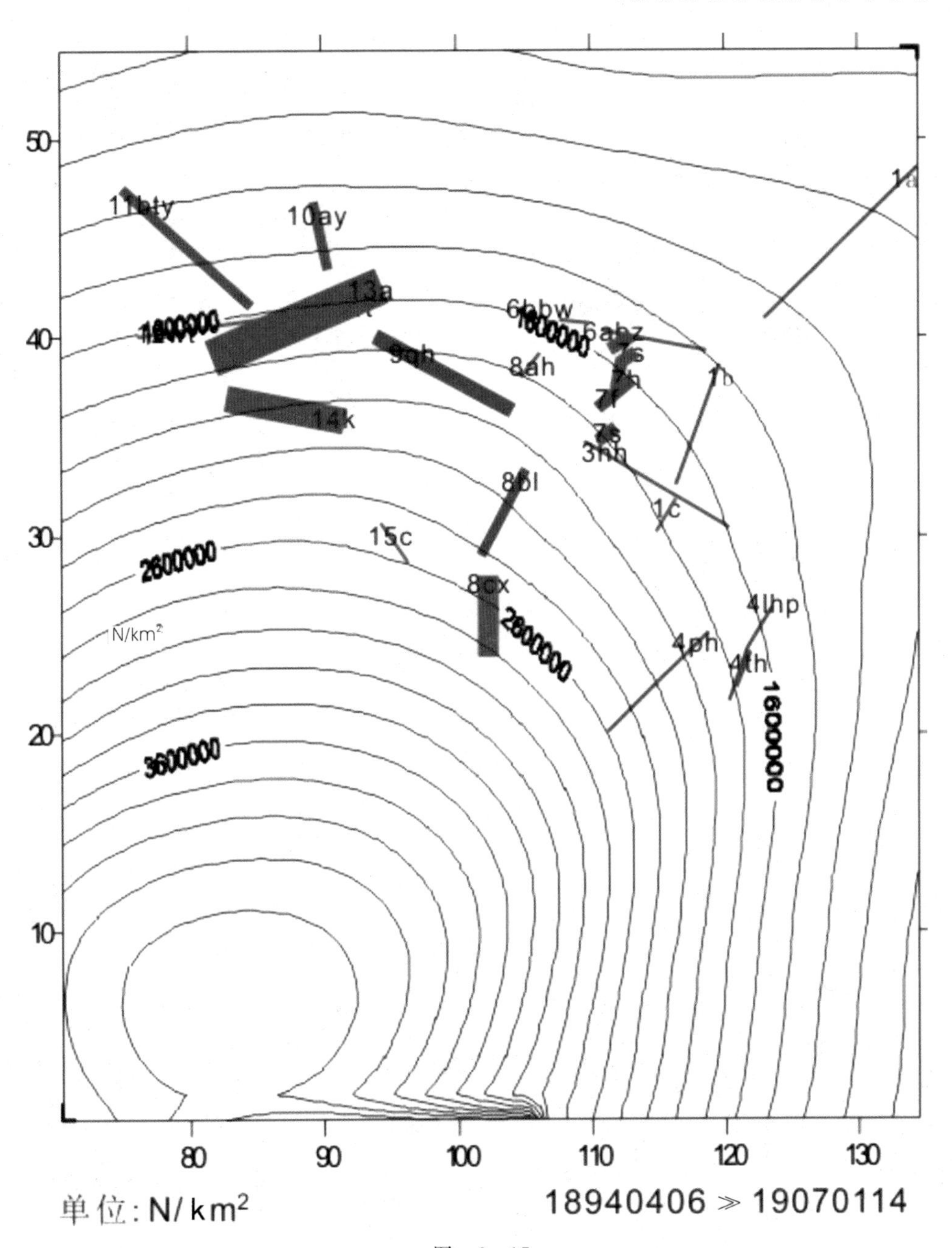

50
40
30
20
10
80
90
100
110
120
130
11bty
10ay
13a
1a
6bbw
6abz
9gh
8ah
1b
14k
3hh
8bl
1c
15c
8cx
4lhp
4ph
4th
1600000
2800000
3600000
N/km²
单位:N/km²
18940406 ≫ 19070114

图　2 - 17

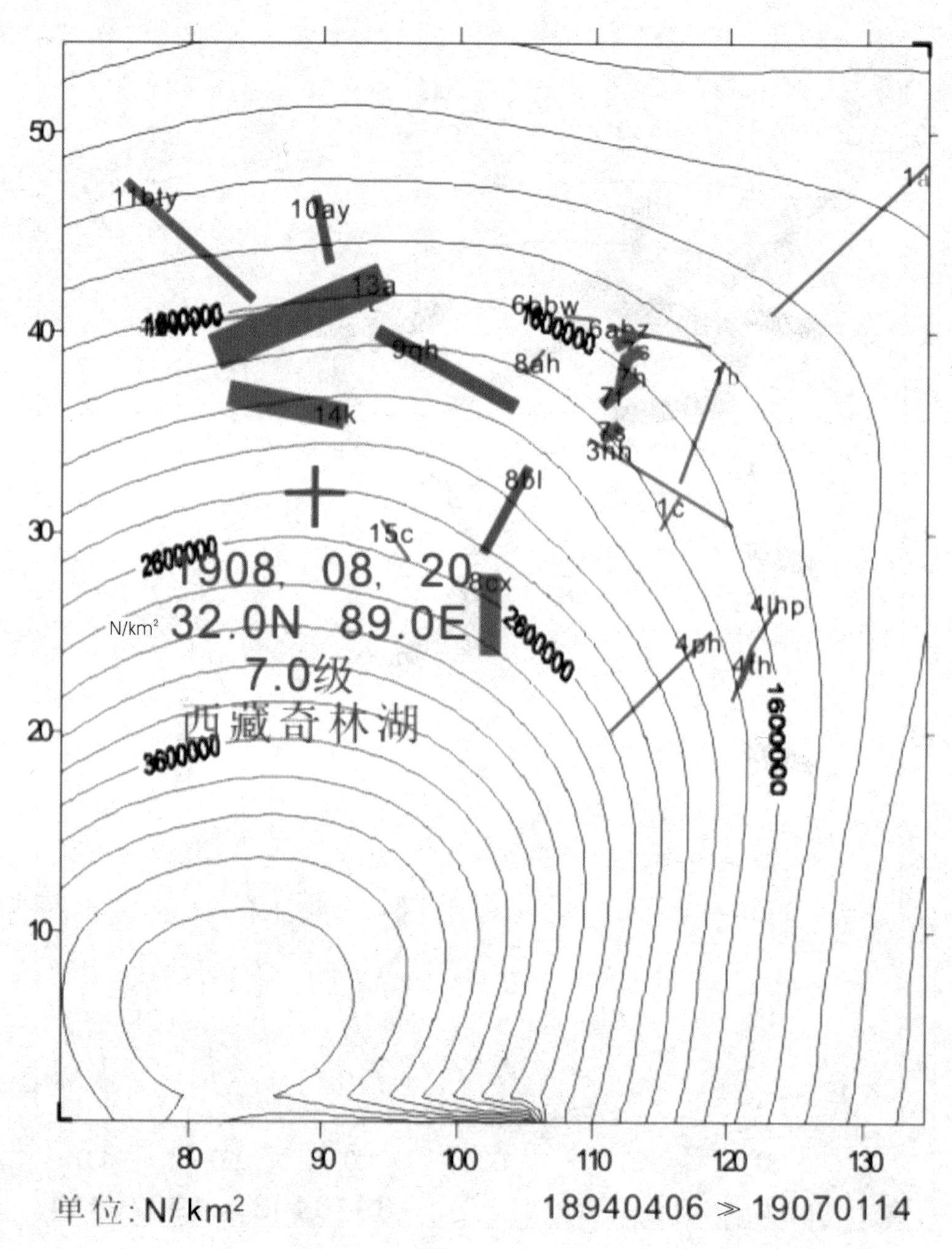
1908, 08, 20
32.0N 89.0E
7.0级
西藏奇林湖
N/km²
1600000
2600000
3600000
单位: N/ km²
18940406 ≫ 19070114

图 2-18

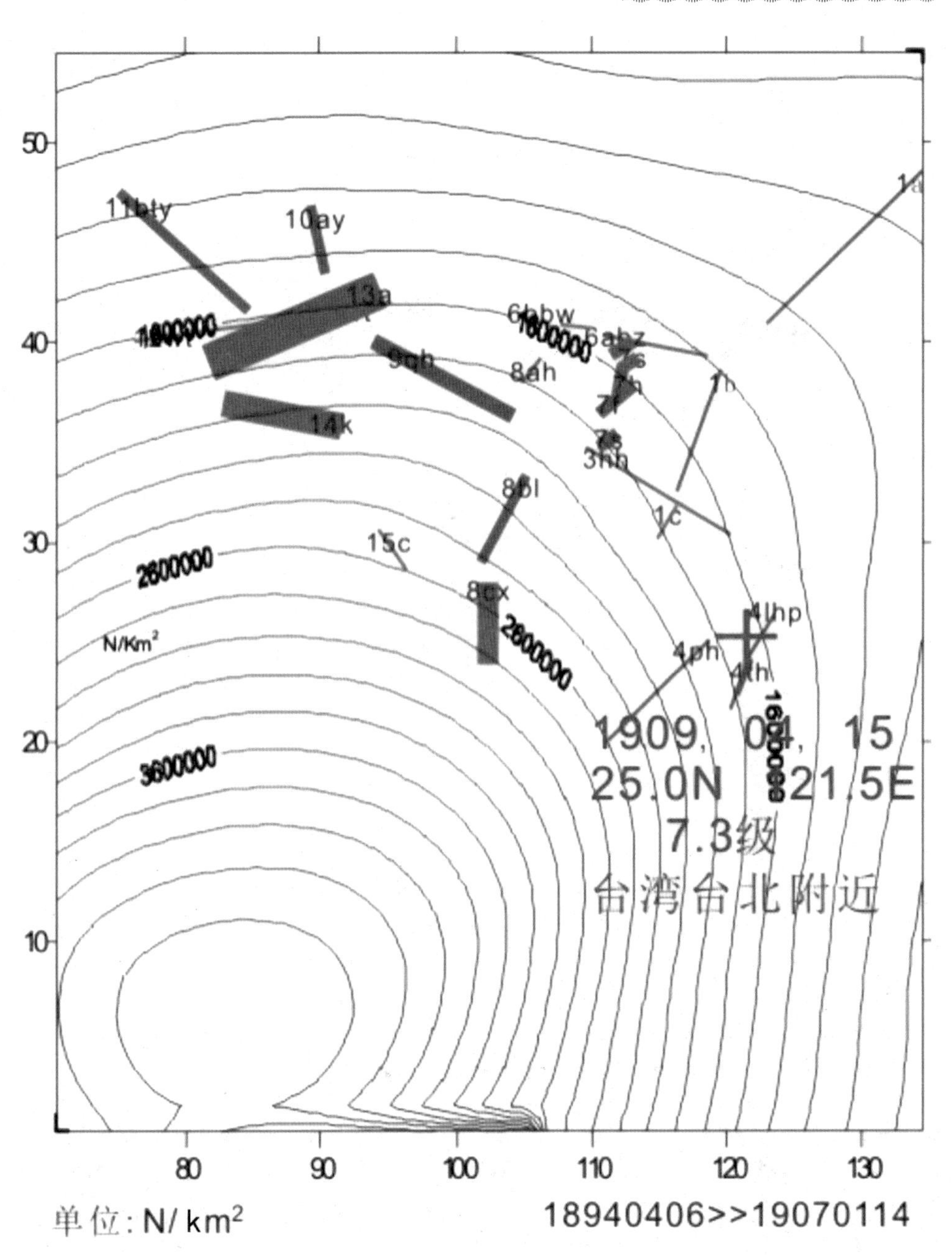

图　2－19

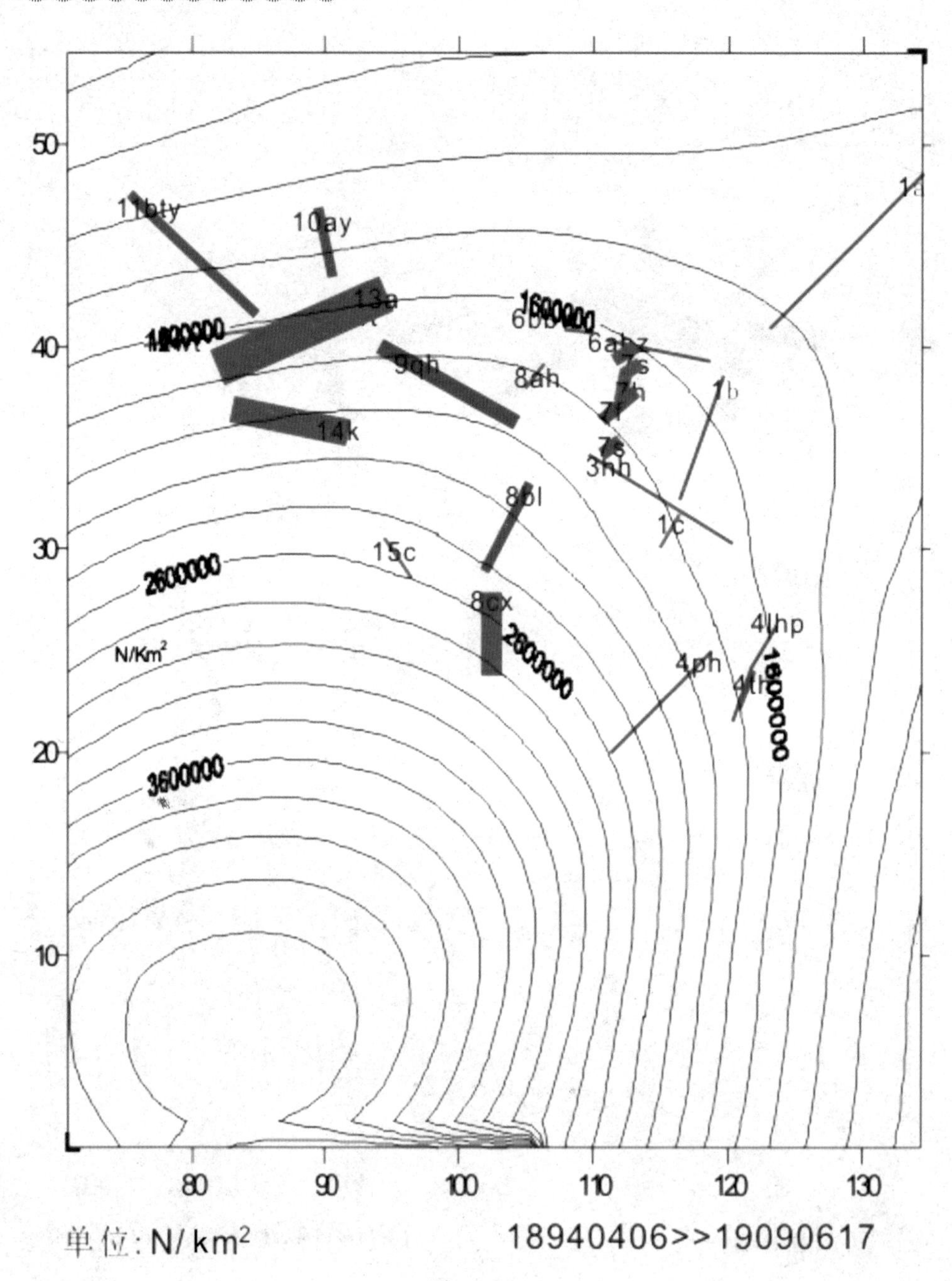
50
40
30
20
10
80
90
100
110
120
130
11bty
10ay
13a
1600000
6abz
9qh
8ah
1b
14k
3hh
8bl
1c
15c
2600000
8cx
4lhp
N/Km2
4ph
1600000
3600000
单位: N/km2
18940406>>19090617

图 2-20

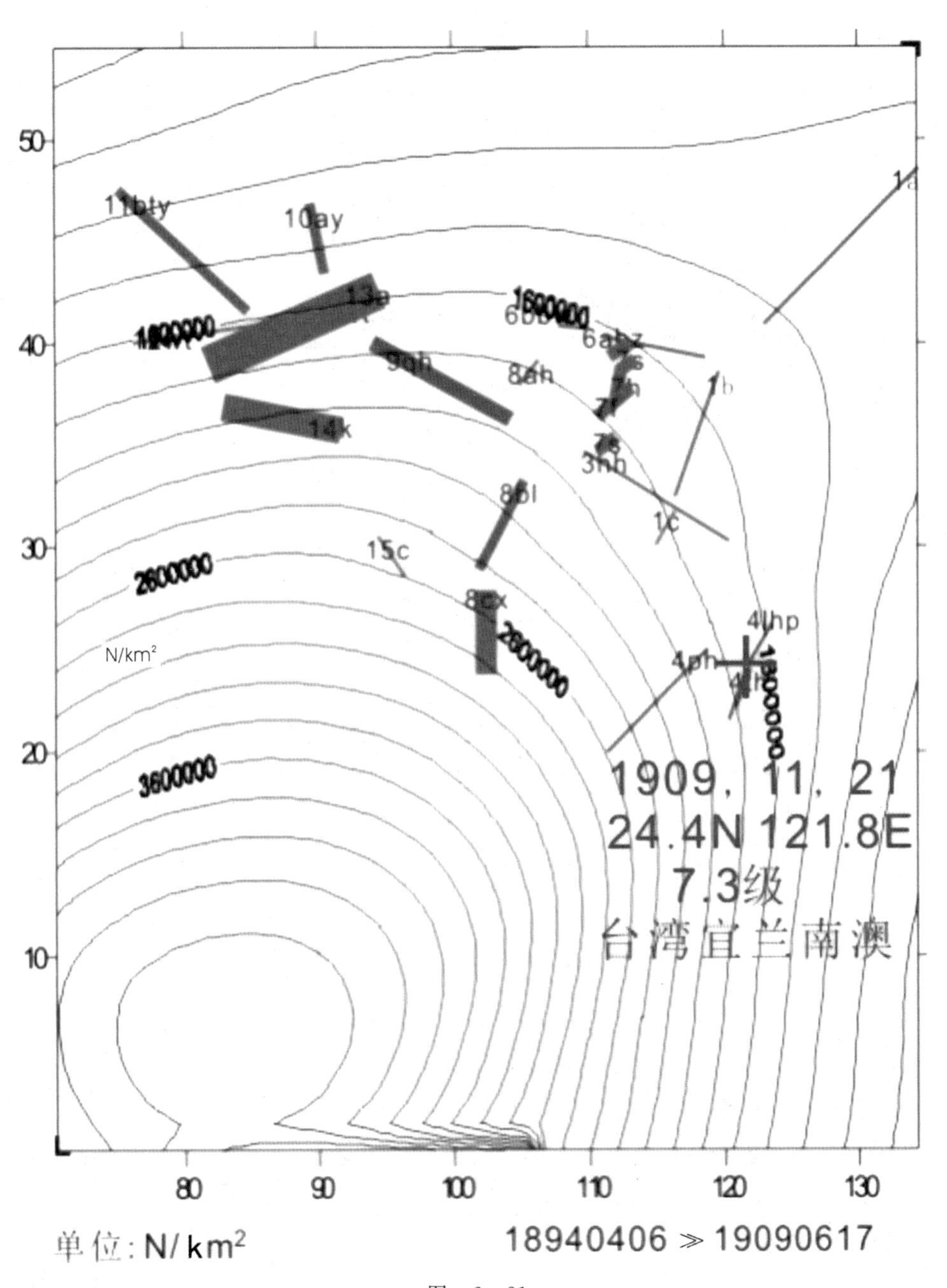
1909. 11. 21
24.4N 121.8E
7.3级
台湾宜兰南澳
2600000
3600000
2800000
1600000
N/km²
单位：N/km²
18940406 ≫ 19090617

图 2-21

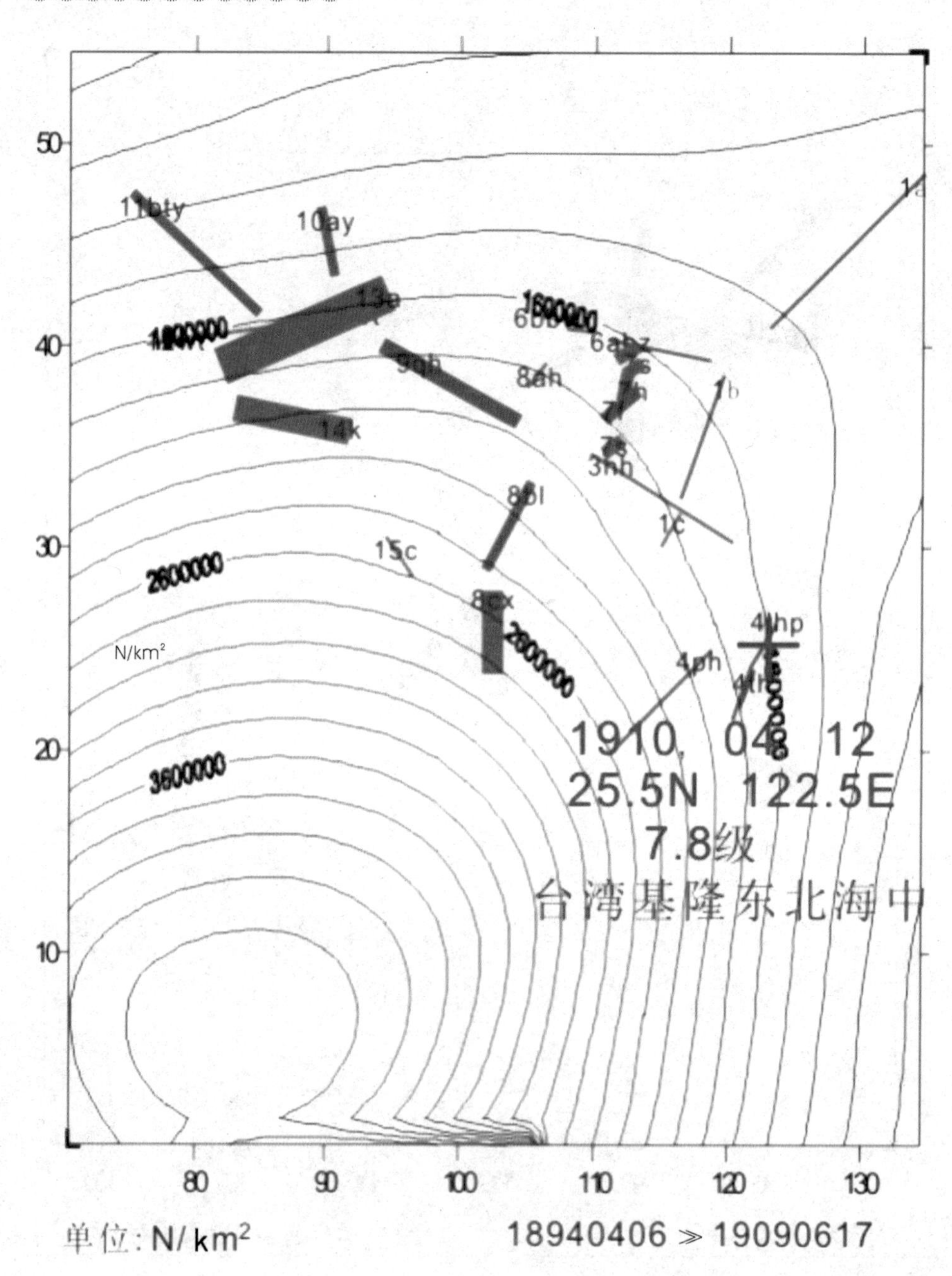
1910, 04 12
25.5N 122.5E
7.8级
台湾基隆东北海中
2600000
3600000
1690000
11bfy
10ay
13e
9gh
14k
8ah
6abz
1b
3hh
1c
8bl
15c
8cx
4hp
4ph
N/km²
单位: N/km²
18940406 ≫ 19090617

图 2-22

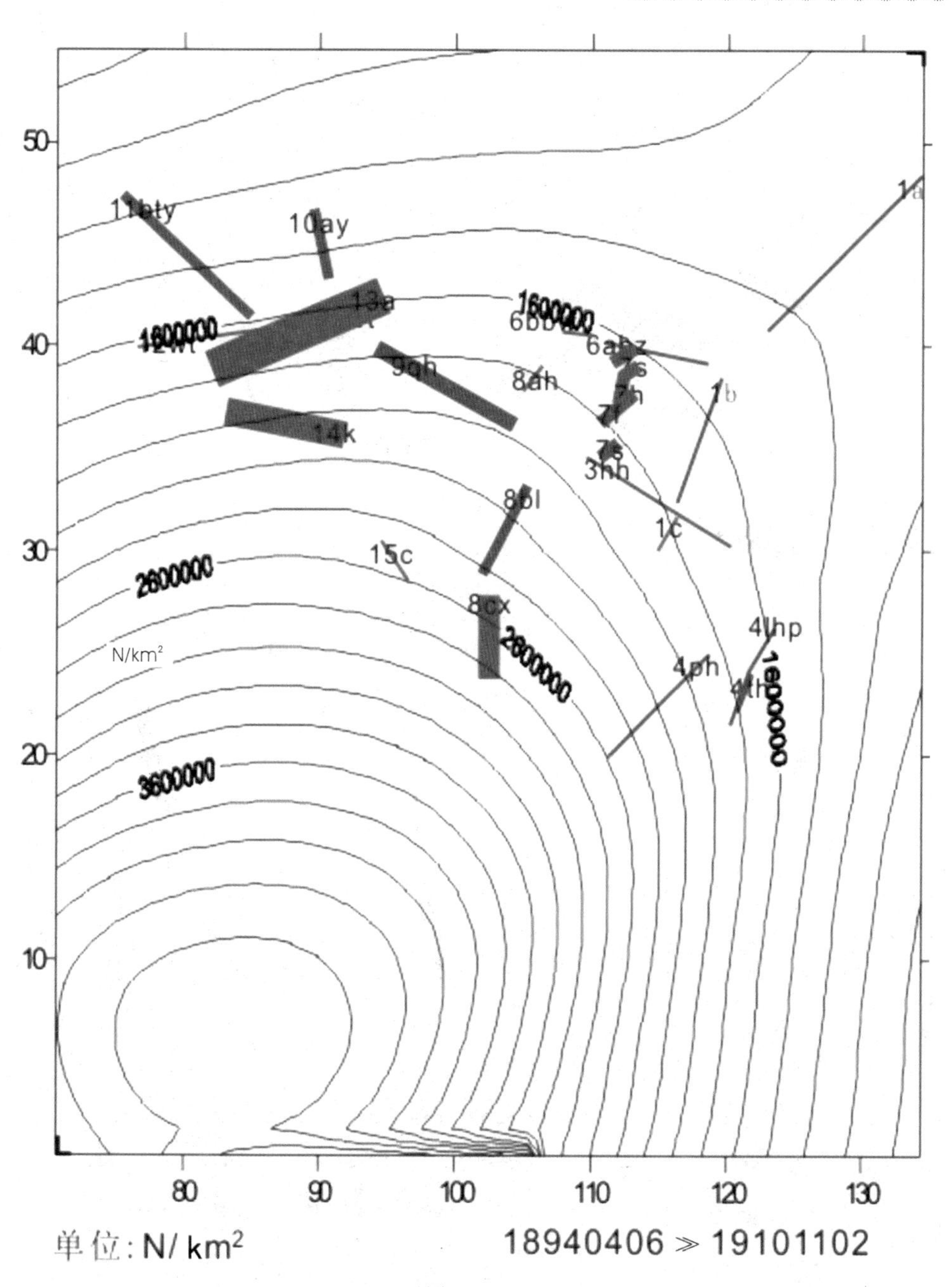
50
40
30
20
10
80
90
100
110
120
130
11bty
10ay
13a
1600000
12wt
9qh
14k
6bb
6abz
8ah
7h
7s
3hh
1a
1b
1c
8bl
15c
2600000
8cx
2800000
4lhp
4ph
4lh
1600000
3600000
N/km²
单位:N/ km²
18940406 ≫ 19101102

图　2 - 23

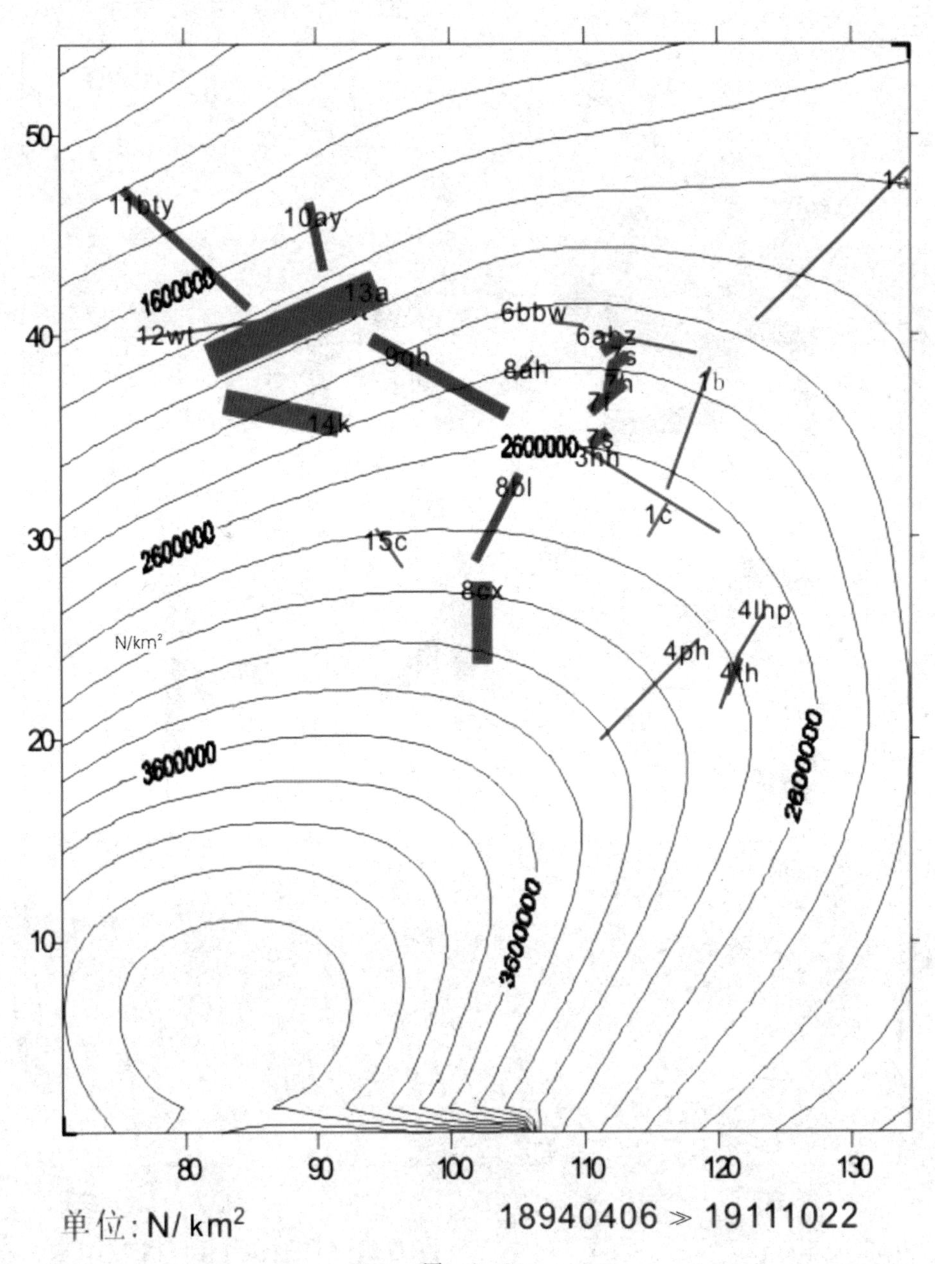

11bty
10ay
13a
1600000
12wt
9qh
14k
6bbw
6abz
8ah
1b
2600000
3hh
8bl
1c
15c
8cx
N/km²
4lhp
4ph
3600000
80
90
100
110
120
130
50
40
30
20
10
单位: N/km²
18940406 ≫ 19111022

图 2-24

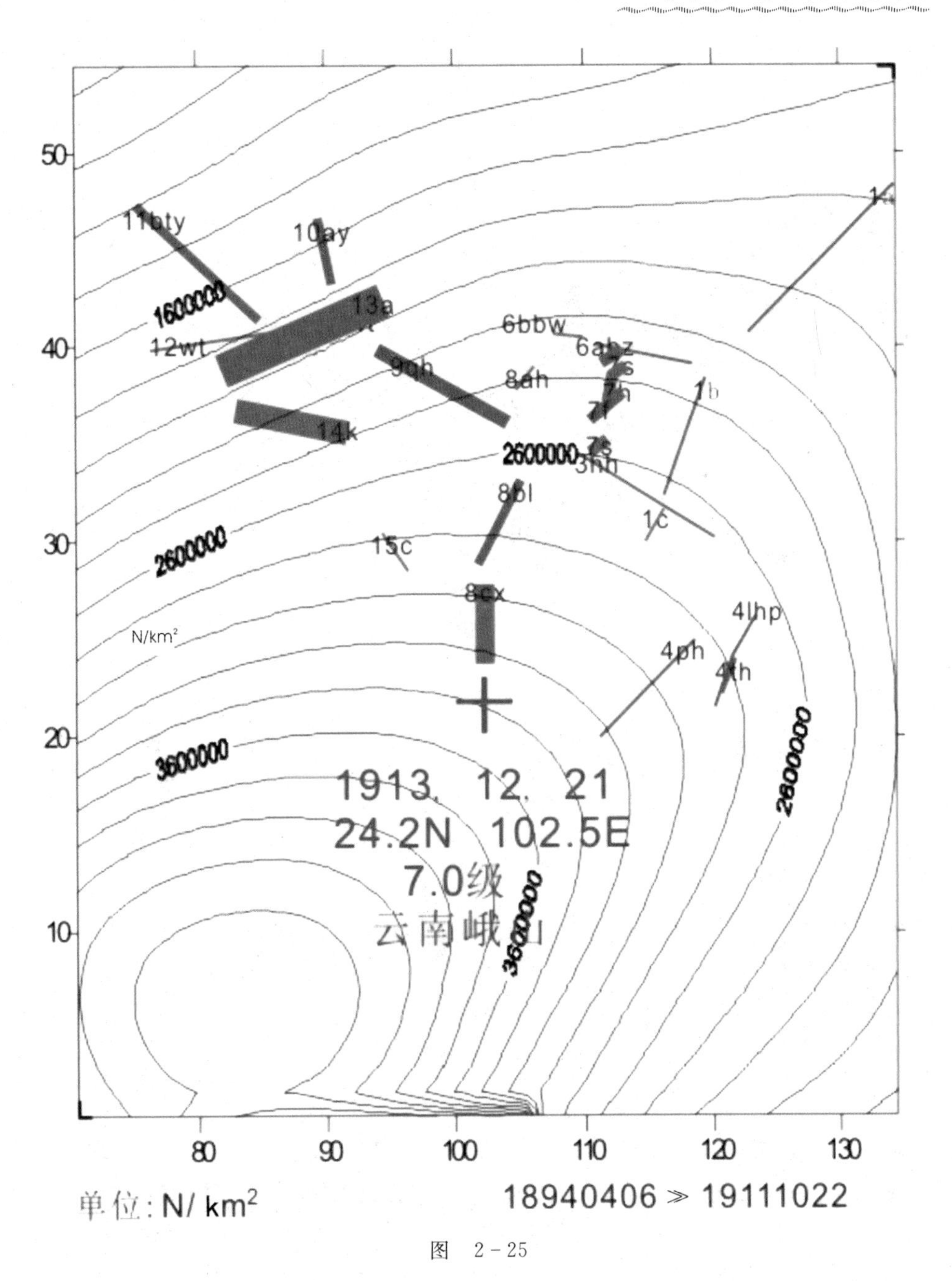
11bty
10ay
1600000
13a
12wt
9qh
14k
6bbw
6abz
8ah
1b
2600000
3hh
8bl
1c
15c
2600000
8cx
4lhp
4ph
4th
N/km²
3600000
2600000
1913. 12. 21
24.2N 102.5E
7.0级
云南峨山
3600000
50
40
30
20
10
80
90
100
110
120
130
单位: N/ km²
18940406 ≫ 19111022

图 2-25

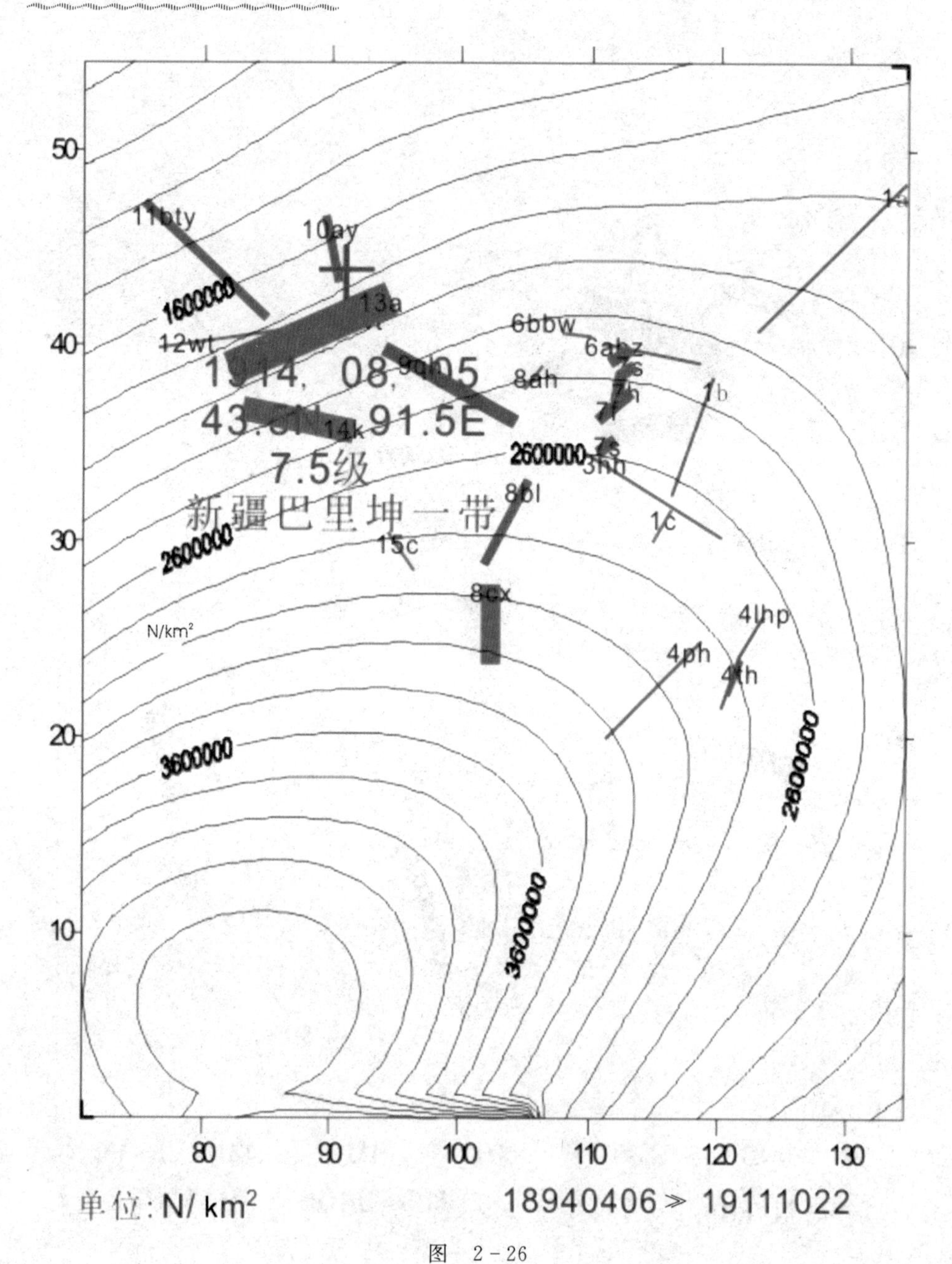
11bty
10ay
13a
1600000
12wt
1914，08，05
43.5N，91.5E
7.5级
新疆巴里坤一带
9qh
14k
6bbw
6abz
8ah
7h
2600000
7s
3hh
1b
1c
8bl
15c
8cx
N/km²
4lhp
4ph
4th
3600000
2600000
3600000
2600000
50
40
30
20
10
80
90
100
110
120
130
单位：N/km²
18940406≥19111022

图 2-26

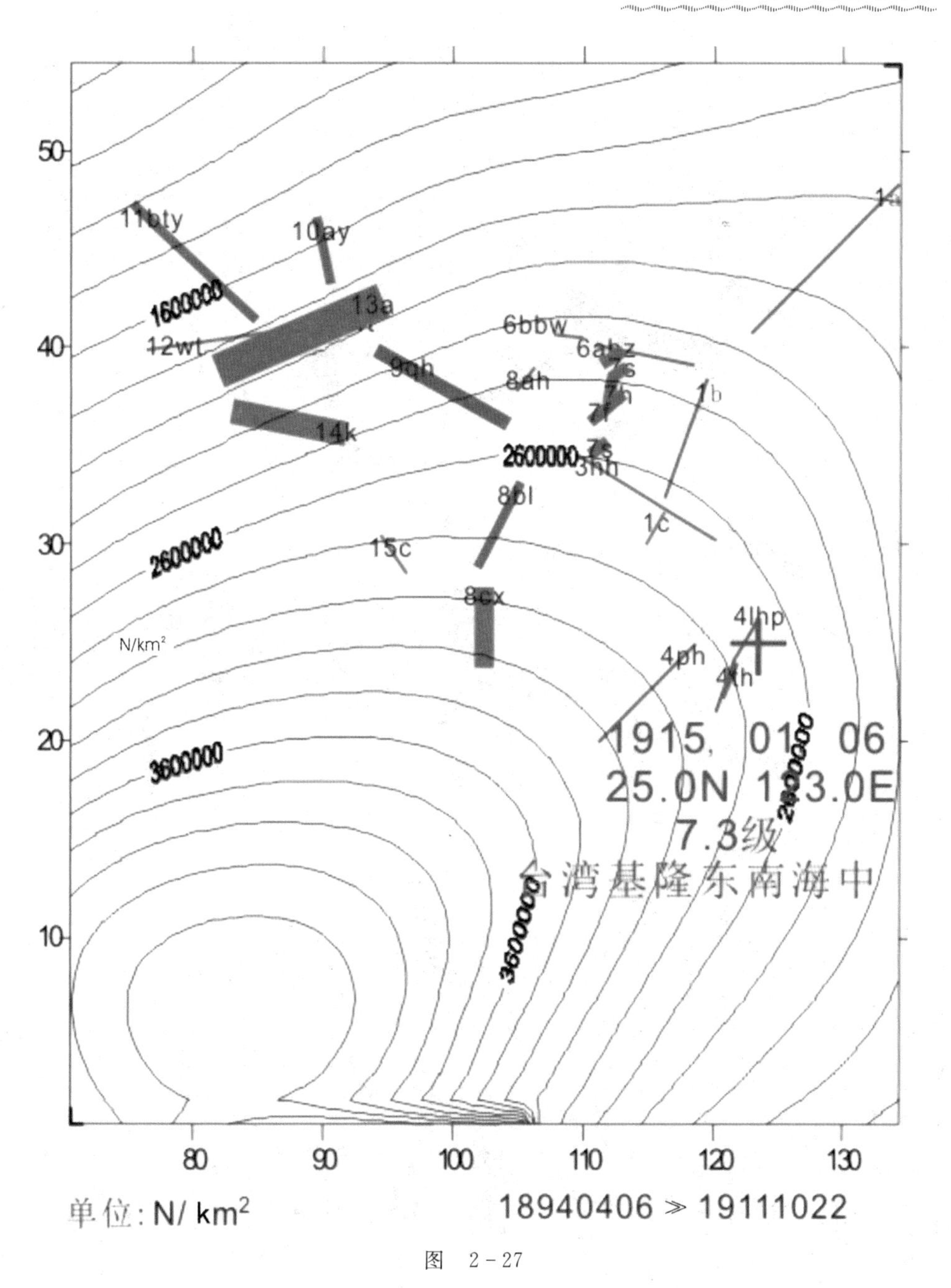
1915, 01, 06
25.0N 123.0E
7.3级
台湾基隆东南海中
单位: N/ km²
18940406 ≫ 19111022
1600000
2600000
3600000
11bty
10ay
13a
12wt
9qh
14k
6bbw
6abz
8ah
1b
1a
8bl
1c
15c
8cx
4lhp
4ph

图　2－27

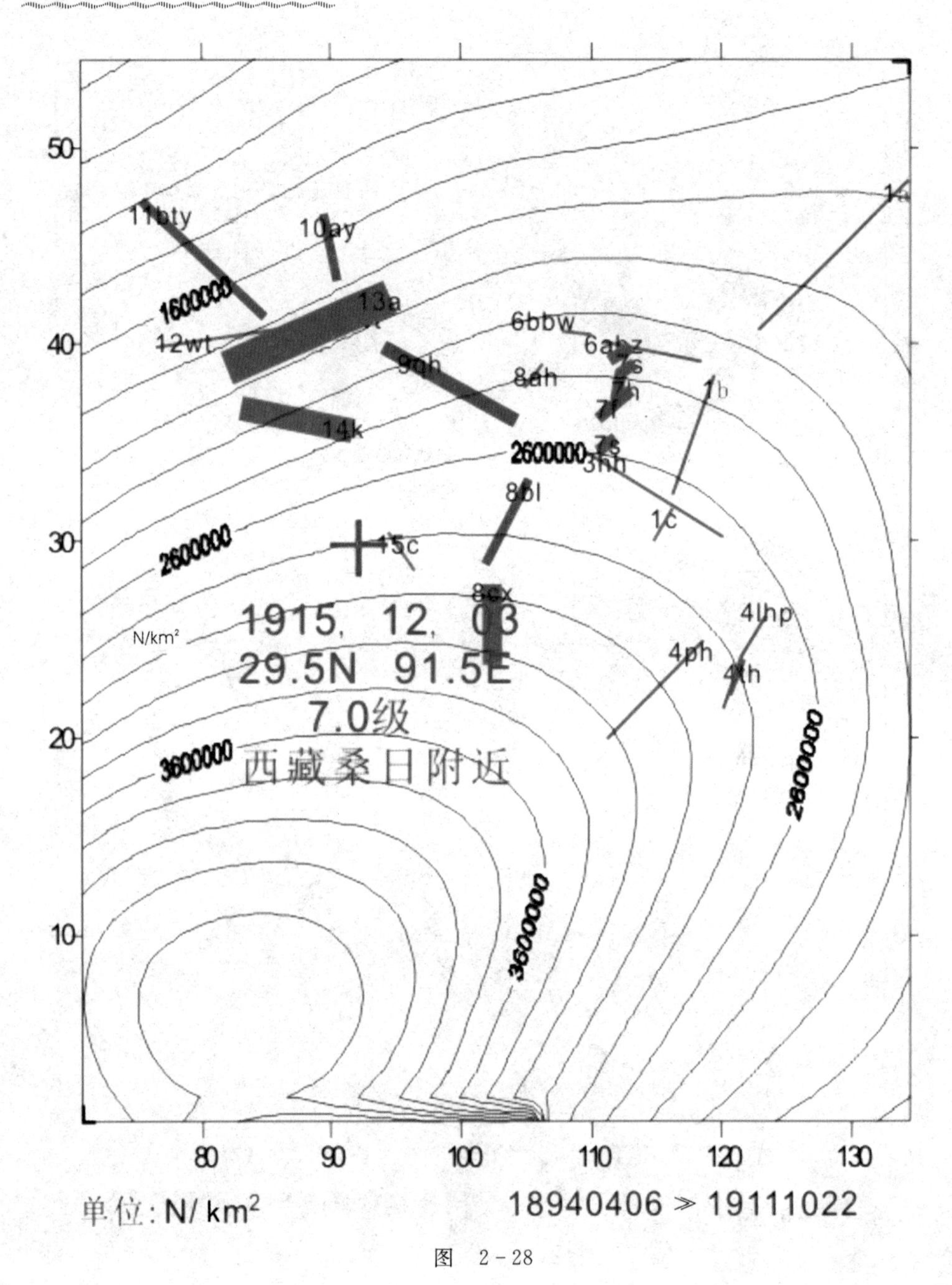
1915, 12, 03
29.5N 91.5E
7.0级
西藏桑日附近
单位: N/km²
18940406 ≫ 19111022
11bty
10ay
13a
12wt
9qh
14k
6bbw
6abz
8ah
1b
1c
3hh
8bl
15c
8cx
4lhp
4ph
4th
1600000
2600000
3600000
N/km²

图 2-28

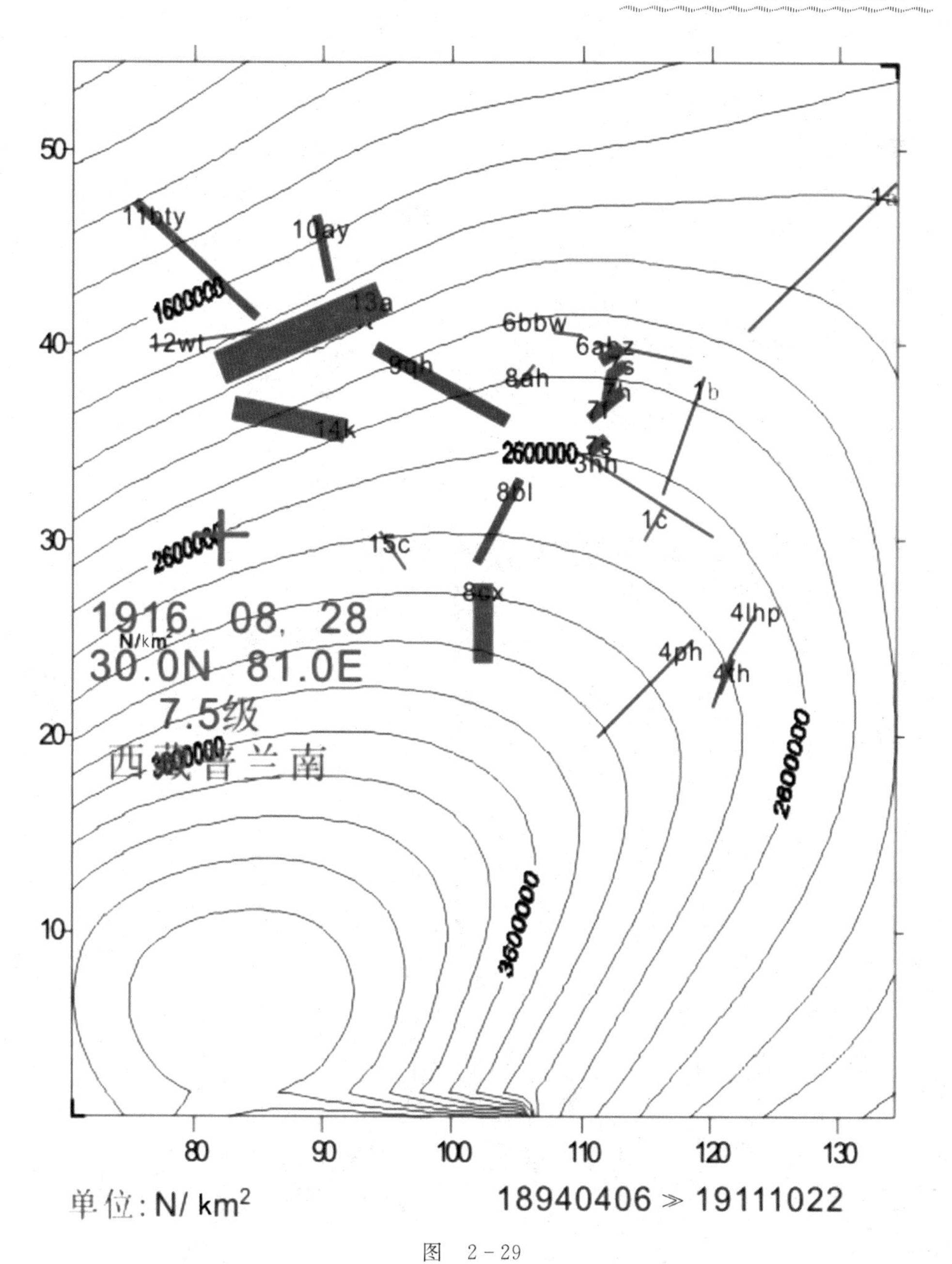
11bty
10ay
1600000
13a
12wt
6bbw
6abz
9qh
8ah
1b
14k
2600000
3hh
8bl
1c
2600000
15c
8cx
1916, 08, 28
N/km²
30.0N 81.0E
7.5级
西藏普兰南
4lhp
4ph
4kh
2600000
3600000
50
40
30
20
10
80
90
100
110
120
130
单位:N/ km²
18940406 ≫ 19111022

图　2－29

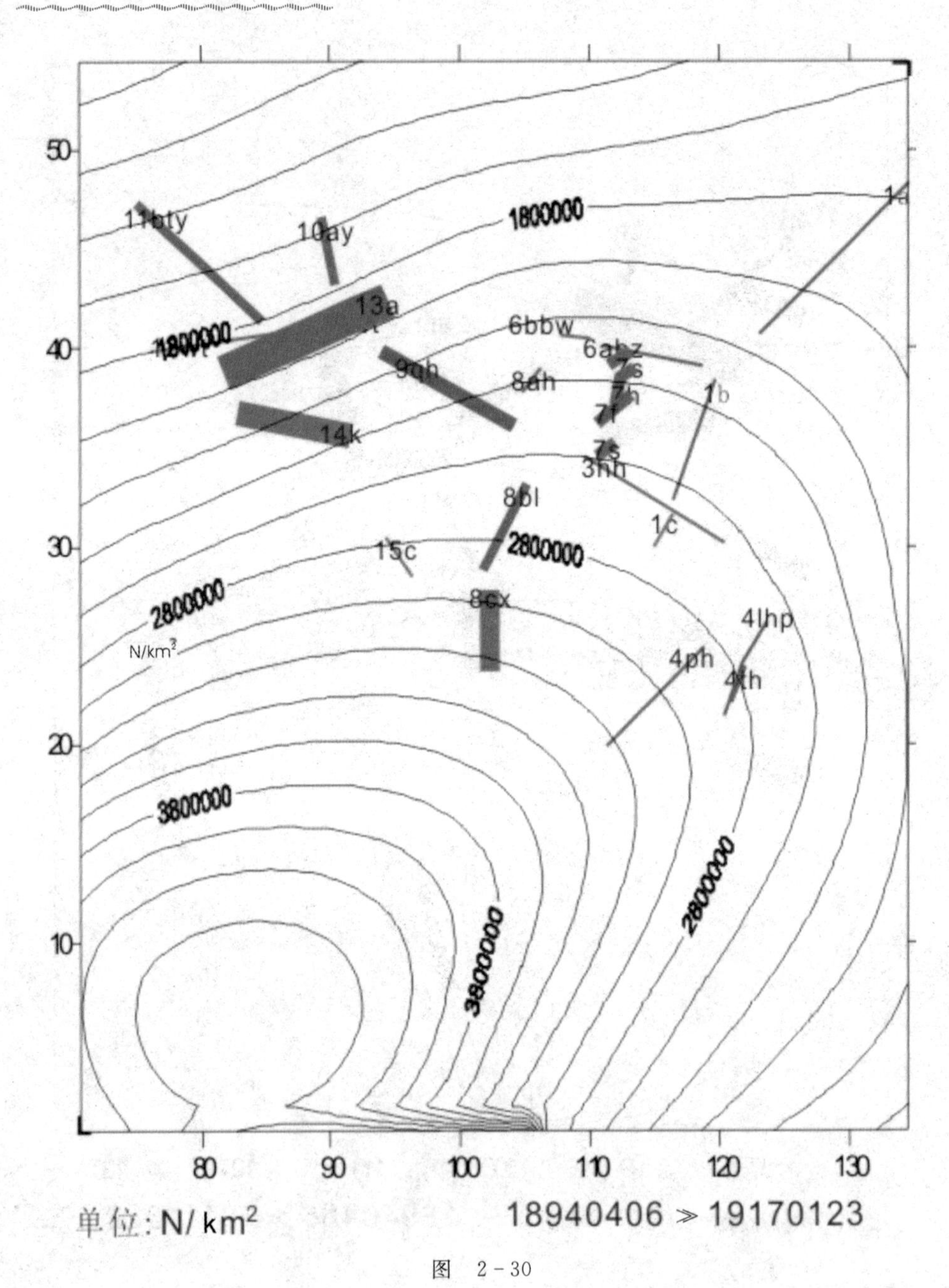

11bfy
10ay
1800000
13a
6bbw
6abz
9qh
8ah
7s
7h
7f
1b
14k
3hh
8bl
1c
15c
2800000
8cx
4lhp
N/km²
4ph
4th
3800000
1a
50
40
30
20
10
80
90
100
110
120
130
单位: N/km²
18940406 ≫ 19170123

图 2-30

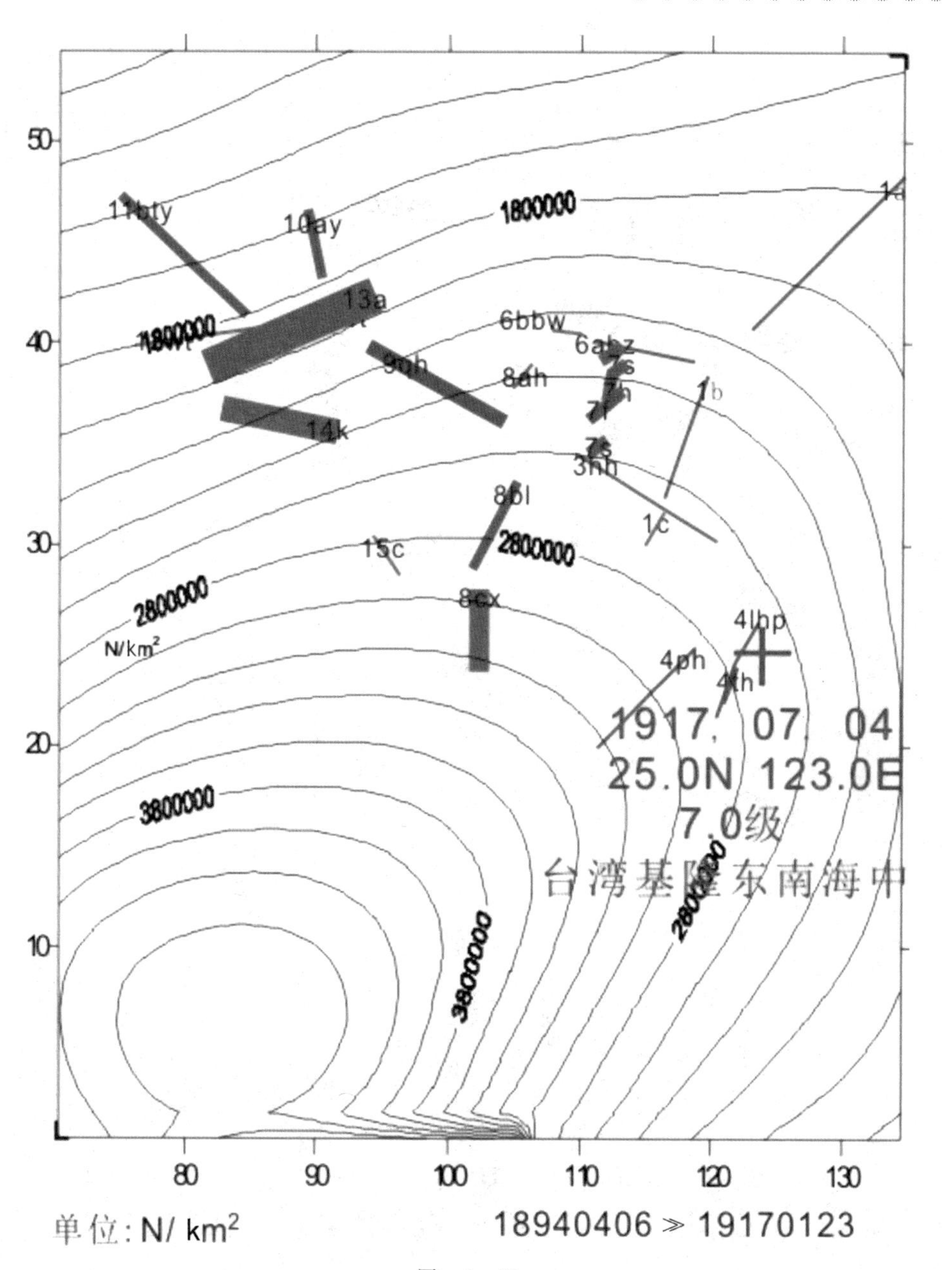
1800000
2800000
3800000
N/km²
1917, 07, 04
25.0N 123.0E
7.0级
台湾基隆东南海中
单位: N/ km²
18940406 ≫ 19170123

图　2-31

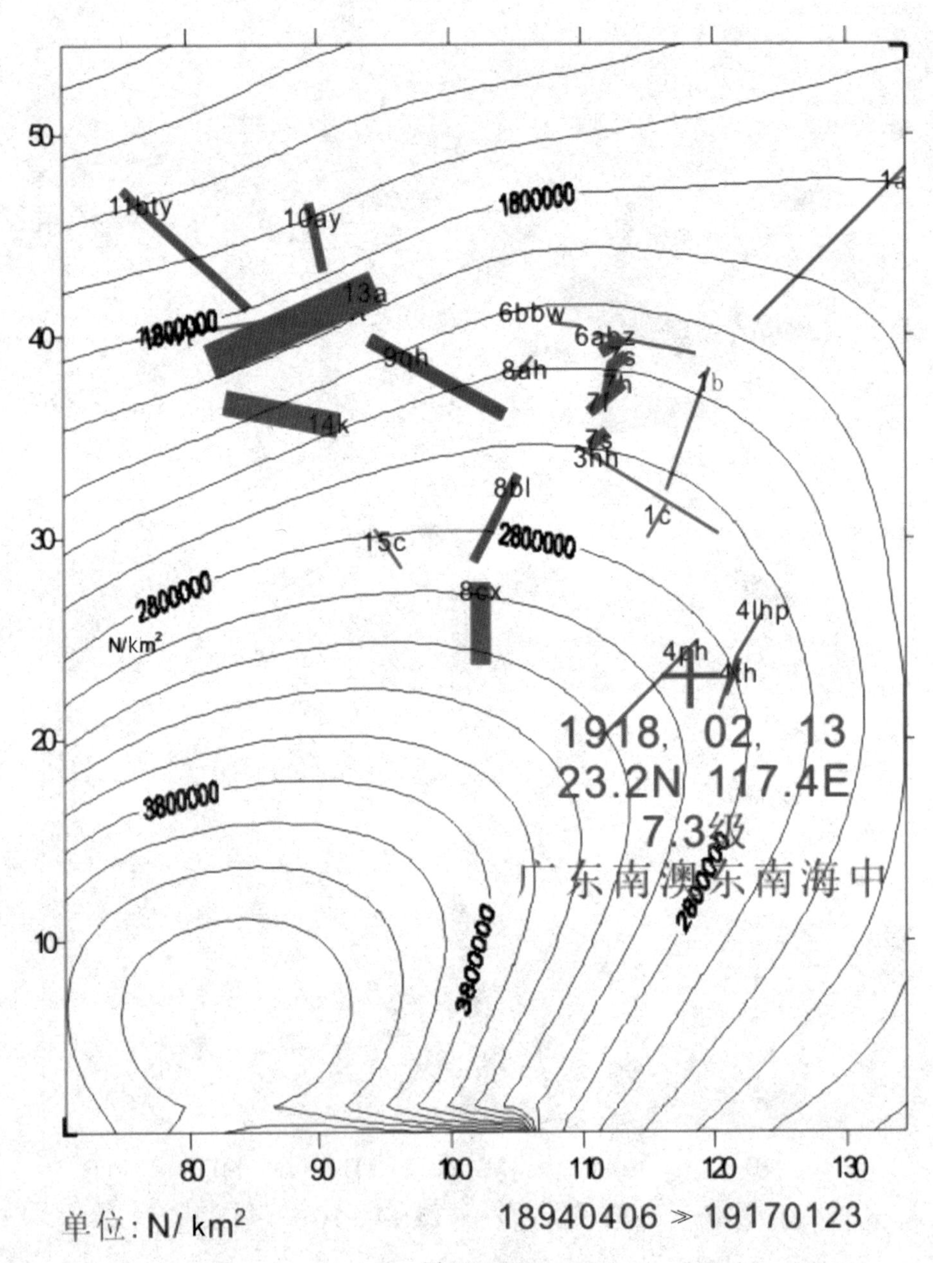
1918, 02, 13
23.2N 117.4E
7.3级
广东南澳东南海中
单位: N/km²
18940406 ≫ 19170123

图 2-32

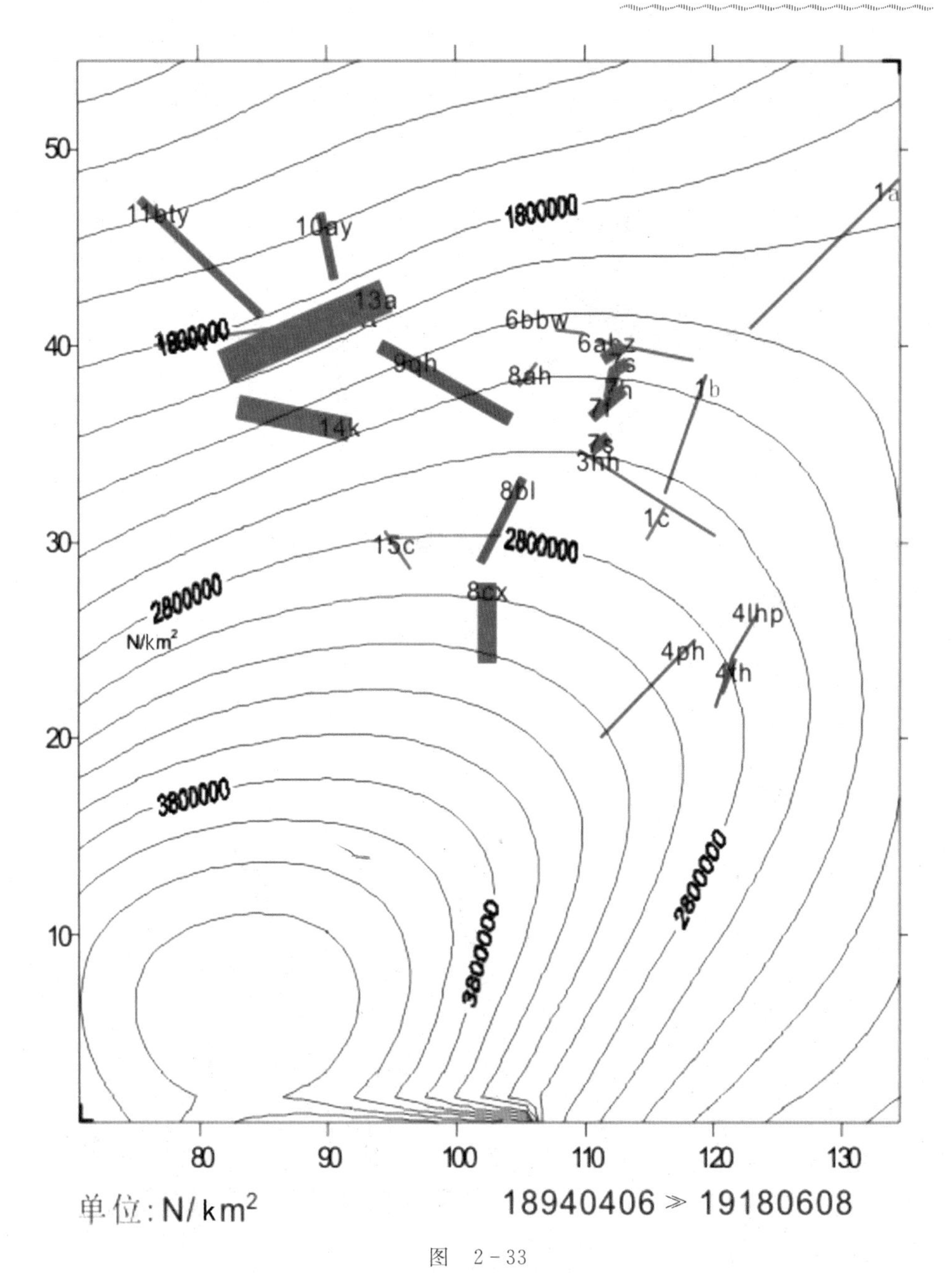

1800000
1800000
2800000
2800000
2800000
3800000
3800000
N/km²
11bty
10ay
13a
9qh
14k
6bbw
6abz
8ah
1a
1b
1c
3hh
8bl
15c
8cx
4lhp
4ph
4th
50
40
30
20
10
80
90
100
110
120
130
单位: N/km²
18940406 ≫ 19180608

图　2－33

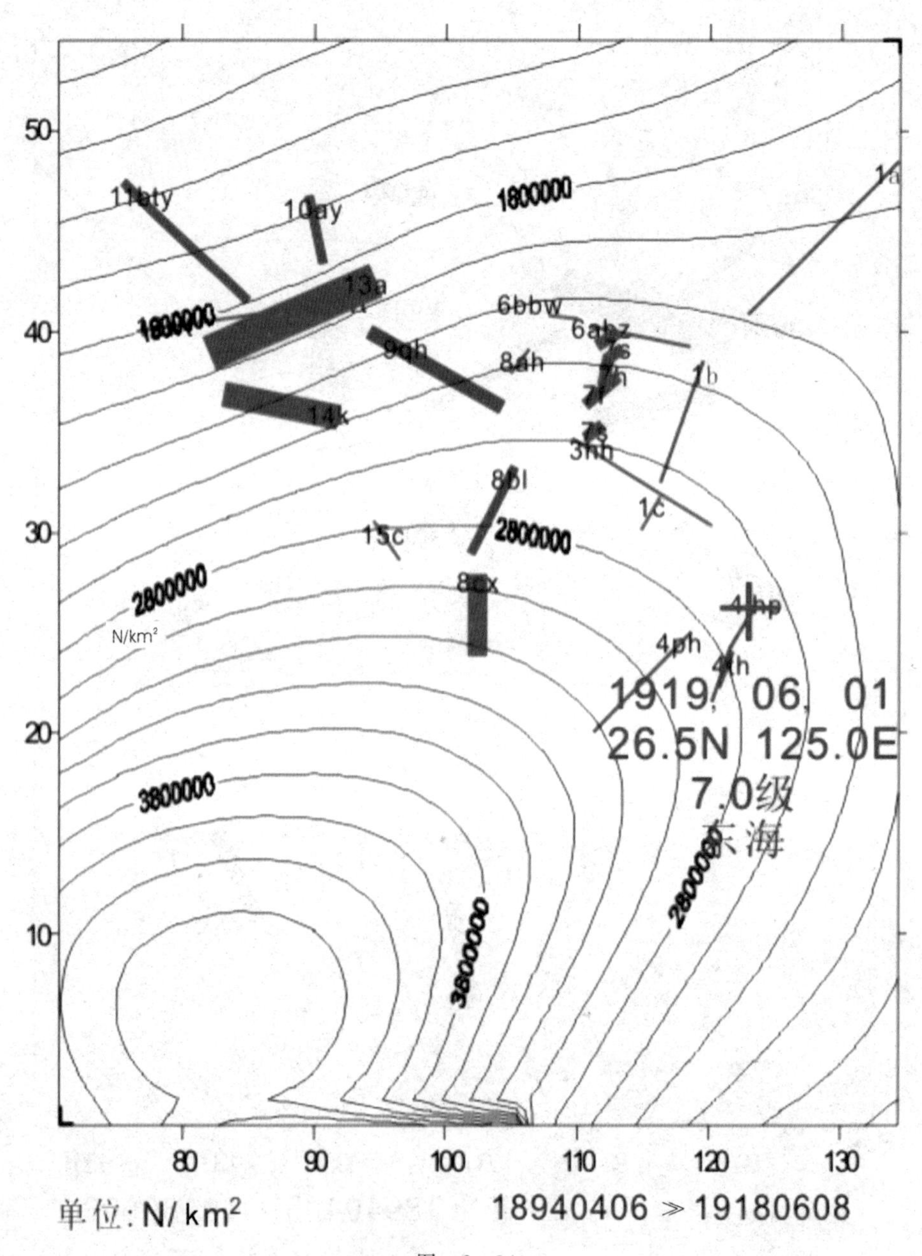

50
40
30
20
10
80
90
100
110
120
130
1800000
2800000
3800000
3600000
N/km²
1919, 06, 01
26.5N 125.0E
7.0级
东海
单位: N/km²
18940406 ≫ 19180608

图 2-34

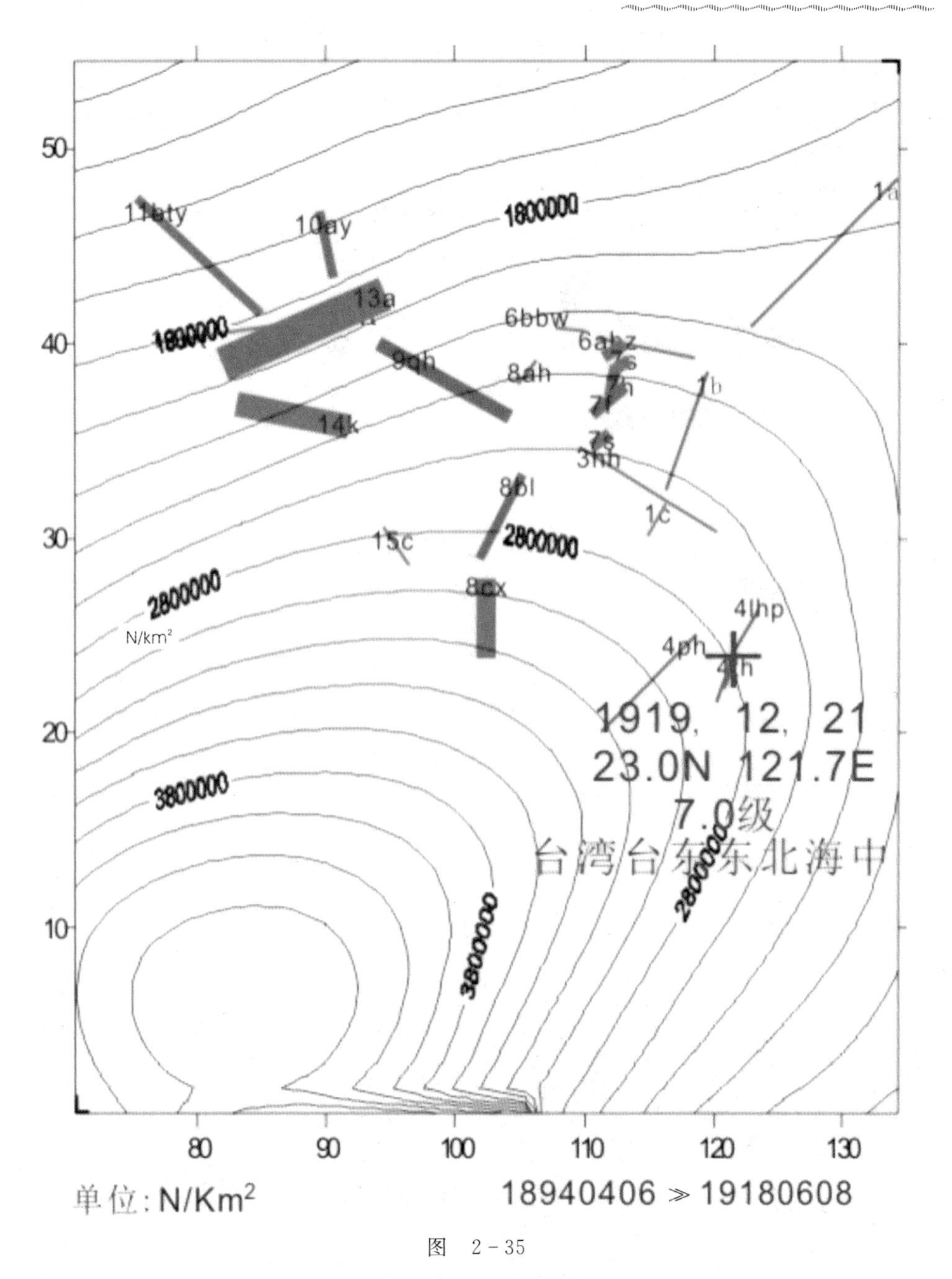

1800000
1800000
2800000
2800000
3800000
3800000
2800000
N/km²
11bty
10ay
13a
6bbw
6abz
9qh
8ah
1b
14k
3hh
8bl
1c
15c
8cx
4lhp
4ph
4lh
1a
1919, 12, 21
23.0N 121.7E
7.0级
台湾台东东北海中
50
40
30
20
10
80
90
100
110
120
130
单位: N/Km²
18940406 ≫ 19180608

图　2 - 35

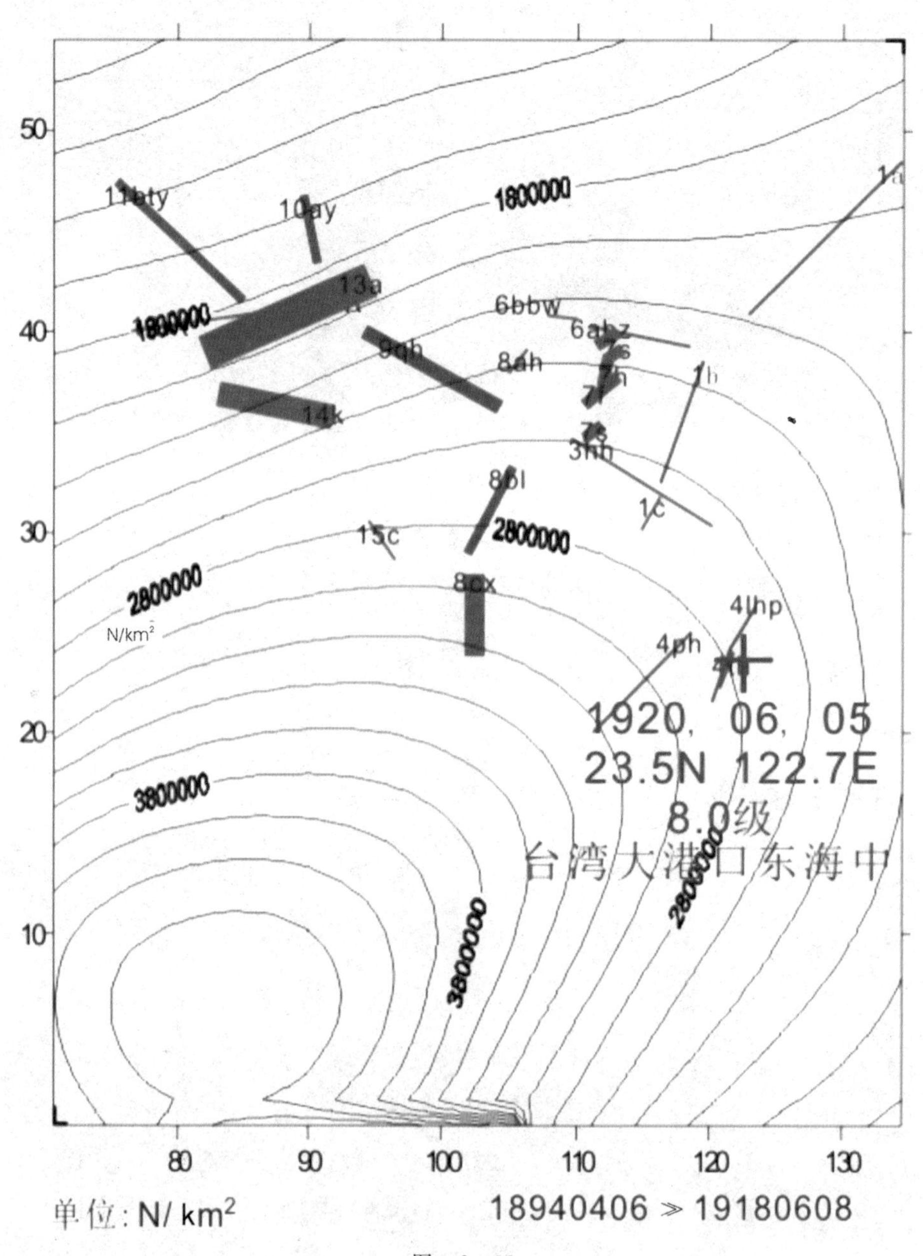

1800000
2800000
3800000
N/km²
1920, 06, 05
23.5N 122.7E
8.0级
台湾大港口东海中
单位: N/ km²
18940406 ≫ 19180608

图 2-36

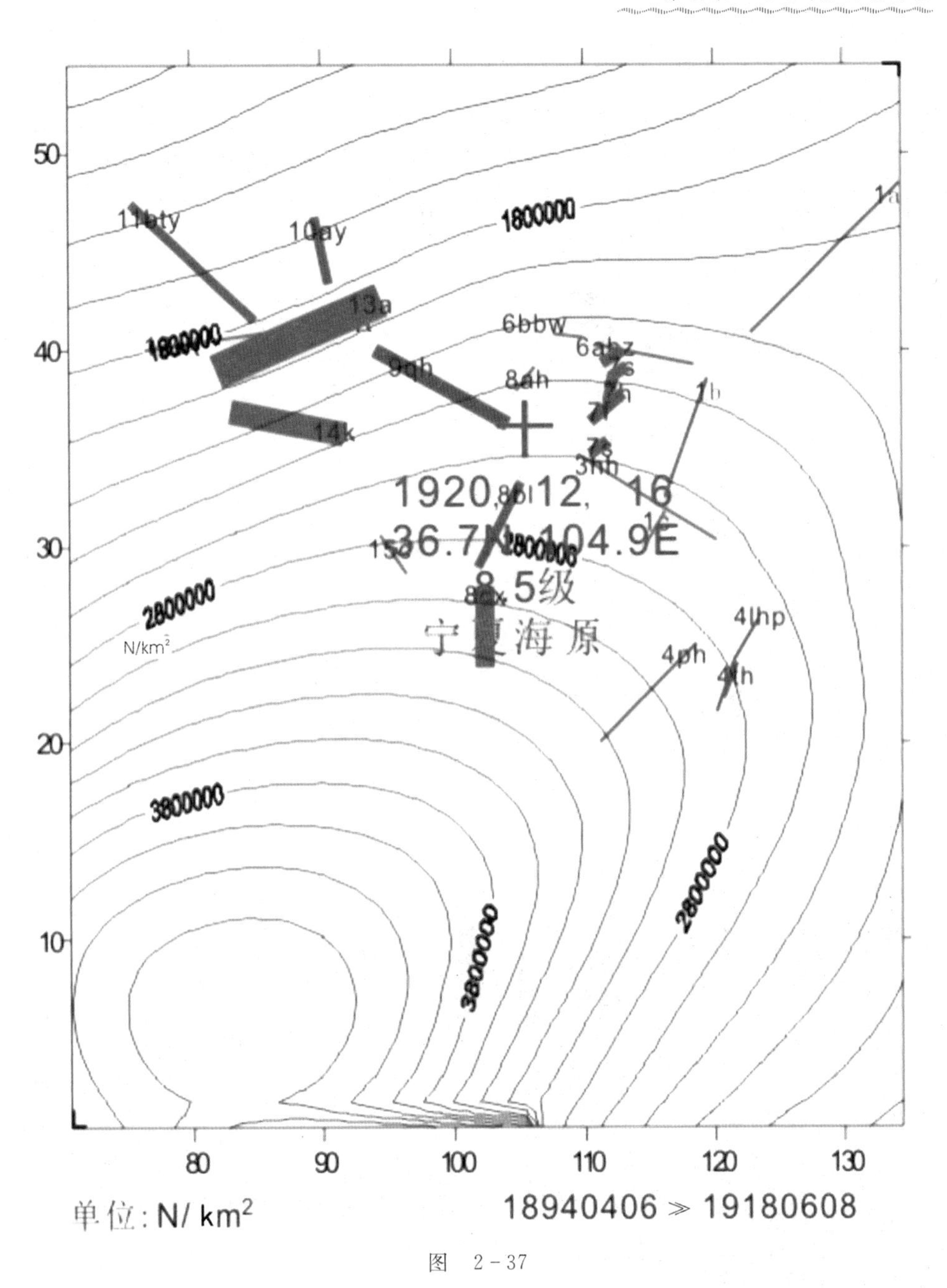

1800000
2800000
3800000
N/km²
1920, 12, 16
36.7N 104.9E
8.5级
宁夏海原
11bty
10ay
13a
6bbw
6abz
9qh
8ah
14k
3hh
4lhp
4ph
单位: N/ km²
18940406 ≫ 19180608

图　2-37

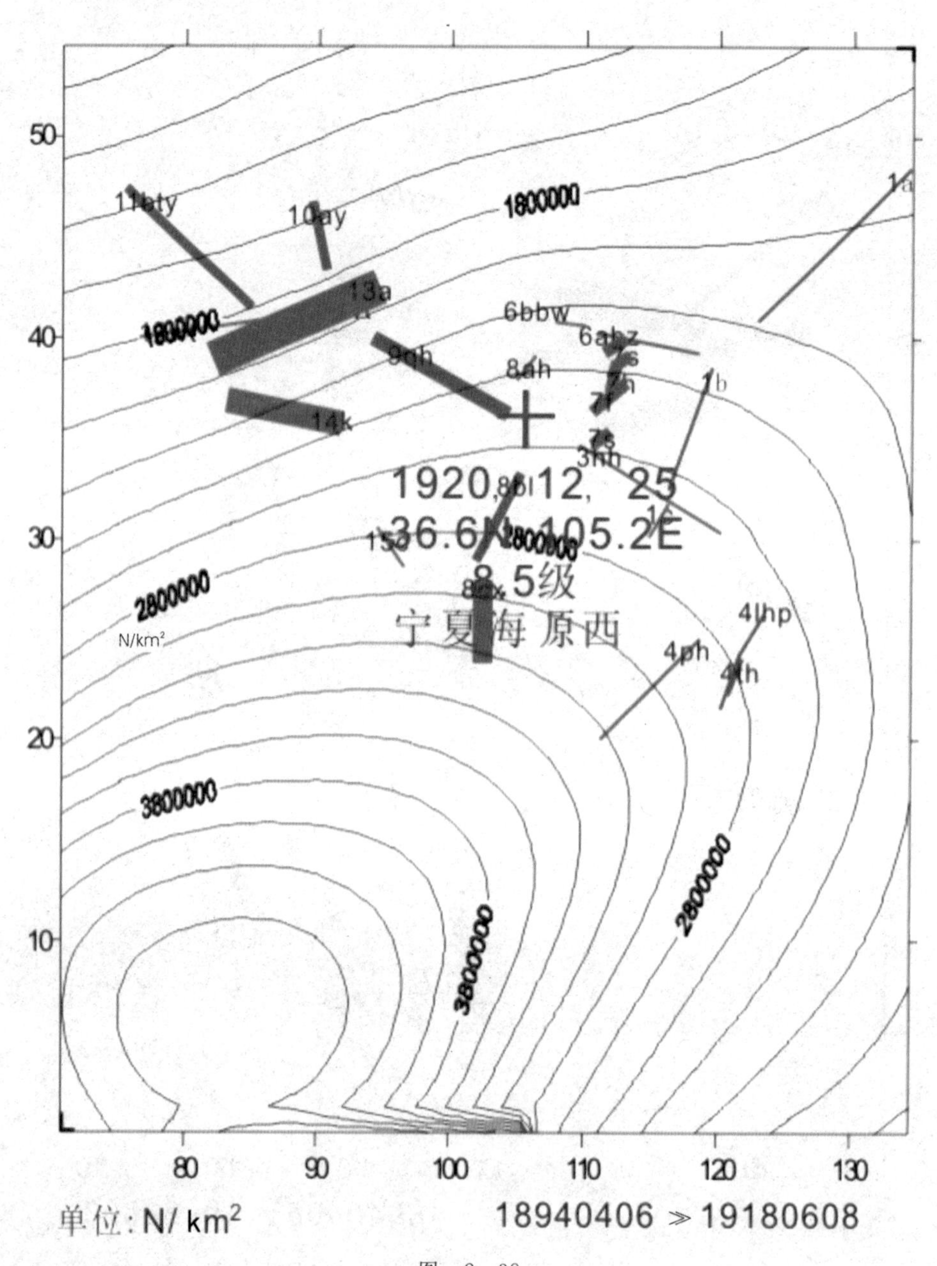
1920,12, 25
36.6N 105.2E
8.5级
宁夏海原西
1800000
2800000
3800000
N/km²
11bty
10ay
13a
6bbw
6abz
9qh
8ah
1b
1a
14k
3hh
4lhp
4ph
80
90
100
110
120
130
50
40
30
20
10
单位:N/km²
18940406 ≫ 19180608

图 2-38

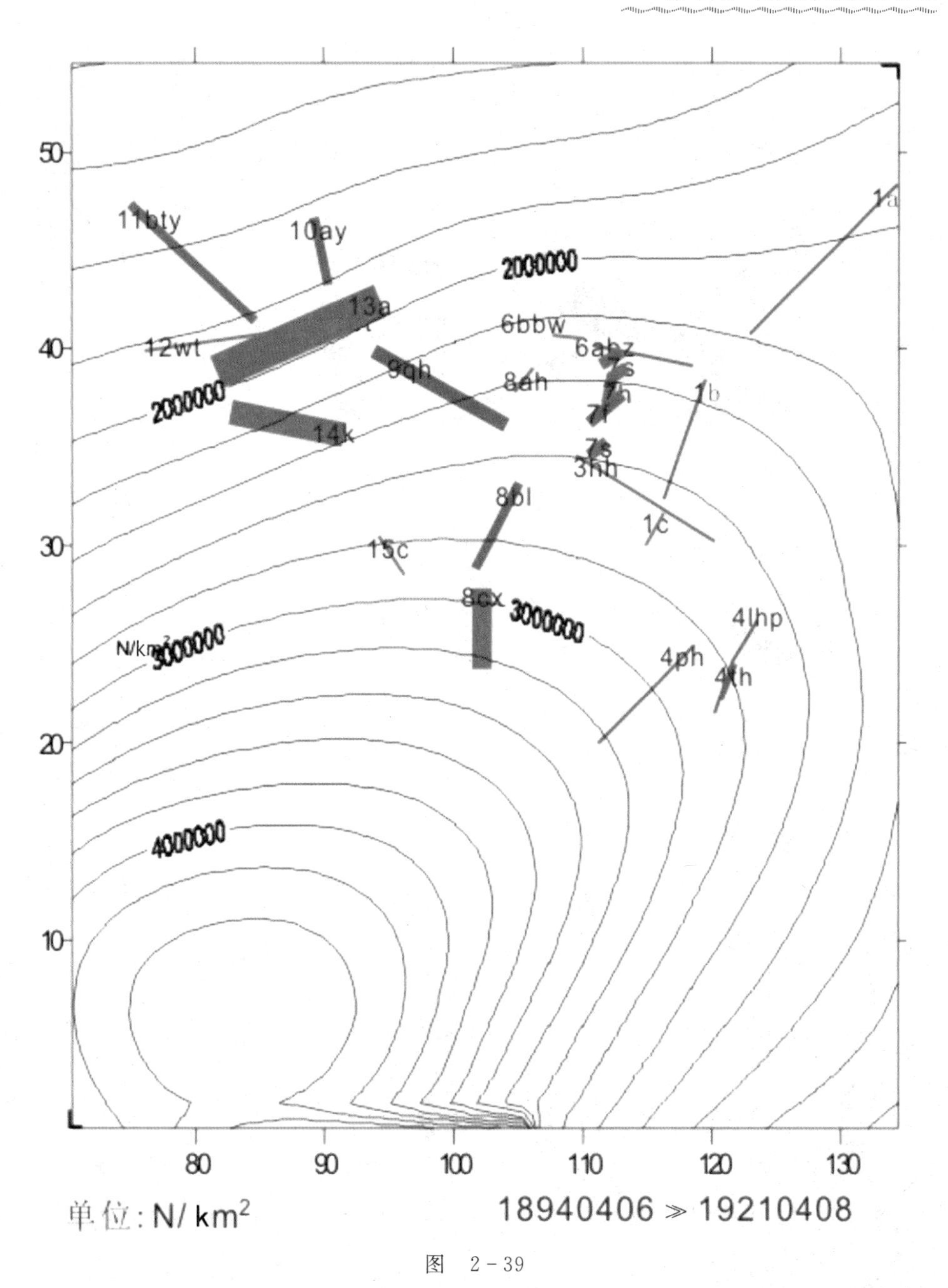
50
40
30
20
10
80
90
100
110
120
130
2000000
2000000
2000000
3000000
3000000
4000000
N/km²
11bty
10ay
13a
12wt
9qh
14k
6bbw
6abz
8ah
7h
7s
3hh
8bl
1c
1b
1a
15c
8cx
4lhp
4ph
单位: N/ km²
18940406 ≫ 19210408

图　2-39

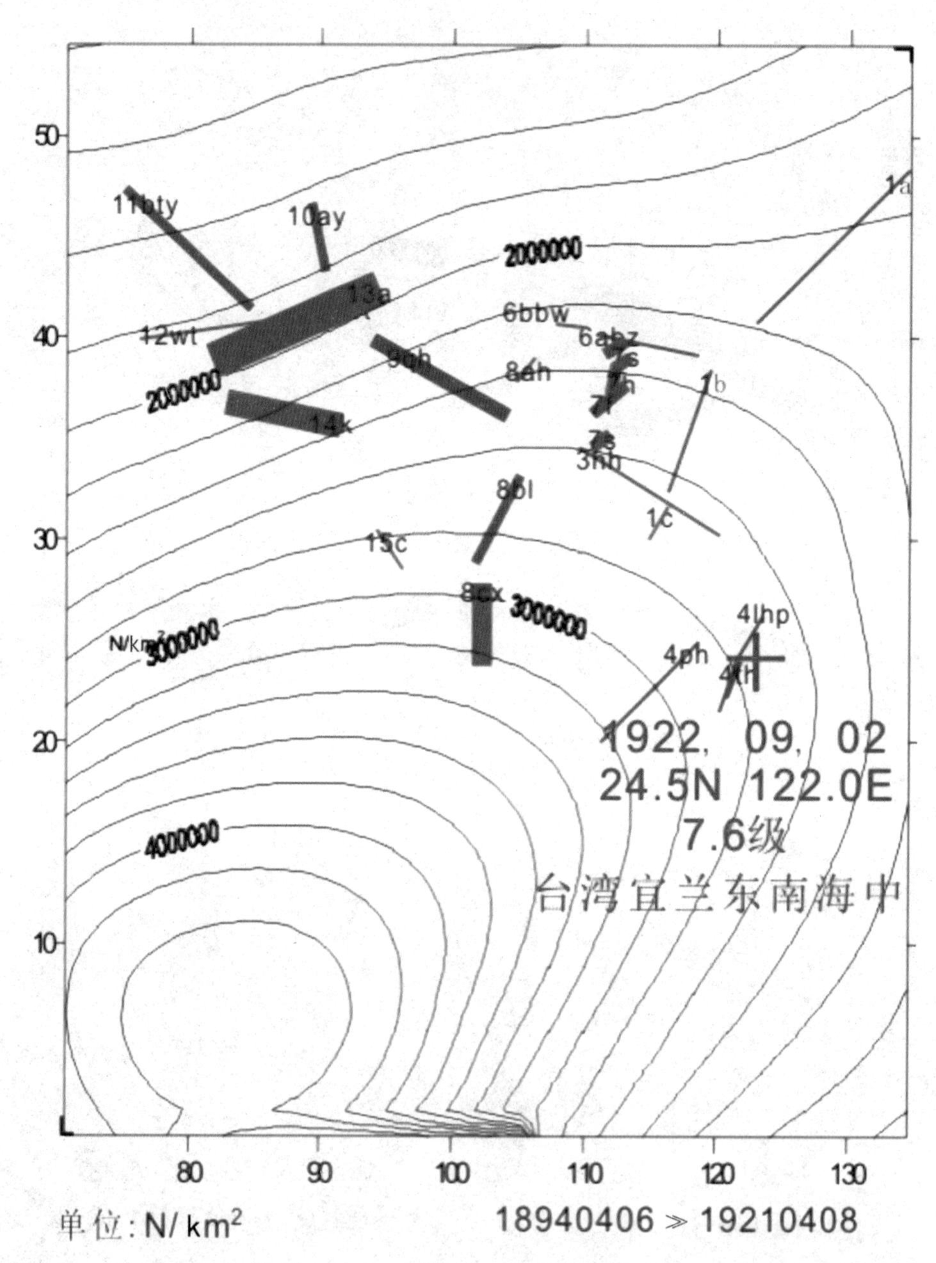

50
40
30
20
10
80
90
100
110
120
130
11bty
10ay
13a
12wt
9qh
14k
6bbw
6abz
8ah
2000000
2000000
1a
1b
1c
3hb
8bl
15c
8cx
3000000
3000000
N/km²
4lhp
4ph
4kh
4000000
1922, 09, 02
24.5N 122.0E
7.6级
台湾宜兰东南海中
单位: N/ km²
18940406 ≫ 19210408

图 2-40

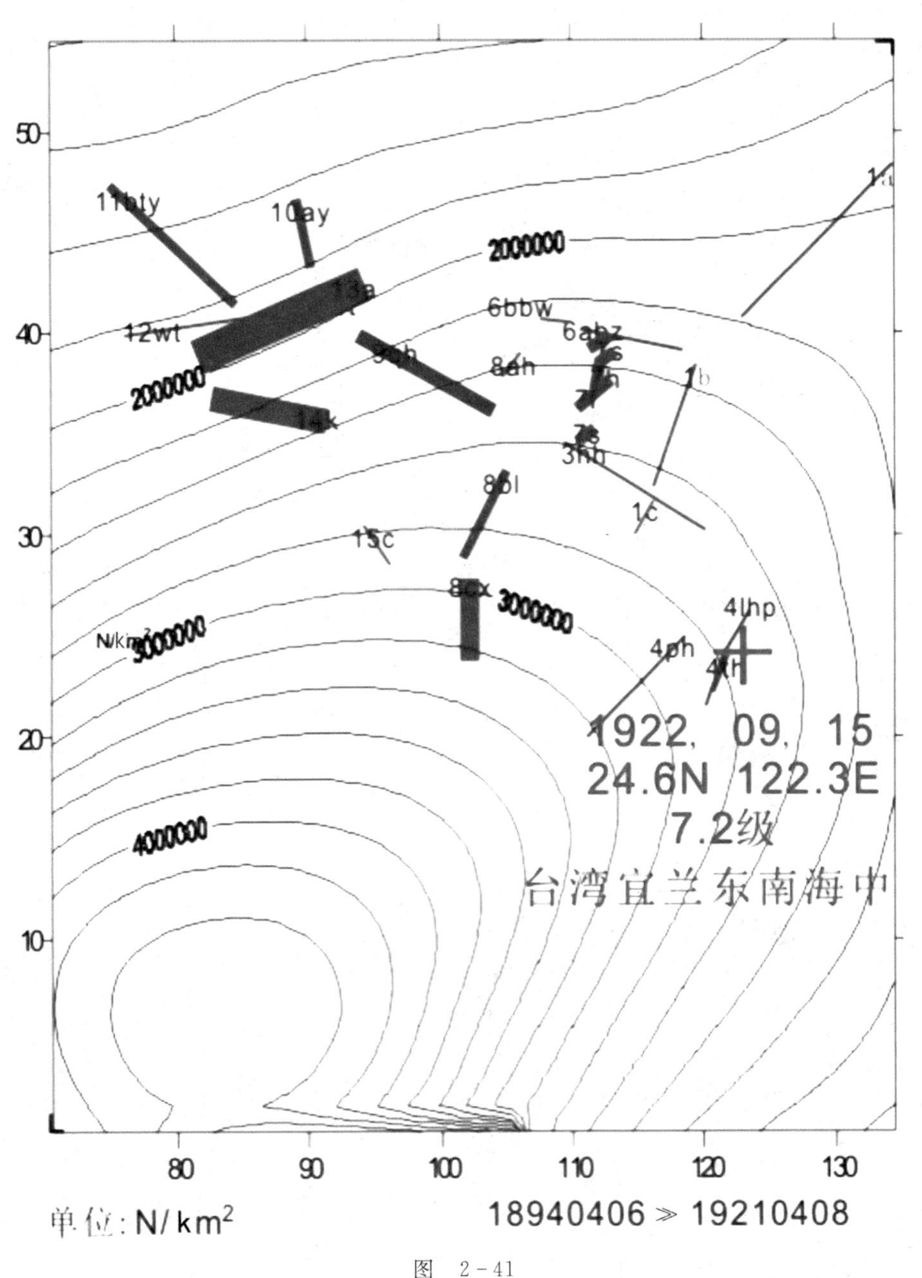
1922, 09, 15
24.6N 122.3E
7.2级
台湾宜兰东南海中
2000000
3000000
4000000
单位:N/km²
18940406≫19210408

图 2-41

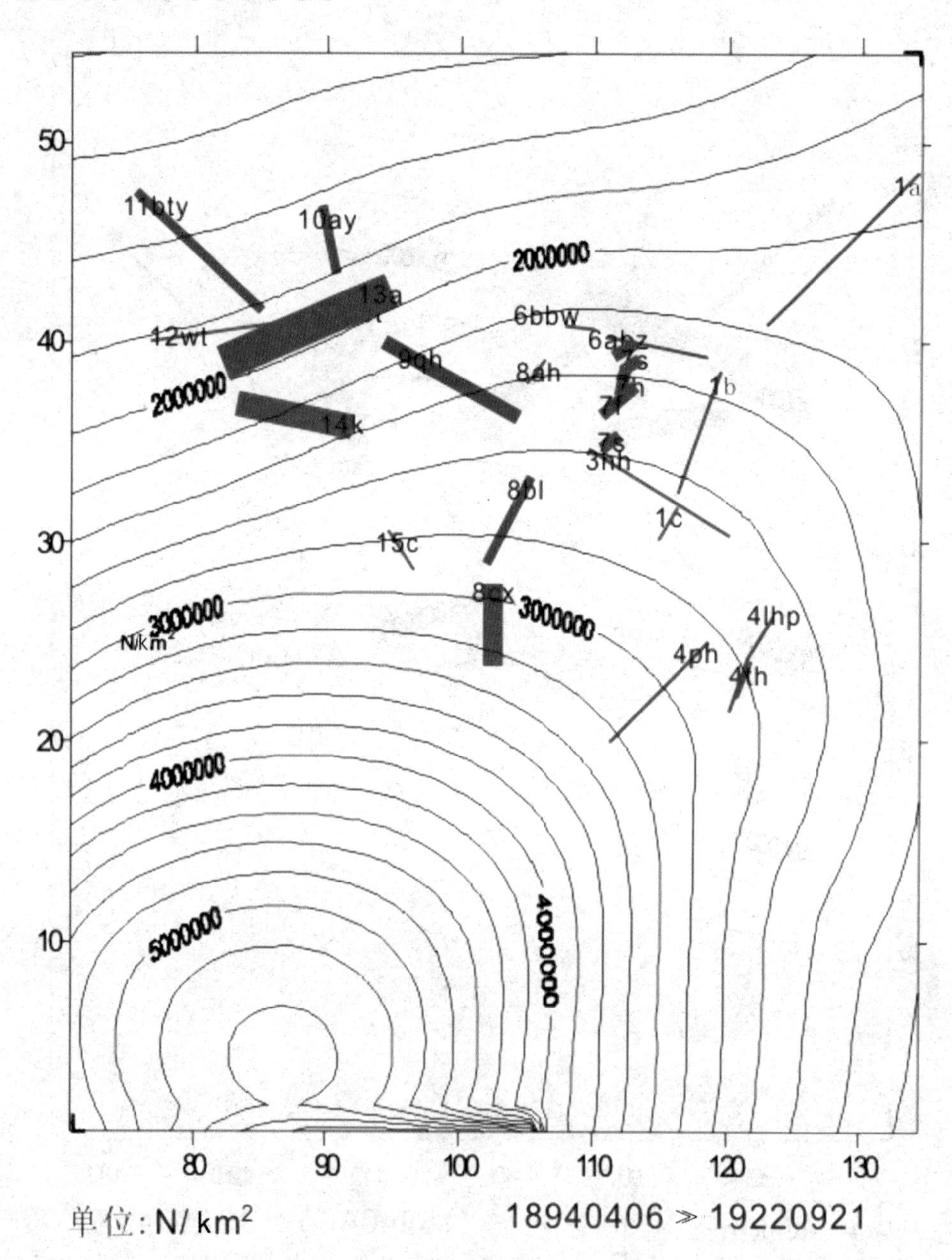

50
40
30
20
10
80
90
100
110
120
130
11bty
10ay
13a
12wt
9qh
14k
2000000
6bbw
6abz
8ah
1a
1b
7s
3hh
1c
8bl
15c
8cx
3000000
N/km²
4lhp
4ph
4000000
5000000
单位:N/km²
18940406 ≫ 19220921

图 2-42

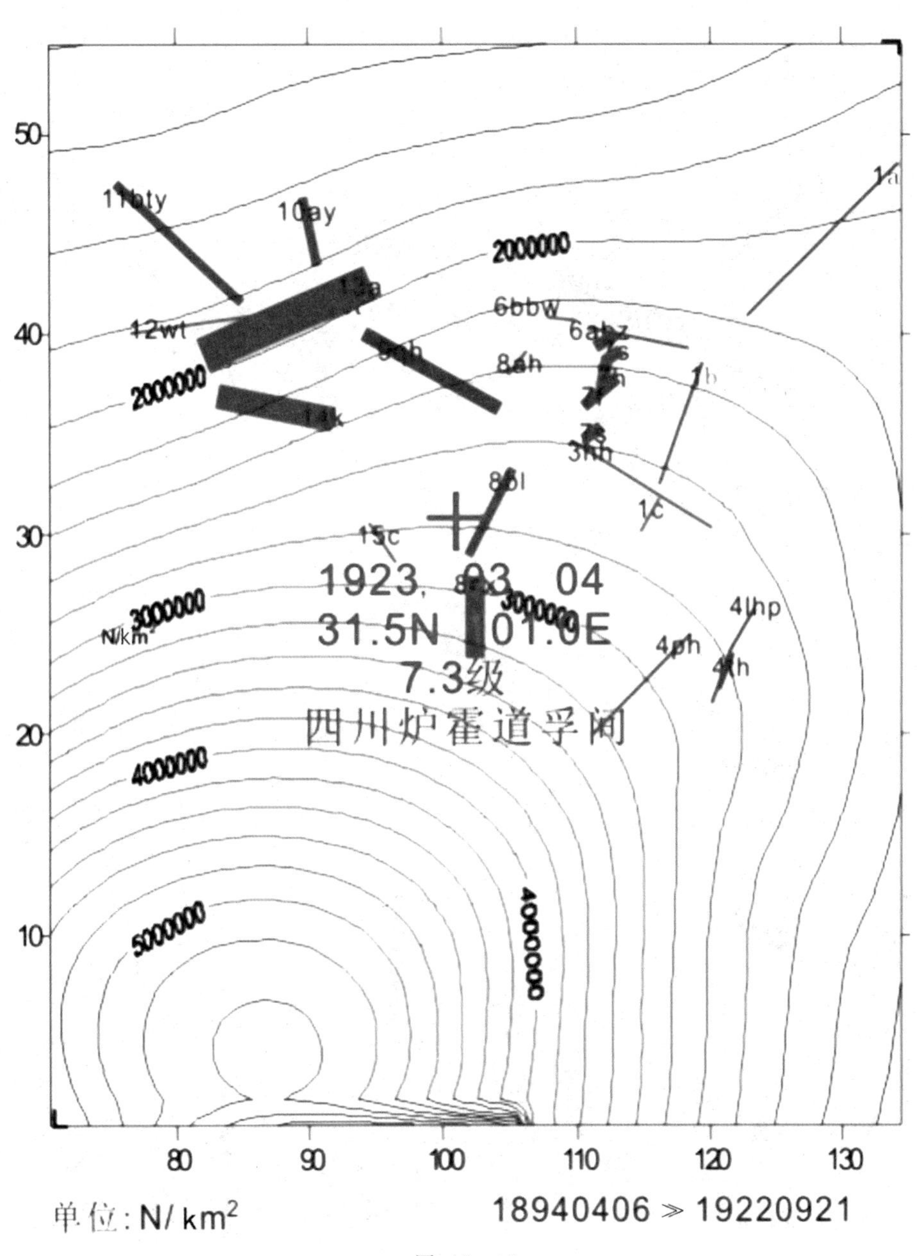
50
40
30
20
10
80
90
100
110
120
130
2000000
2000000
3000000
3000000
4000000
4000000
5000000
N/km²
11bty
10ay
12wt
14k
6bbw
6abz
8ah
3hh
1a
1b
1c
8bl
15c
4lhp
4ph
4lh
1923, 03 04
31.5N 101.0E
7.3级
四川炉霍道孚间
单位: N/km²
18940406 ≫ 19220921

图　2-43

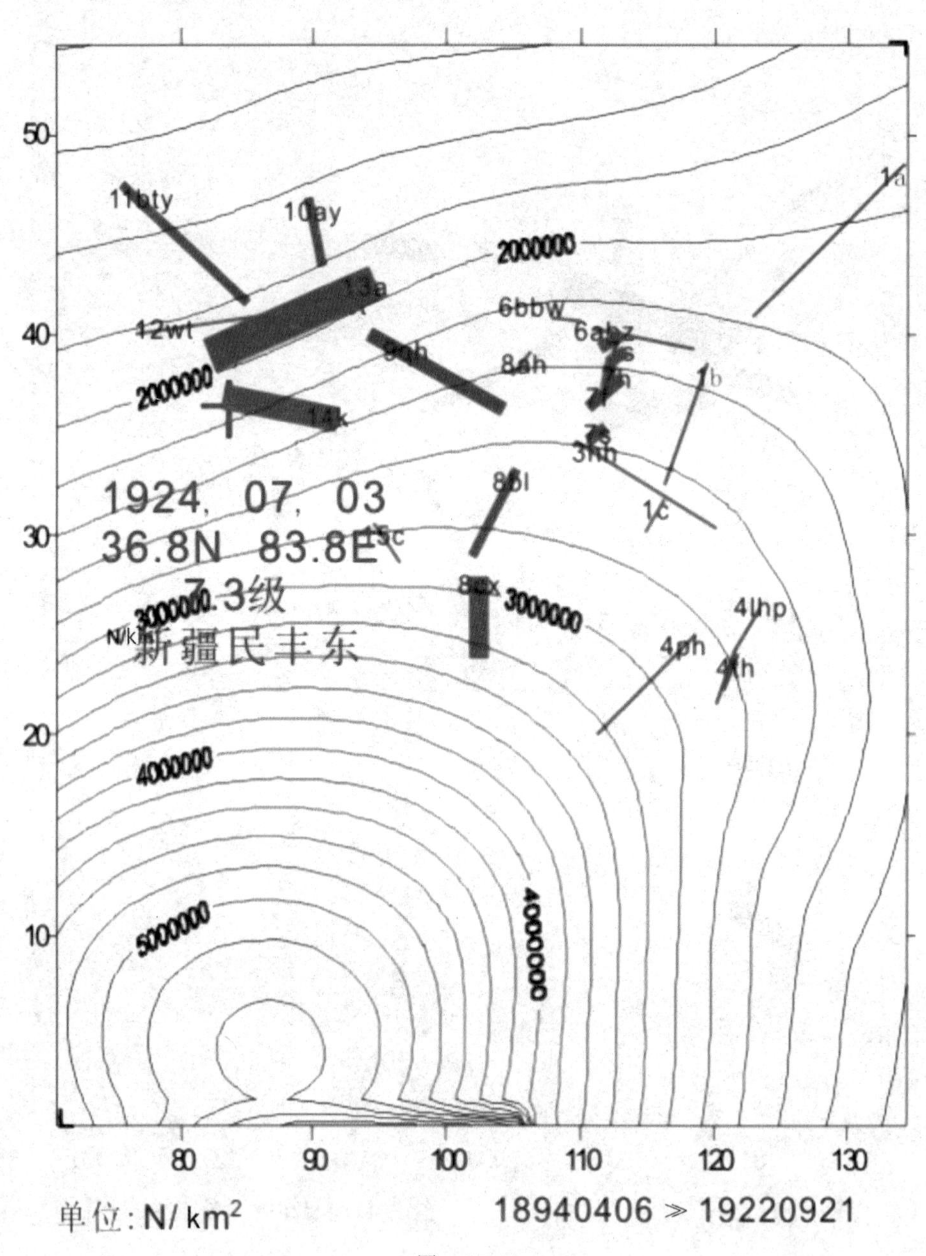

1924, 07, 03
36.8N 83.8E
7.3级
新疆民丰东
2000000
3000000
4000000
5000000
单位: N/km2
18940406 ≫ 19220921

图 2-44

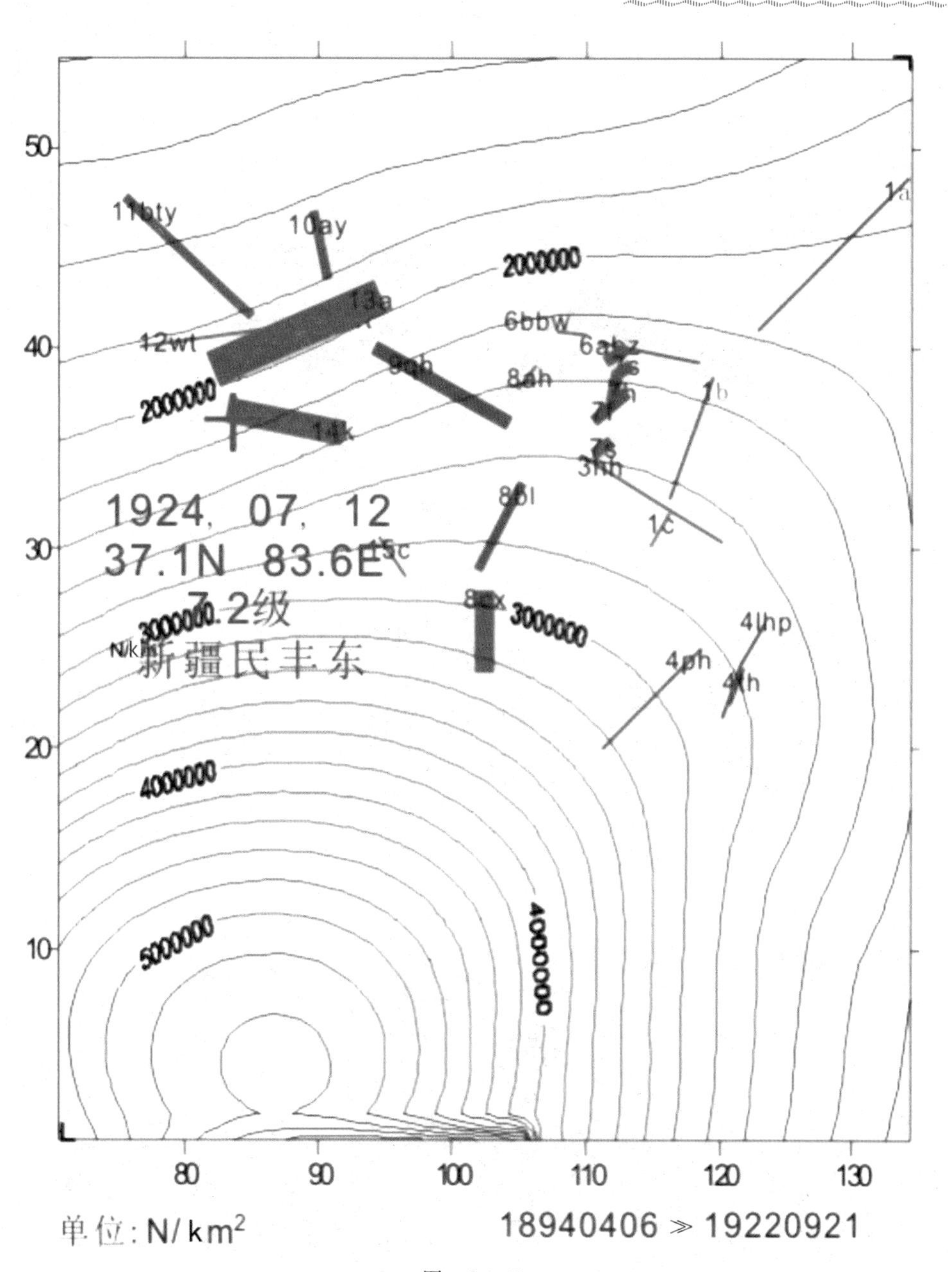

50
40
30
20
10
80
90
100
110
120
130
11bty
10ay
13a
12wt
9ah
14k
6bbw
6abz
8ah
1a
1b
1c
3hh
8bl
8ex
4lhp
4ph
4h
2000000
2000000
3000000
3000000
4000000
4000000
5000000
1924, 07, 12
37.1N 83.6E
7.2级
新疆民丰东
单位:N/km²
18940406 ≫ 19220921

图 2-45

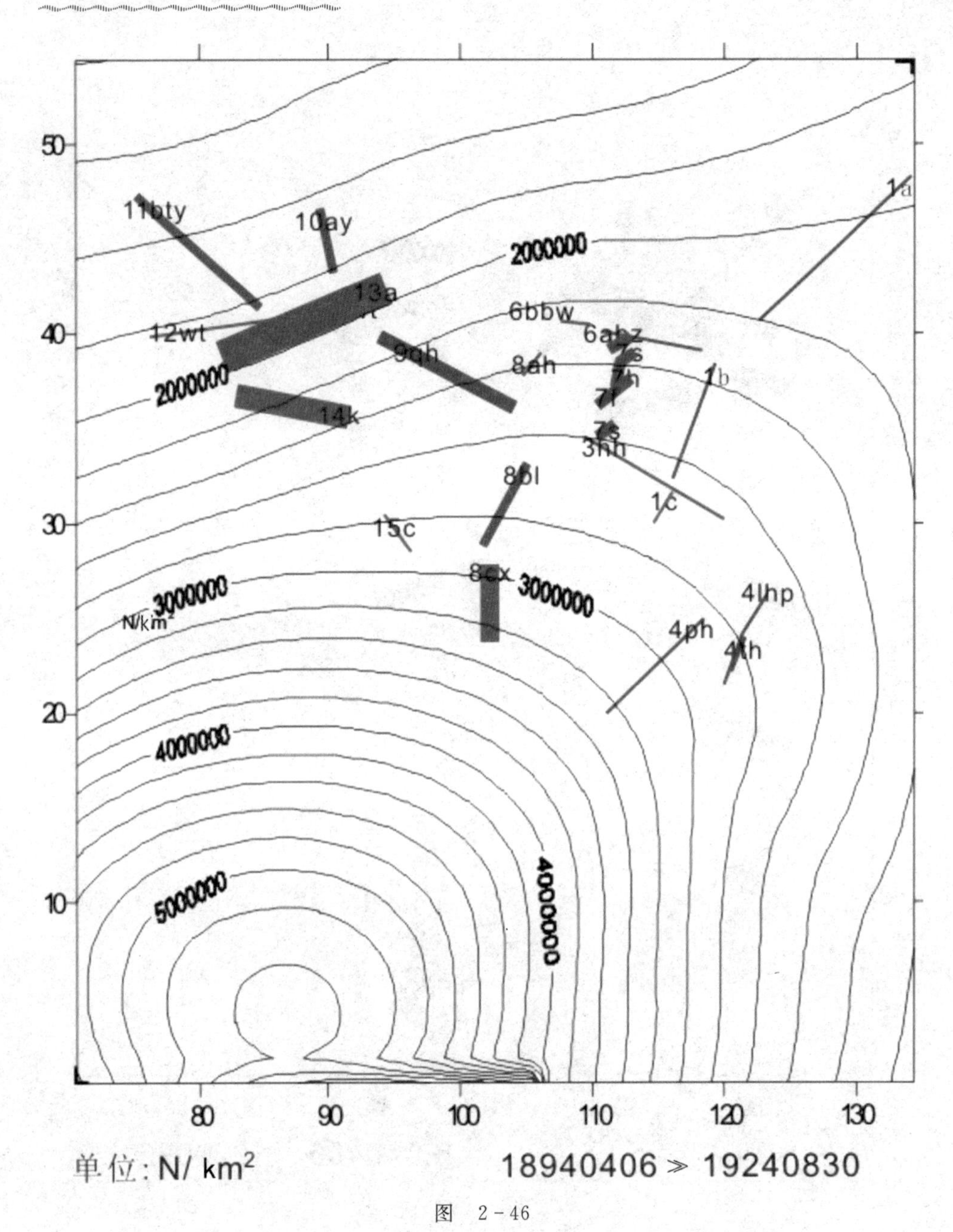

50
40
30
20
10
80
90
100
110
120
130
11bty
10ay
13a
12wt
9qh
14k
2000000
2000000
6bbw
6abz
8ah
7h
7l
7s
3hh
1a
1b
1c
8bl
15c
8cx
3000000
3000000
N/km²
4lhp
4ph
4th
4000000
4000000
5000000
单位: N/ km²
18940406 ≫ 19240830

图 2-46

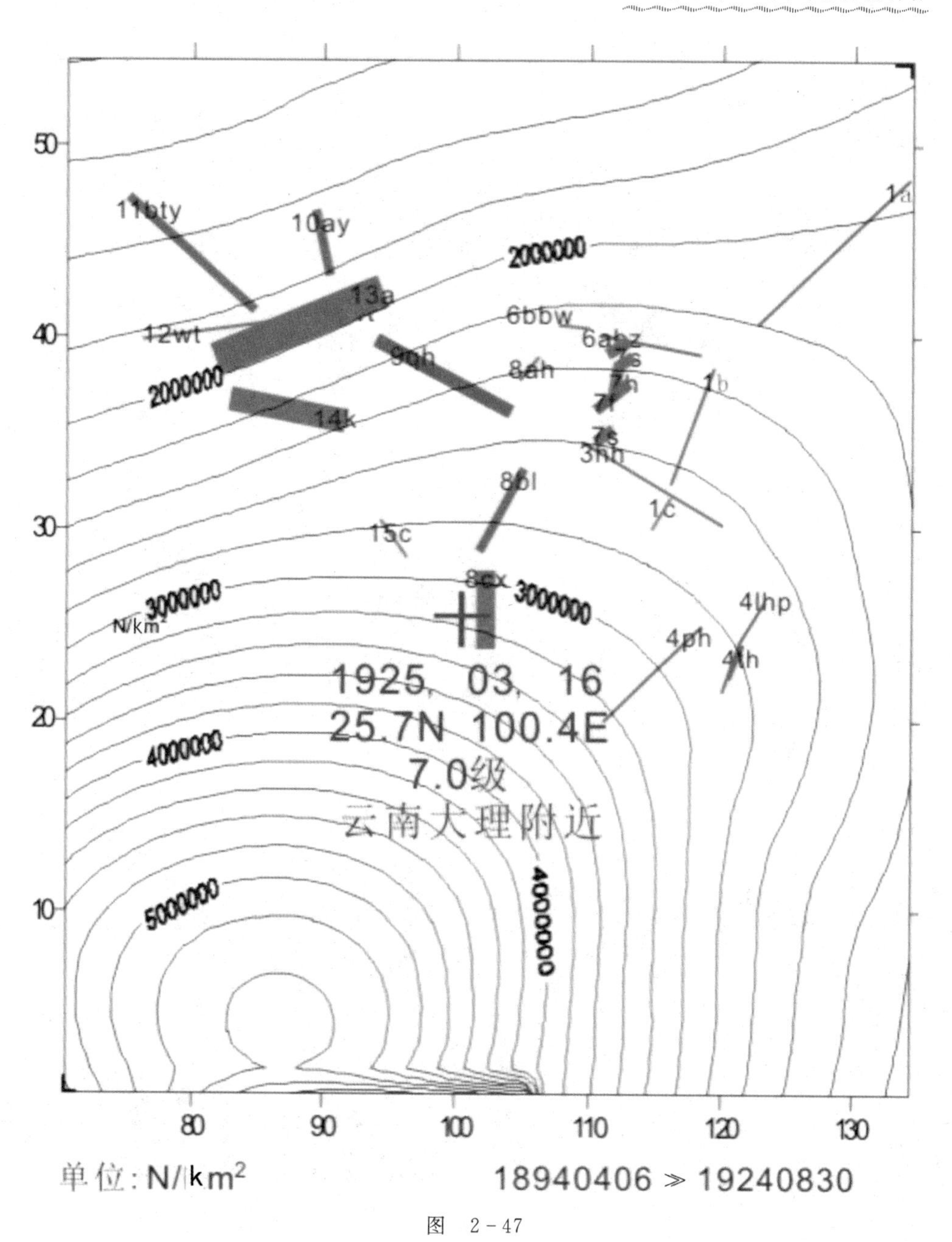
2000000
2000000
3000000
3000000
4000000
4000000
5000000
N/km²
1925, 03, 16
25.7N 100.4E
7.0级
云南大理附近
单位:N/km²
18940406 ≫ 19240830

图　2-47

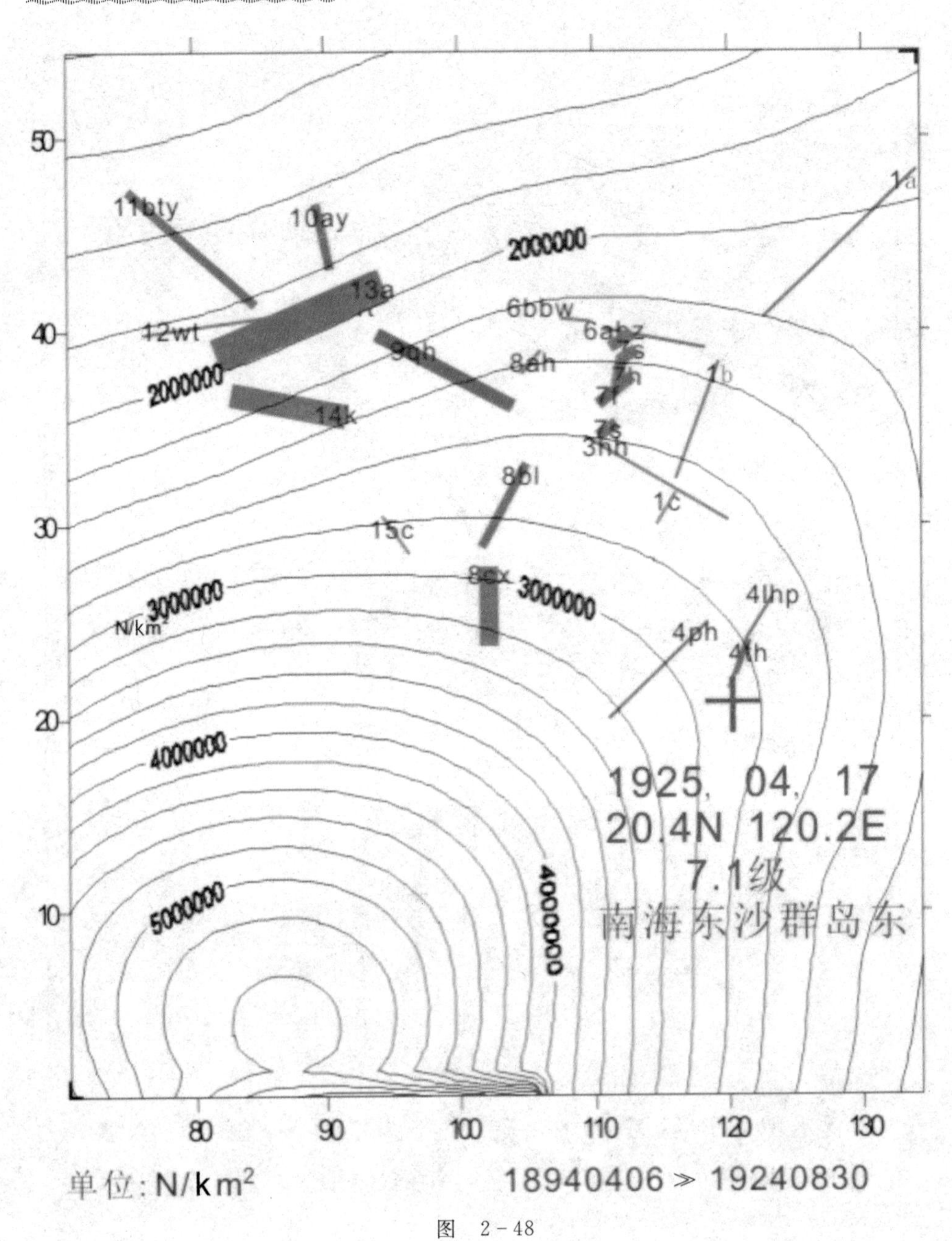

1925, 04, 17
20.4N 120.2E
7.1级
南海东沙群岛东
单位:N/km²
18940406≫19240830
2000000
3000000
4000000
5000000

图 2-48

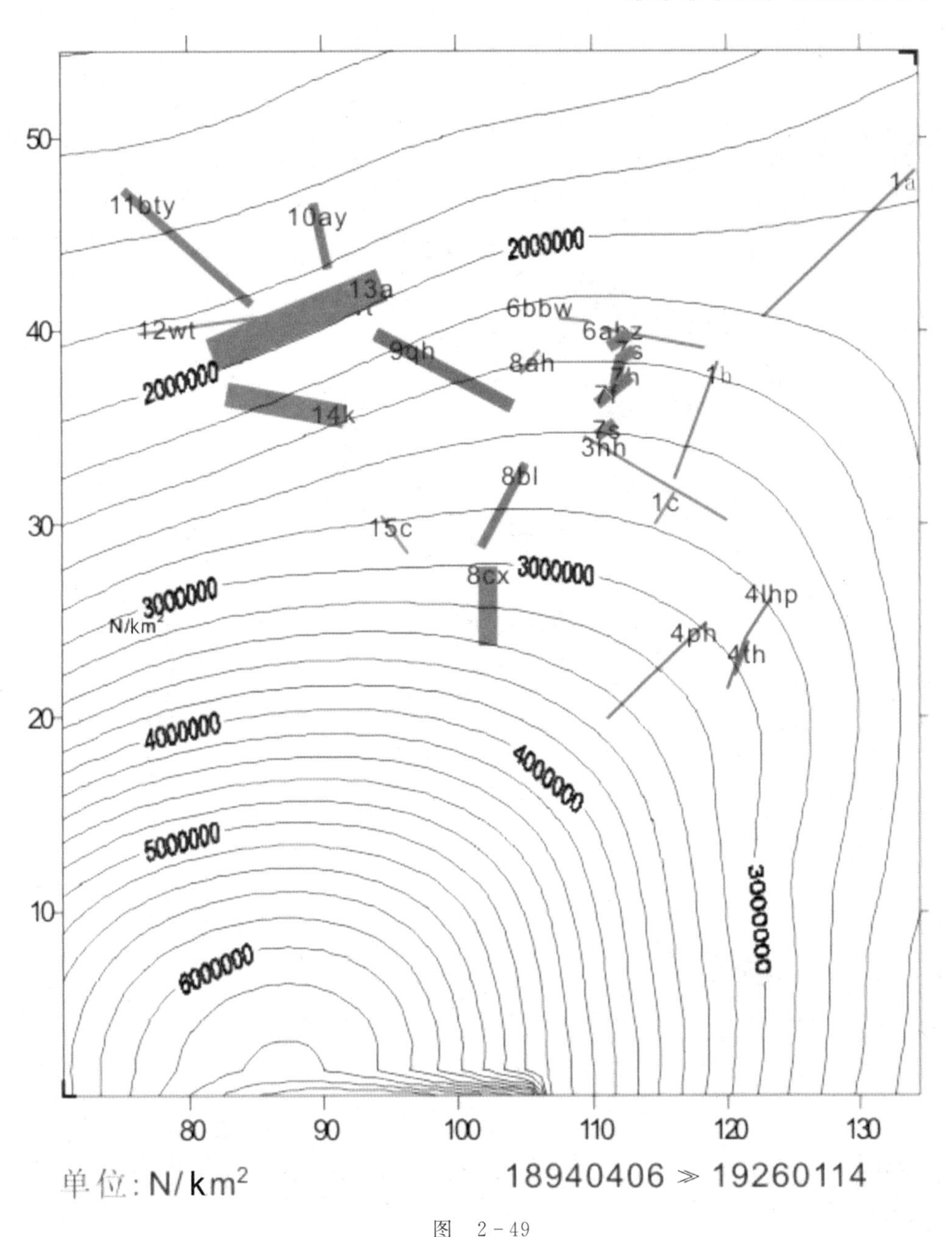
11bty
10ay
2000000
13a
12wt
40
2000000
14k
9qh
6bbw
6abz
8ah
7s
7h
7l
1h
1a
50
7s
3hh
8bl
1c
15c
30
8cx
3000000
3000000
N/km²
4lhp
4ph
4th
20
4000000
4000000
5000000
10
3000000
6000000
80
90
100
110
120
130
单位: N/km²
18940406 ≫ 19260114

图　2 - 49

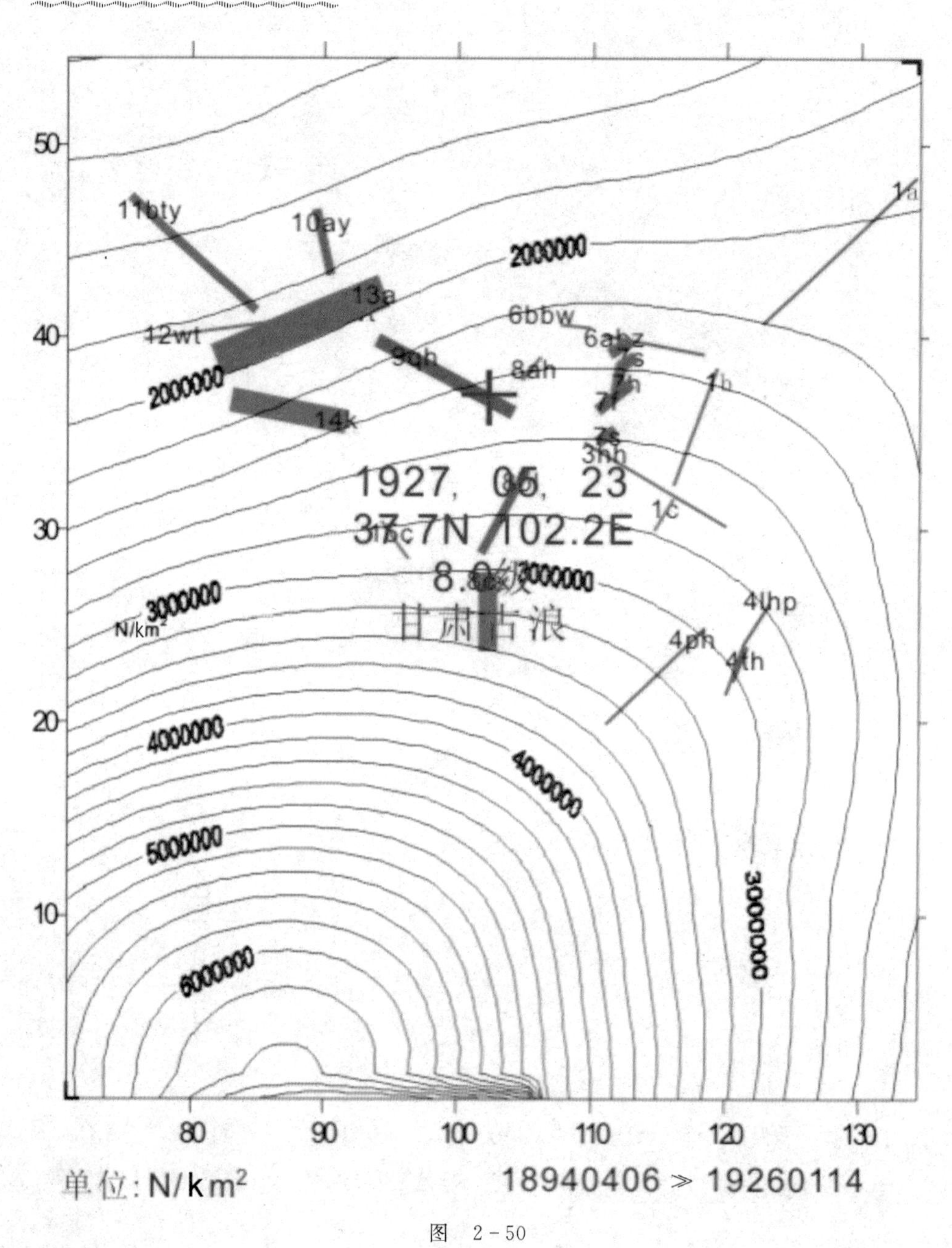
11bty
10ay
13a
12wt
9qh
8ah
6bbw
6abz
7h
1a
1b
14k
2000000
3hh
1c
1927, 05, 23
37.7N 102.2E
8.0级
甘肃古浪
3000000
N/km²
4lhp
4ph
4th
4000000
5000000
6000000
单位: N/km²
18940406 ≫ 19260114

图 2-50

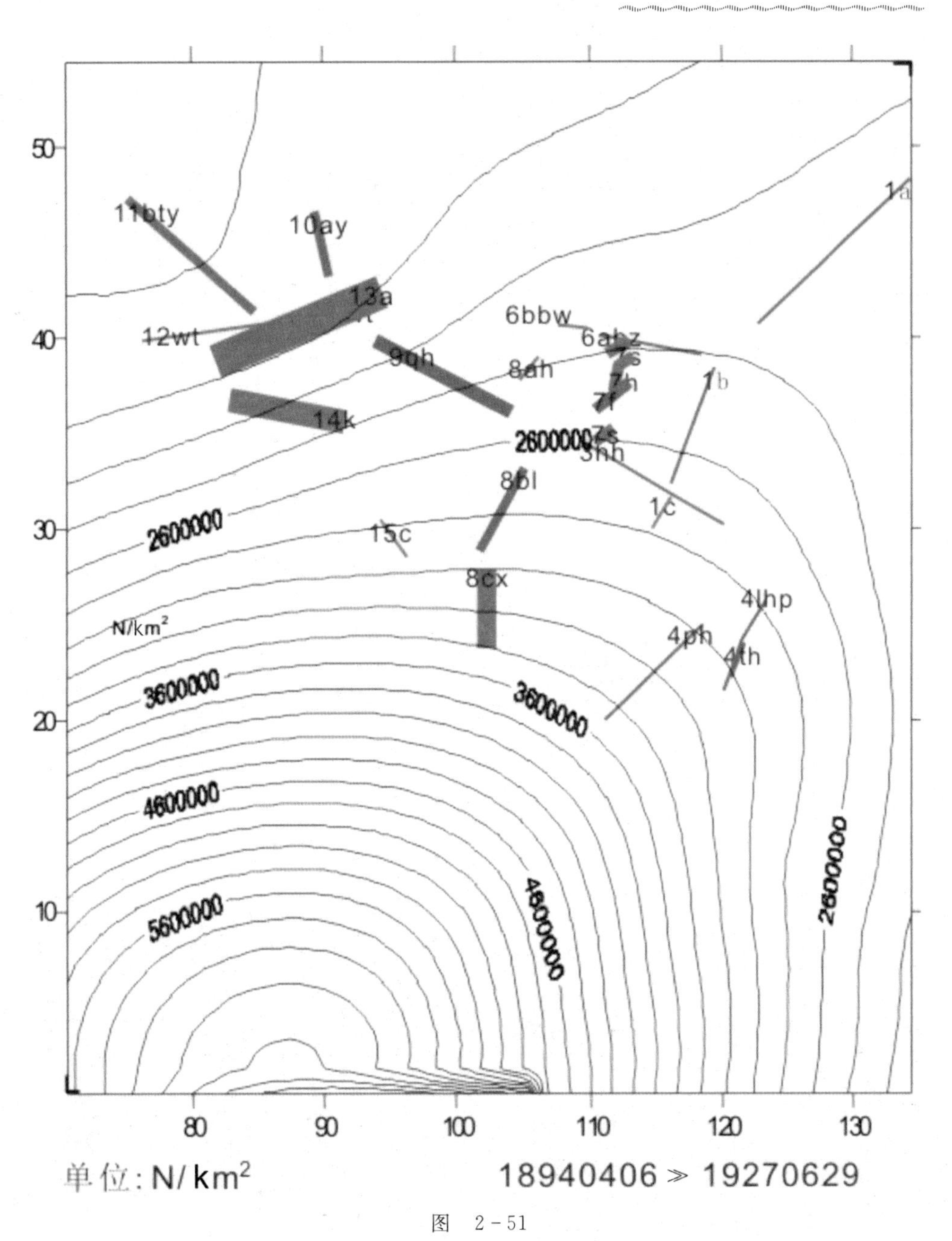

50
40
30
20
10
80
90
100
110
120
130
11bty
10ay
13a
12wt
6bbw
6abz
9qh
8ah
1a
1b
14k
2600000
3hh
8bl
1c
2600000
15c
8cx
4lhp
N/km²
4ph
4th
3600000
3600000
4600000
2600000
4600000
5600000
单位:N/km²
18940406 ≫ 19270629

图 2-51

表 2-1 1895—2020 年日食数据表(取自 NASA 网站)

编号	日期	时间	时差	沙罗数	类型	r 数	食分	纬度	经度	高度角	宽度	持续时间
09268	1895 Mar 26	10:09:33	−6	−1296 147	P t−	1.3565	0.3531	61°N	65°W	0		
09269	1895 Aug 20	13:09:16	−6	−1291 114	P −t	1.3911	0.2665	62°N	98°E	0		
09270	1895 Sep 18	20:44:01	−6	−1290 152	P t−	−1.1469	0.7369	61°S	141°E	0		
09271	1896 Feb 13	16:23:13	−6	−1285 119	A −p	−0.9220	0.9218	65°S	3°E	22	761	05min48s
09272	1896 Aug 09	05:09:00	−6	−1279 124	T −p	0.6964	1.0392	54°N	132°E	46	182	02min43s
09273	1897 Feb 01	20:15:15	−6	−1273 129	A nn	−0.1903	0.9742	27°S	116°W	79	94	02min34s
09274	1897 Jul 29	15:56:58	−5	−1267 134	A nn	−0.0640	0.9899	15°N	59°W	86	35	01min05s
09275	1898 Jan 22	07:19:12	−5	−1261 139	T p−	0.5079	1.0244	9°N	64°E	59	96	02min21s
09276	1898 Jul 18	19:36:54	−4	−1255 144	A p−	−0.8546	0.9450	36°S	130°W	31	385	06min11s
09277	1898 Dec 13	11:58:13	−4	−1250 111	P −t	−1.5253	0.0231	67°S	174°E	0		
09278	1899 Jan 11	22:38:02	−4	−1249 149	P t−	1.1558	0.7158	64°N	168°E	0		
09279	1899 Jun 08	06:33:43	−4	−1244 116	P −t	1.2089	0.6076	67°N	99°W	0		
09280	1899 Dec 03	00:57:28	−3	−1238 121	A −p	−0.9061	0.9836	87°S	121°E	25	140	01min01s
09281	1900 May 28	14:53:56	−2	−1232 126	T −n	0.3943	1.0249	45°N	46°W	67	92	02min10s
09282	1900 Nov 22	07:19:43	−2	−1226 131	A −n	−0.2245	0.9421	33°S	65°E	77	220	06min42s
09283	1901 May 18	05:33:48	−1	−1220 136	T n−	−0.3626	1.0680	2°S	98°E	69	238	06min29s
09284	1901 Nov 11	07:28:21	−0	−1214 141	A p−	0.4758	0.9216	11°N	69°E	62	336	11min01s
09285	1902 Apr 08	14:05:06	0	−1209 108	Pe −t	1.5024	0.0643	72°N	142°W	0		
09286	1902 May 07	22:34:16	0	−1208 146	P t−	−1.0831	0.8593	70°S	125°W	0		
09287	1902 Oct 31	08:00:18	1	−1202 151	P t−	1.1556	0.6960	71°N	101°E	0		
09288	1903 Mar 29	01:35:23	2	−1197 118	A −p	0.8413	0.9767	56°N	130°E	32	153	01min53s
09289	1903 Sep 21	04:39:52	2	−1191 123	T −p	−0.8967	1.0316	58°S	77°E	26	241	02min12s
09290	1904 Mar 17	05:40:44	3	−1185 128	A nn	0.1299	0.9367	6°N	95°E	82	237	08min07s
09291	1904 Sep 09	20:44:21	3	−1179 133	T −n	−0.1625	1.0709	4°S	135°W	81	234	06min20s
09292	1905 Mar 06	05:12:26	4	−1173 138	A p−	−0.5768	0.9269	40°S	117°E	55	334	07min58s
09293	1905 Aug 30	13:07:26	5	−1167 143	T p−	0.5708	1.0477	42°N	4°W	55	192	03min46s
09294	1906 Feb 23	07:43:20	5	−1161 148	P t−	−1.2479	0.5386	71°S	170°W	0		
09295	1906 Jul 21	13:14:19	6	−1156 115	P −t	−1.3637	0.3355	69°S	33°W	0		
09296	1906 Aug 20	01:12:50	6	−1155 153	P t−	1.3731	0.3147	71°N	66°W	0		
09297	1907 Jan 14	06:05:43	6	−1150 120	T −p	0.8628	1.0281	38°N	86°E	30	189	02min25s
09298	1907 Jul 10	15:24:32	7	−1144 125	A −p	−0.6313	0.9456	17°S	51°W	51	258	07min23s
09299	1908 Jan 03	21:45:22	8	−1138 130	T −n	0.1934	1.0437	12°S	145°W	79	149	04min14s
09300	1908 Jun 28	16:29:51	8	−1132 135	A nn	0.1389	0.9655	31°N	67°W	82	126	04min00s
09301	1908 Dec 23	11:44:28	9	−1126 140	H n−	−0.4985	1.0024	53°S	1°W	60	10	00min12s

续表

编号	日期	时间	时差	沙罗数	类型	r 数	食分	纬度	经度	高度角	宽度	持续时间
09302	1909 Jun 17	23:18:38	10	−1120　145	H　t−	0.8957	1.0065	83°N	124°E	26	51	00min24s
09303	1909 Dec 12	19:44:48	10	−1114　150	P　t−	−1.2456	0.5424	65°S	86°E	0		
09304	1910 May 09	05:42:13	11	−1109　117	T　−t	−0.9437	1.0600	48°S	125°E	19	594	04min15s
09305	1910 Nov 02	02:08:32	12	−1103　122	P　−t	1.0603	0.8515	62°N	155°W	0		
09306	1911 Apr 28	22:27:22	12	−1097　127	T　−n	−0.2294	1.0562	2°N	152°W	77	190	04min57s
09307	1911 Oct 22	04:13:02	13	−1091　132	A　−n	0.3224	0.9650	6°N	121°E	71	133	03min47s
09308	1912 Apr 17	11:34:22	14	−1085　137	H　p−	0.5280	1.0003	38°N	11°W	58	1	00min02s
09309	1912 Oct 10	13:36:14	14	−1079　142	T　p−	−0.4149	1.0229	28°S	40°W	65	85	01min55s
09310	1913 Apr 06	17:33:07	15	−1073　147	P　t−	1.3147	0.4244	61°N	176°E	0		
09311	1913 Aug 31	20:52:12	15	−1068　114	P　−t	1.4512	0.1513	61°N	27°W	0		
09312	1913 Sep 30	04:45:49	15	−1067　152	P　t−	−1.1005	0.8252	61°S	12°E	0		
09313	1914 Feb 25	00:13:01	16	−1062　119	A　−p	−0.9416	0.9248	62°S	113°W	19	839	05min35s
09314	1914 Aug 21	12:34:27	17	−1056　124	T　−p	0.7655	1.0328	54°N	27°E	40	170	02min14s
09315	1915 Feb 14	04:33:20	17	−1050　129	A　nn	−0.2024	0.9789	24°S	121°E	78	77	02min04s
09316	1915 Aug 10	22:52:25	18	−1044　134	A　nn	0.0124	0.9853	16°N	161°W	89	52	01min33s
09317	1916 Feb 03	16:00:21	18	−1038　139	T　p−	0.4987	1.0280	11°N	68°W	60	108	02min36s
09318	1916 Jul 30	02:06:10	19	−1032　144	A　p−	−0.7709	0.9447	29°S	132°E	39	313	06min24s
09319	1916 Dec 24	20:46:22	19	−1027　111	P　−t	−1.5321	0.0114	66°S	32°E	0		
09320	1917 Jan 23	07:28:31	19	−1026　149	P　t−	1.1508	0.7254	63°N	26°E	0		
09321	1917 Jun 19	13:16:21	20	−1021　116	P　−t	1.2857	0.4729	66°N	150°E	0		
09322	1917 Jul 19	02:42:42	20	−1020　154	Pb　t−	−1.5101	0.0863	64°S	102°E	0		
09323	1917 Dec 14	09:27:20	20	−1015　121	A　−t	−0.9157	0.9791	88°S	125°E	23	189	01min17s
09324	1918 Jun 08	22:07:43	20	−1009　126	T　−p	0.4658	1.0292	51°N	152°W	62	112	02min23s
09325	1918 Dec 03	15:22:02	21	−1003　131	A　−n	−0.2387	0.9383	36°S	54°W	76	236	07min06s
09326	1919 May 29	13:08:55	21	−997　136	T　n−	−0.2955	1.0719	4°N	17°W	73	244	06min51s
09327	1919 Nov 22	15:14:12	21	−991　141	A　p−	0.4549	0.9198	7°N	49°W	63	341	11min37s
09328	1920 May 18	06:14:55	21	−985　146	P　t−	−1.0239	0.9734	69°S	108°E	0		

第3章　中国及其邻区活动断层

强祖基　胡思颐

[作者简介]　强祖基,男,1932年4月生。1953年毕业于北京地质学院地质找矿系。1961年获苏联莫斯科大学地质矿物学副博士学位。1986年获国家地震局科学技术进步一等奖。1990年发现卫星热红外亮温异常地震短临震兆——冷热应力场,开创了研究现今构造运动的新方法和地震短临预测的新技术。1994—2003年任国际宇航联合会卫星减灾委委员;1995—2000年任中国航天工业总公司高级专家顾问组顾问;1995—1998年任中国地震学会第四届地震预报专业委员会委员;1995年、1999年、2004年和2009年任中国地球物理学会天灾预测专业委员会委员、常委;2005年任中国地震预测咨询委员会委员;2004年、2008年任中国高科技产业化研究会理事、中国地质大学(武汉)地球科学院兼职教授。

胡思颐,男,1938年6月生,上海市人。1961年北京地质学院普查系毕业,1965年北京地质学院地质构造专业研究生毕业。毕业后长期从事地质勘探工作,1966—1996在山东地质矿产局第七地质勘查院工作,1981—1990年担任该院总工程师。1991—1996年任地质矿产部驻印度尼西亚专家组组长,1993年12月从山东地质矿产局退休,1997—2010年任戴比尔斯公司(De Beers)、英美矿业公司(Anglo American ple)驻北京代表处代表、技术经理、顾问等。

我国活动断层具有继承和反复活动的特点,把晚第三纪以来活动的断层,第四纪或现今仍在活动的断层,或将来有可能活动的断层,称为活动断层。划分了不同类型的活动断裂区和活动断裂的相对不发育区。

1937年青海托索湖7.5级地震形成的长约300 km的裂缝带,是我国最长的裂缝带。其次是1931年新疆富蕴8.0级地震形成的约180 km的裂缝带,其错距是我国最大的,水平错距为14 m,垂直错距为2.4 m。地震断层的性质,在中国西部,北北西走向的为右旋平移断层,如富蕴地震断层带;北西西走向的为左旋平移断层,如托索湖地震断层和1920年宁夏海原8.6级地震所形成的地震断层。在中国东部,北北东走向的为右旋平移或右旋平移正断层,如1966年邢台地震所形成的地裂缝带和1976年唐山地震形成的地震断裂;北西西走向的为左旋平移断裂,如1973年海城7.3级地震断层。在中国台湾地区,北北东走向的为左旋逆冲断层，如 1951 年花莲和玉里地震断层；北东东走向的为右旋平移断层，如 1906 年的嘉义地震断层和 1946 年的台南地区地震断层。总的来看，中国的地震断层，西部的规模和错距要大于东部和台湾；其性质在西部以平移断层占优势，在东部以正断层和逆断层兼平移错动为主。

活动断层的现今运动，根据跨断层的短水准、短基线等形变测量，求其年平均滑动速率，并依据断层上最大的年平均滑动速率（v），把活动断裂的现今运动分为四级。一级：$v \geqslant 10$ mm/年，如沧东断裂垂直滑动为 14 mm/年，为右旋走滑正断层；鲜水河段为左旋走滑，达 10 mm/年。二级：10 mm/年$>v\geqslant$1 mm/年，例如华北的滦县、宝坻、聊城—兰考，西北的祁连山北麓，西南的绿汁江、曲江、楚雄等断裂。三级：1 mm/年$>v\geqslant$0.1 mm/年，各地均有分布，例如郯城—庐江和邵武—河源断裂，等等。四级：$v<$0.1 mm/年，为数较少。

地震的大小与活动断层现今活动的速率大小有一定的相关性，活动速率较大的一、二级断裂，也往往是近年来强震活动的地带，如 1973 年炉霍地震和 1976 年唐山地震均发生在一级断裂上，1970 年通海地震和 1983 年菏泽地震都发生在二级断裂上。再则，一个地区断裂当前活动水平的高低与地震活动水平也有一定的相关性，如华北和西南断裂的活动速率较大，而近年来 $Ms>6$ 级以上地震也相应较频繁。西北地区在 20 世纪 20—50 年代，是一个强震十分活跃的地区。但近年来断层活动速率较慢，而地震活动也相应较弱。

此外，活动断裂的分区和活动断裂相对不发育区，由于同一力学性质和走向的断裂往往在某一地区特别发育，并为一定的大地构造区域所控制，因而就构成了一定类型的活动断裂区，如华北右旋平移正断层区，西北地区逆、冲兼平移断层区，台湾平移逆断层区等。在一定程度上反映了断裂活动的性质和应力场作用方式的基本特征。

断层描述顺序先由国内自东向西、自北向南，在周边扩展部分由西部自北而南，最后至东部扩展部分。

国内各活动断层见图 3-1 和表 3-1～表 3-5：

1a，郯庐北段敦化—沈阳南 135°E，48°N；123°E，41°M。

1b，郯庐中段 120°E，38°N；117°E，32°N。

1c，郯庐南段 117°E，31.5°N；115°E，30°N。

2，长白山—巴彦卓尔 135°E，48°N；123°E，42°N。

3，华县杭州湾 109.5°E，34.5°N. 121°E，30.5°N。

4，泉州海口 119°E，25°N；112°E，20°N；111°E，24.5°N，109°E，24.5°N。

5a，琉球花莲屏东 135°E，27°N，122°E，24°N；121°E，22°N，为洋壳菲律宾块体

向西向北俯冲直插地下 50～300 km 处，说明在此存在中等深源地震。

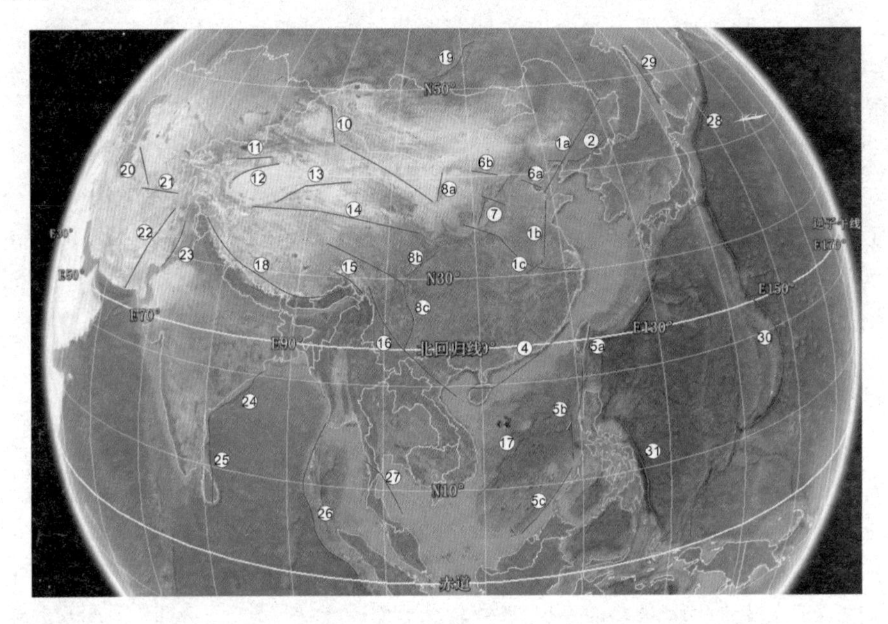

图 3－1　中国及邻区活动断层（张军龙绘制）红线表示活动断层；号码表示断层

5b，在中国南海东侧由北到南有一条左列近 SN 向，长约 1 000 km，19°N，119°E，11°E，119°E。

5c，在中国南海东侧由北到南有一条 NE 向，长约 1 000 km，菲律宾西 12°N，119°E，6°N，114°E。

6a，张家口渤海 38.5°N，115.6°E，39°N，119°E。

6b，五原包头 40.6°N，108°E，40.5°N，110.5°E。

7，桑干河滹沱河盆地宽 150～250 km，114°E，40.5°N，112°E，38.5°N；106.4°E，39.3°N。汾河涑水盆地宽 200～300 km，113.5°E，37.5°N，111°E，35°N，长约 600 km，左列。

8a，贺兰山山前 106.4°E，39.3°N；105.9°E，37.5°N。

8b，龙门山 105.5°E，33°N；102°E，30°N。

8c，小江断裂 103.5°E，27.5°N，103.5°E，24.5°N。

9，祁连山宁夏海原 94°E，40°N；105°E，36.5°N，宽 300 km。

10，阿尔泰富蕴 89.5°E，47°N；91°E，44°N，宽 100 km。

11，北天山伊犁河谷 75°E，44°N；85°E，43°N，宽 100 km。

12,乌恰天山 76°E,40°N;84°E,42°N。

13,阿尔金山 82°E,38°N;95°E,45°N, 宽 600 km,NEE 走向。

14,昆仑山可可西里 81°E,36.5°N;99°E,32.2°N 宽 500 km,NWW 走向,中等深度地震 50～300 km,新疆塔什库尔干深震群区。

15, 察隅那曲 95°E,32°N;97°E,28.5°N,NW 走向。

16,察隅北部湾 97°E,30°N;108°E,18°N, NW 走向,长约 1 600 km。

17,南海中南半岛东南缘 16°N,112°E;10°N,110°E,NE 走向,长约 900 km。

18,喜马拉雅山前 80°E,33°N;97°E,27°N, NW 走向,长约 1 400 km。

19,俄贝加尔地堑 55°N,114°E;51°N,105°E, NE 走向,长约 700 km,向东南突。

20,土库曼斯坦 右旋 40°N,55°E;36°N,61°E,NNW 走向,长约 500 km。

21,阿富汗 36°N,61°E;36°N,69°E,近 EW 走向,长约 500 km。

22,印度贾姆纳格尔 35°N,68°E;21°N,70°E, NNE 走向,长约 1 000 km,左旋走滑。

表 3-1

起止	岩性	深部	断带			面上		
			E 弹性模量 kg/cm^2	μ 泊松比	R 容重 g/cm^3	E 弹性模量 kg/cm^2	μ 泊松比	R 容重 g/cm^3
1a,郯庐北段 敦化—沈阳南 起点 135°E,48°N; 终点 123°E,41°N	砂页岩	断裂地下 7 km 止,沉积层厚 7 km,上地壳厚 7 km	21	0.40	2.4	42	0.20	2.46
	花岗岩岩	中地壳厚 15 km	40	0.20	2.60	80	0.10	2.64
	玄武岩	下地壳厚 16 km	42	0.20	2.8	84	0.10	2.84
1b,郯庐中段 起点 120°E,38°N; 终点 117°E,32°N	砂页岩 花岗岩 岩	断裂地下 7 km 止,沉积层厚 7 km,上地壳厚 9 km	21 40 40	0.40 0.20 0.20	2.4 2.60 2.60	42 80 80	0.20 0.10 0.10	2.46 2.64 2.64
	花岗岩岩	中地壳厚 22 km	42	0.20	2.60	84	0.10	2.64
	玄武岩							
1c,郯庐南段 起点 117°E,31.5°N; 终点 115°E,30°N	砂页岩	断裂地下 4 km 止	21	40	2.4	42	20	2.46
	花岗岩	中地壳厚 22 km	40	0.20	2.60	80	0.10	2.64
	玄武岩	下地壳厚 10 km	42	0.20	2.60	84	0.10	2.64

23 印度莫拉达巴德 30°N,72°E;28°N,69°E, NNE走向,长约600 km。

24 印度加尔各达 22°N,88°E;18°N,81°E, NE走向,长约500 km。

25 印度维杰亚瓦达 18°N,81°E;8°N,81°E, 近NS走向,长约600 km。

26 印尼苏门答腊 16°N,94°E;0°N,98°E,走向由NNE转为NNW, 长约1 600 km。

27 缅甸 12°N,98°E;8°N,101°E,走向由NW转为NNW, 长约600 km,左旋走滑。

表 3-2

起 止	岩 性	深 部	断 带			面 上		
			E 弹性模量 kg/cm²	μ 泊松比	R 容重 g/cm³	E 弹性模量 kg/cm²	μ 泊松比	R 容重 g/cm³
2,长白山—巴彦卓尔 135°E,48°N;123°E,41°N	砂页岩	断裂地下10 km止,沉积层厚10 km,上地壳厚19 km	21	0.40	2.4	42	0.20	2.46
	花岗岩	中地壳厚18 km	42	0.24	2.6	84	0.20	2.65
	玄武岩	下地壳厚30 km	42	0.23	2.8	84	0.20	2.86
3,华县杭州湾 109.5°E,34.5°N;121°E,30.5°N	砂页岩	断裂地下5 km止	21	0.23	2.4	42	0.20	2.46
	花岗岩	上地壳厚15 km	42	0.24	2.6	84	0.20	2.65
	玄武岩	中地壳厚10 km	42	0.23	2.8	84	0.20	2.86
	玄武岩	下地壳厚15 km	42	0.23	2.8	84	0.20	2.86
4,泉州海口 119°E,25°N;112°E,20°N	砂页岩	断裂地下7 km止 沉积层厚1 km	21	0.40	2.4	42	0.20	2.42
	玄武岩	玄武岩厚2 km	42	0.23	2.8	84	0.20	2.86
	花岗岩	上地壳厚13 km	42	0.24	2.6	84	0.20	2.65
	玄武岩	中地壳厚15 km	42	0.23	2.8	84	0.20	2.86
	玄武岩	下地壳厚16 km	42	0.23	2.8	84	0.20	2.86
5a,135°E,27°N 122°E,24°N;121°E,22°N 琉球花莲屏东	砂页岩	断裂直达地壳底界厚2 km	21	0.40	2.4	42	0.20	2.42
	花岗岩	厚8 km	42	0.24	2.6	84	0.20	2.65
	玄武岩	中地壳厚10 km	42	0.23	2.8	84	0.20	2.86
	玄武岩	下地壳厚15 km	42	0.24	2.8	84	0.20	2.86
5b,19°N,119°E;11°N,119°E;左列	玄武岩	断裂西侧为洋壳*	42	0.24	2.8	84	0.20	2.86
	砂页岩		21	0.40	2.4	42	0.20	0.42
5c,12°N,119°E;6°N,114°E	砂页岩		21	0.40	2.4	42	0.20	0.42

* 断层西侧为洋壳菲律宾块体向西向北俯冲直插地下50～300 km处,说明在此存在中等深源地震

28 日本本州北琉球 50.3°N,152.9°E;25°N,122°E,走向由 NNE 转为 NE，长约 2 600 km。

29 俄萨哈林 55°N,142°E;46°N,141°E，近 NS 走向,长约 1 000 km。

30 小笠原关岛 35°N,141°E;0°N,131°E 近 NS 走向,长约 36 00 km，向 ES 突出弧。

1a,郯庐北段敦化—沈阳南　　断层深度=7+7+7+15+16=52 km

1b,郯庐中段　　断层深度=7+7+9+22+10=55 km

1c,郯庐南段　　断层深度=4+22+10=36 km

135°E,48°N 表示东经 135°,北纬 48°。

117°E,31.5°N 表示东经 117°,北纬 31.5°。

- 断裂地下 7 km 止,沉积层厚 7 km,上地壳厚 7 km。
- 中地壳厚 15 km。
- 下地壳厚 16 km。

表　3-3

起　止	岩性	深　部	断裂带			非断裂带		
			E 弹性模量 kg/cm^2	μ 泊松比	R 容重 g/cm^3	E 弹性模量 kg/cm^2	μ 泊松比	R 容重 g/cm^3
6a,张家口渤海,119°E,39°N;115.6°E,38.5°N	砂页岩	断裂地下 18 km 止，沉积层厚 18 km,上地壳厚 18 km	21	0.20	2.4	42	0.40	2.46
	花岗岩	中地壳厚 15 km	42	0.12	2.6	84	0.24	2.65
	玄武岩	下地壳厚 12 km	42	0.20	2.8	84	0.23	2.86
6b,五原包头*110.5°E,40.5°N;108°E,40.6°N	砂页岩	断裂地下 10 km 止,沉积层厚 1 km	21	0.42	2.4	42	0.21	2.46
	片麻岩	片麻岩厚 9 km，上地壳厚 10 km	21	0.20	2.8	42	0.10	2.85
	花岗岩	中地壳厚 15 km	42	0.12	2.6	84	0.24	2.65
	玄武岩	下地壳厚 20 km	42	0.20	2.8	84	0.23	2.86

* 宽 200 km(张家口渤海),宽 500 km(五原包头)。

表 3-4

起止	岩性	深部	断裂带			非断裂带		
			E弹性模量 kg/cm²	μ泊松比	R容重 g/cm³	E弹性模量 kg/cm²	μ泊松比	R容重 g/cm³
7，汾渭地堑桑干河盆地宽150～250 km 114°E，40.5°N；112°E，38.5°N	砂页岩	断裂地下4 km止，沉积层厚4 km，上地壳厚25 km	21	0.42	2.4	42	0.21	2.46
	花岗岩岩		42	0.12	2.6	84	0.24	2.65
	花岗岩岩	中地壳厚5 km	42	0.12	2.6	84	0.24	2.65
	玄武岩	下地壳厚13 km	42	0.11	2.8	84	0.22	2.86
>滹沱河盆地宽200～300 km，106.4°E，39.3°N	砂页岩	沉积层厚4 km，上地壳厚25 km，中地壳厚5 km，下地壳厚13 km	21	0.45	2.4	42	0.21	2.46
	花岗岩		42	0.12	2.6	84	0.24	2.65
	花岗岩		42	0.12	2.6	84	0.24	2.65
	玄武岩		42	0.12	2.8	84	0.24	2.86
>汾河涑水盆地宽150 km，113.5°E，37.5°N；111°E，35.5°N	砂页岩	沉积层厚4 km，上地壳厚25 km，中地壳厚5 km，下地壳厚13 km	21	0.45	2.4	42	0.21	2.46
	花岗岩		42	0.12	2.6	84	0.24	2.65
	花岗岩		42	0.12	2.6	84	0.24	2.65
	玄武岩		42	0.12	2.8	84	0.24	2.86
>涑河盆地宽150 km，112°E，35.5°N；110.6°E，34.5°N	砂页岩	沉积层厚4 km，上地壳厚25 km，中地壳厚5 km，下地壳厚13 km	21	0.21	2.4	42	0.42	2.46
	花岗岩		42	0.12	2.6	84	0.24	2.65
	花岗岩		42	0.12	2.6	84	0.24	2.65
	玄武岩		42	0.12	2.8	84	0.24	2.86

* 山西断裂系即汾渭地堑，由桑干河盆地、滹沱河盆地、汾河盆地、涑河盆地组成，它们呈纵向右列。

表　3－5

起　止	岩　性	深　部	断裂带			非断裂带		
			E 弹性模量 kg/cm^2	μ 泊松比	R 容重 g/cm^3	E 弹性模量 kg/cm^2	μ 泊松比	R 容重 g/cm^3
8a，贺兰山山前，106.4°E，39.3°N；105.9°E，37.5°N	砂页岩	断裂地下 5 km 止，沉积层厚 5 km，上地壳厚 15 km，中地壳厚 7 km，下地壳厚 26 km	21	0.21	2.4	42	0.42	2.46
	花岗岩		42	0.12	2.6	84	0.24	2.65
	花岗岩		42	0.12	2.6	84	0.24	2.65
	玄武岩		42	0.12	2.8	84	0.24	2.86
8b，龙门山 105.5°E，33°N；102°E，30°N	砂页岩	沉积层厚 2 km，18 km 属上地壳，中地壳厚 5 km，下地壳厚 25 km	21	0.21	2.4	42	0.42	2.46
	花岗岩		42	0.12	2.6	84	0.24	2.65
	花岗岩		42	0.12	2.6	84	0.24	2.65
	玄武岩		42	0.12	2.8	84	0.24	2.86
8c，小江断裂，103.5°E，27.5°N；103.5°E，24.5°N	砂页岩	沉积层厚 10 km，8 km 花岗岩属上地壳，中地壳厚 5 km，下地壳厚 25 km	21	0.21	2.4	42	0.42	2.46
	花岗岩		42	0.12	2.6	84	0.24	2.65
	花岗岩		42	0.12	2.6	84	0.24	2.65
	玄武岩		42	0.12	2.8	84	0.24	2.86

* 小江断盆往西宽 400 km，沿 105.5°经线展布的 SN 向的左旋断裂，与南边 NW 向通海右旋断裂，构成向南移动的菱型块体。

表 3－6

<table>
<tr><th rowspan="2">起　止</th><th rowspan="2">岩　性</th><th rowspan="2">深　部</th><th colspan="3">断裂带</th><th colspan="3">非断裂带</th></tr>
<tr><th>E 弹性模量
kg/cm^2</th><th>μ 泊
松比</th><th>R 容重
g/cm^3</th><th>E 弹性模量
kg/cm^2</th><th>μ 泊
松比</th><th>R 容重
g/cm^3</th></tr>
<tr><td rowspan="4">9，祁连山海原
94°E，40°N；
105°E，36.5°N，
宽 300 km</td><td>砂页岩</td><td rowspan="4">断裂地下 6 km 止，沉积层厚 8 km，上地壳厚 14 km，中地壳厚 16 km，下地壳厚 22 km，上中下地壳总厚 52 km</td><td>21</td><td>0.44</td><td>2.4</td><td>42</td><td>0.22</td><td>2.46</td></tr>
<tr><td>片麻岩</td><td>21</td><td>0.20</td><td>2.8</td><td>42</td><td>0.10</td><td>2.85</td></tr>
<tr><td>花岗岩</td><td>42</td><td>0.24</td><td>2.6</td><td>84</td><td>0.12</td><td>2.65</td></tr>
<tr><td>花岗岩</td><td>42</td><td>0.24</td><td>2.6</td><td>84</td><td>0.12</td><td>2.65</td></tr>
<tr><td rowspan="4">10，阿尔泰
富蕴
89.5°E，47°N；
91°E，44°N，
宽 100 km
NNW 走向</td><td>玄武岩</td><td rowspan="4">上地壳厚 22 km，中地壳厚 10 km，下地壳厚 18 km，上中下地壳总厚 km</td><td>42</td><td>0.24</td><td>2.8</td><td>84</td><td>0.12</td><td>2.86</td></tr>
<tr><td>花岗岩</td><td>42</td><td>0.24</td><td>2.6</td><td>84</td><td>0.12</td><td>2.65</td></tr>
<tr><td>玄武岩</td><td>42</td><td>0.24</td><td>2.8</td><td>84</td><td>0.12</td><td>2.86</td></tr>
<tr><td>玄武岩</td><td>42</td><td>0.24</td><td>2.8</td><td>84</td><td>0.12</td><td>2.86</td></tr>
<tr><td rowspan="3">11，北天山伊犁
河谷，
75°E，47°N；
85°E，42°N
宽 100 km</td><td>砂页岩</td><td>断裂地下 7 km 止，沉积层厚 7 km，上地壳厚 30 km</td><td>21</td><td>0.45</td><td>2.4</td><td>42</td><td>0.22</td><td>2.46</td></tr>
<tr><td>花岗岩</td><td>中地壳厚 5 km</td><td>42</td><td>0.24</td><td>2.6</td><td>84</td><td>0.12</td><td>2.65</td></tr>
<tr><td>玄武岩</td><td>下地壳厚 10 km</td><td>42</td><td>0.23</td><td>2.8</td><td>84</td><td>0.11</td><td>2.86</td></tr>
<tr><td rowspan="4">12，乌恰
天山，
76°E，40°N；
84°E，42°N</td><td>砂页岩</td><td>上地壳厚 7 km</td><td>21</td><td>0.45</td><td>2.4</td><td>42</td><td>0.22</td><td>2.46</td></tr>
<tr><td>花岗岩</td><td>中地壳厚 15 km</td><td>42</td><td>0.24</td><td>2.6</td><td>84</td><td>0.12</td><td>2.65</td></tr>
<tr><td>花岗岩</td><td>下地壳厚 28 km</td><td>42</td><td>0.24</td><td>2.6</td><td>84</td><td>0.12</td><td>2.65</td></tr>
<tr><td>玄武岩</td><td>上中下地壳总厚 50 km</td><td>42</td><td>0.23</td><td>2.8</td><td>84</td><td>0.11</td><td>2.86</td></tr>
</table>

续表

起止	岩性	深部	断带			面上		
			E弹性模量 kg/cm^2	μ泊松比	R容重 g/cm^3	E弹性模量 kg/cm^2	μ泊松比	R容重 g/cm^3
13,阿尔金山,82°E,38°N;95°E,43°N 宽600 km,NE走向	砂页岩	断裂地下2 km止,厚5 km,上地壳厚7 km	21	0.44	2.4	42	0.21	2.45
	花岗岩		42	0.24	2.6	84	0.12	2.65
	花岗岩	中地壳厚13 km	42	0.24	2.6	84	0.12	2.65
	玄武岩	下地壳厚30 km	42	0.24	2.8	84	0.12	2.86
14,昆仑山可可西里,81°E,36.5°N;99°E,32°N 宽500 km,NWW走向,中等深度地震50～300 km,新疆塔什库尔干深震群区	砂页岩	厚2 km,上地壳厚23 km,壳厚25 km,中地壳厚25 km,下地壳厚25 km,上中下地壳总厚75 km	21	0.44	2.4	84	0.12	2.86
	花岗岩		42	0.24	2.6	84	0.12	2.65
	花岗岩		42	0.24	2.6	84	0.12	2.65
	玄武岩		42	0.24	2.4	84	0.12	2.86
15,察隅那曲 95°E,32°N;97°E,28°N	砂页岩	上地壳厚27 km,中地壳厚23 km,下地壳厚25 km,上中下地壳总厚75 km	42	0.44	2.4	84	0.12	2.46
	花岗岩		42	0.24	2.4	84	0.12	2.65
	玄武岩		42	0.24	2.4	84	0.12	2.86
	玄武岩		42	0.24	2.4	84	0.12	2.86
16,察隅北部湾 30°N,97°E;18°N,108°E	片岩		0.03	0.8	10	0.04	1.3	
17,南海中南半岛东南缘,16°N,112°E,10°N,110°E	砂岩		11.2	0.04	0.8	25.1	0.25	1.23

续表

起　止	岩　性	深　部	断裂带			非断裂带		
			E 弹性模量 kg/cm^2	μ 泊松比	R 容重 g/cm^3	E 弹性模量 kg/cm^2	μ 泊松比	R 容重 g/cm^3
18,喜马拉雅山前,33°N,80°E 27°N,97°E	片岩		7	0.03	0.8	25.1	0.25	1.23
19,俄贝加尔地堑,55°N,114°E;51°N,105°E	玄武岩		42	0.44	2.4	84	0.12	2.46
20,土库曼斯坦,40°N,55°E;36°N,61°E	片岩		7	0.03	0.8	25.1	0.25	1.23
21,阿富汗,36°N,61°E;36°N,69°E	砂岩		11.2	0.04	0.8	25.1	0.25	1.23
22,印度贾姆纳格尔,35°N,68°E 21°N,70°E	玄武岩		42	0.44	2.4	84	0.12	2.46
23,印度莫拉达巴德,30°N,72°E 28°N,69°E	玄武岩		42	0.44	2.4	84	0.12	2.46
24,印度加尔各达,22°N,88°E 18°N,81°E	砂岩		11.2	0.04	0.8	25.1	0.25	1.23
25,印度维杰亚瓦达,18°N,81°E;8°N,81°E	砂岩		11.2	0.04	0.8	25.1	0.25	1.23
26,印尼苏门答腊 16°N,94°E 0°N,98°E	砂岩		11.2	0.04	0.8	25.1	0.25	1.23

续表

起　止	岩　性	深　部	断裂带			非断裂带		
			E 弹性模量 kg/cm²	μ 泊松比	R 容重 g/cm³	E 弹性模量 kg/cm²	μ 泊松比	R 容重 g/cm³
27，缅甸，12°N，98°E；8°N，101°E	玄武岩		42	0.44	2.4	84	0.12	2.46
28，日本本州北北琉球 50°N，153°E；25°N，122°E	玄武岩		42	0.44	2.4	84	0.12	2.46
29，俄萨哈林 55°N，142°E；46°N，141°E	玄武岩		42	0.44	2.4	84	0.12	2.46
30，小笠原关岛 35°N，141°E；0°N，131°E	玄武岩		42	0.44	2.4	84	0.12	2.46

参考资料

[1]　杨天锡，刘百篪，姚俊仪，等．1927 年 5 月 23 日甘肃古浪 8 级地震烈度分布及地震特征．东北地震研究，1991：7(1)，59－67.

[2]　赵瑞斌，沈军，李军．1902 年新疆阿图什 8(1/4)级地震形变特征与发震模式初探．地震地质，2001：23(4)，493－500.

[3]　马杏垣．1：400 万中国及邻近海域岩石圈动力学图及说明书．北京：地震出版社，1987.

[4]　Ma Xingyuan. Lithospheric Dynamics Map of China and Adjacent Seas. Scale 1：4000000. Geological Publishing House，Beijing，1986.

[5]　国家地震局地质研究所，宁夏回族自治区地震局．中国活断层研究专辑：宁夏

海原活动断裂带.北京:地震出版社,1990.

[6] Weng Wenbo. Theory of Forecasting, 1991.

[7] 薄万举,杨国华,张风霜.汶川 Ms 8.0 级地震孕震机理形变证据与模型推演.地震,2009:29(1),83-91.

[8] 邓起东. 中国活动构造图.北京:地震出版社,2004.

[9] 翁文波.预测论.门可佩,译.北京文波经济与自然灾害预测研究所,2007.

第4章　参考地球模型*

彭云楼

［作者简介］　彭云楼，男，浙江瑞安人，1936年12月生，1959年毕业于南京大学天文系，1986年晋升为副教授，曾任南京大学天文系副主任，曾作为访问学者在美国海军天文台从事天文地球动力学研究工作。

笔者在着手写本章之前，阅读了本章后面所列的一些文献以及中国大百科全书固体地球物理学卷中地球内部的构造和物理性质、地震波等条目，考虑到整个课题旨在探索全日食和地震的相关关系。因此，近年来仍被广泛认可和使用的PREM滞弹性地球模型已能满足我们的计算需要。如果需要进一步具体预报某一特定地域的地震，则需要采用所列文献中的有关数据。根据天文学得知的地球质量和大地测量所得的地球形状，以及地震体波的走时、振幅、地震面波的频散，地球自由振荡的本征周期，与一些其他数据，可以反演得到较精确描述地球内部震波速度和密度，以及弹性特征的分层模型，例如容积模量与剪切模量等，称为参考地球模型(PREM)。它代表某种平均的地球模型。PREM是一个初步的参考地球模型，虽然它是初步的，但比较好用，目前仍在使用。本章着重介绍PREM。

一、建立地球模型所需的资料库

1. 天文测地资料

地球半径(R)　　$(6\ 371\ 012 \pm 15)$ m

地球质量(M)　　$(5.974\ 2 \pm 0.000\ 6) \times 10^{24}$ kg

平均密度($\bar{\rho}$)　　5.517 g/cm^3

转动惯量 I　　$y = I/MR^2 = (0.330\ 85 \pm 0.000\ 015)$

M和I可观测求得。给出的整个地球的密度分布必须符合观测值，计算求得的地球平均密度分布也应当等于实测的地球平均密度，这些是约束资料。

2. 地球自由振荡的资料。

地球自由振荡是地球局部受到某种因素的激发时，地球整体产生的连续振动。

---

* 本章编写过程中得到高布锡研究员和汤靖师博士的帮助，谨致谢意。

振动周期一般为数十秒到数十分钟。通常振动很微弱，只有用灵敏的可探测长周期振动的重力仪、应变地震仪和长周期地震仪才能记录到。大地震激发的地球长周期自由振荡往往连续几天直至几个星期才会逐渐消失。按照地球自由振荡的形式可分为两类，球形振荡和环形振荡。地球作球形振荡时，其质点位移既有径向分量，也有水平分量，它是无旋转振动。地球作环形振荡时，各质点只在以地心为球心的同心球面上振动，位移无径向分量，地球介质只产生剪切形变，无体积变化。求解地球自由振荡频率属于求解弹性地球运动方程边值问题的一种特殊类型，即特征值问题。它满足如下的边界条件后，相应的频率就是本征频率，与本征频率相应的振动称为本征振荡。每一种本征振荡都对应一种驻波，是地球的一种谐振形式。至今已观测到的本征振荡频率已达 1 000 多个，其中球形震荡约占 2/3，环形震荡约占 1/3。

这些边界条件是，在地球表面上（$r=a$ 时），

径向应力　　　　$y_2=0$

切向应力　　　　$y_4=0$

而重力扰动位的径向因子 y_5 和与扰动位有关的重力变化因子 y_6 有

$$\frac{1}{a}(n+1)y_5+y_6=0$$

计算方法是在给定阶数 n 之后，求出满足边界条件的各项谐音，一般记为 S_n^l，在某一阶中频率最低者（或周期最长者）为主简正模（$l=0$），以下依次为一次（$l=1$），二次和三次谐音等（$l=2,3,\cdots$）。n 最小时（0 或 1）的本征频率称基频。

计算不同地球模型产生的自由震荡频率，并和观测频率对比，可以检验并改善地球模型，因此，对它的研究已成为检验地球内部构造的重要手段。

在建立 PREM 时，使用了 1 000 多个简正模的本征频率的测量数据，其测量精度有明显的变化，对一些环形谐音为 4×10^{-3}。

3. 体波资料

研究地球内部构造的最可靠的一组数据（或资料）是地震波速度分布。地震波速度同地球内部物质的物理性质和化学组成有关。地震波有体波与面波，研究某一区域的体波与面波，可以求得该处的深层结构以及它的横向不均匀性。体波有纵波（P）和横波（S），在介质中任一点的纵波速度（v_P）恒大于同一点的横波速度（v_S）。

体波的走时，从震源到达观测点所需的时间，观测资料是极大量的，和地球自由振荡的简正模观测相比，其优势是具有较高的径向分辨率，缺点是其绝对值存在相对性，体波资料对定义地幔区域和改善资料的分辨是重要的。为了获得有代表

性的全球体波资料组，利用国际地震中心(ISC)1964—1975 年的到达时间资料，研究 P 波和 S 波的走时，去掉报告台站小于 30 个的事件后，保留约 26 000 个事件，有约 2×10^6 个 P 波和 0.25×10^6 个 S 波的到达时间。由于观测站的分布和震源分布是不均匀的，如何选取合理的加权方法是个重要的问题。通过许多实验，确定把地球分成若干个等面积的区域，导出每个区域内震源的走时曲线，然后平均全部走时曲线，这样可减少横向不均匀性产生的偏差，在具体实验中，用了 72 个区域，每个区域径向宽 30°，以保证区域的相同性。只有当给定的 1 度网格内有 5 个读数可用时，才计算平均到达时间。

笔者用体波资料作为速度变化的精细结构的约束，而不是作为绝对速度的强约束。因此笔者主要关心拟合走时曲线的形状，而差分走时和简正模资料提供了对绝对速度的约束。这样，即使这些资料包含震源和路径偏差，已能求得可高精度地满足这些资料的球对称地球模型。

4. 长周期面波资料

面波只能沿着界面传播，在垂直于界面的方向并不传播，面波有多种，最主要的叫做瑞利波和洛夫波。瑞利波存在于地球表面之下，其振幅在地面最大，随深度而呈指数减小。瑞利波不是单纯的 P 波或 S 波，而是两种成分都有。洛夫波发生时，介质至少要有两层，上层中的 v_S 要小于下层中的 v_S。面波存在于分界面之下，传播速度介于上下层两个横波速度之间。洛夫波是横波。在地震记录上，以上两种面波的振幅一般比体波大。

在成层的或速度随深度变化的介质中还可能存在其他类型的面波和导波，其中最主要的是广义的瑞利波和广义的洛夫波，它们与以上的瑞利波和洛夫波不同之处在于它们的传播速度随波的频率而变化。这个速度与频率的关系曲线叫做频散曲线。它的形状与地下岩石的成层结构和各层中的体波速度有关。因此，如果能在地面上测得各种频率的瑞利波或洛夫波的传播速度，就可以推断地下的成层结构。

在地球内部，由于介质的不均匀和非完全弹性，也会导致地震体波的频散。

建立 PREM 的资料库中包含 Kanamari 等人提供的 1970—1980 年的面波频散测量资料。

二、模型的地球内部分层结构

人们要的是一个数字化的平均地球模型。在地球内部最上面的数十千米内横向不均匀性是如此之大，以致平均模型不能反映实际的地球结构。在构建深度 100 km 范围的结构时，采用了加权平均的概念：假定海洋覆盖了地球表面的 2/3，海洋面到莫霍层的平均深度是 11 km,在陆地是 35 km,从而得出平均地球中莫霍层的深度是 19 km,把它作为试验的初始值。

地球内部分成以下几个区域:

(1)海洋层。

(2)上地壳和下地壳。

(3)低速度区(LVZ)上面的区域(LID),有人称为盖层,这是地震岩石圈的主要部分,但当去掉各向同性的假定之后,LID 和 LVZ 之间的区分就显得不太重要了。

(4)低速度区(LVZ)。

(5)低速度区和深度 400 km 的不连续层之间的区域,有人称为均匀层。上地幔包含 LID,LVD 和均匀层。

(6)从 400 km 不连续层到 670 km 不连续层之间的区域,称为过渡层。

(7)下地幔,它被细分为三个部分。

(8)外核。

(9)内核。

从实用观点来看,这样一个标准的结构分层是很方便的。

三、初始模型

初始模型包括初始速度模型和初始密度模型。

1. 初始速度模型

上地幔速度模型的设计是建立初始模型中最繁复的部分,基于许多他人的研究,确定把不连续层定位在深度 220 km,400 km 和 670 km 处,开始时把岩石圈底部定在 80 km 处,然后把速度调整到能满足距离远达 25°的国际地震中心的走时资料上。为了得到与远震的交叉点在 24°处,降低了 600 km 以下 S 波的速度梯度。

一旦设定最上层 670 km 的初始速度模型,就可去掉上地幔,把余下的资料反演得到下地幔的结构。这时需要引入下地幔的两个特征。第一个,也是最重要的,是核-幔界面上方约 150 km 处有二阶不连续性,在此深度上速度梯度突然变化,变成负值。另一个特征是在 670 km 不连续层下面附近,存在一个大速度梯度区,它延伸到 771 km 处。下地幔模型由三个区域组成,半径分别为 3 485 km 到 3 630 km,3 630 km 到 5 600 km 和 5 600 km 到 5 701 km。为了使连接处的速度是连续的,用半径的三次方多项式来表达其速度。

P 波速度的初始模型预测的走时和观测值符合程度为均方差 0.06^{s}。S 波速度资料的弥散要比P波速度大一个量级,它显示不出上述P波资料所示的精细结构,因此先假定其不连续性所在的深度和P波相同,再来反演。

因为对于内核和外核知之甚少。故先假定它们都是均匀的,然后用4次有限应变理论来构建外核的P波速度模型和内核的P波与S波速度模型。

2. 初始密度模型

假定从地心到670 km不连续层之间的各个分区都满足Adams-Willamson方程。

仿照伯奇(F. Birch),假定上地幔的密度和P波波速度 v_P 有线性关系 $P=a+bv_P$,a 和 b 为常数。再指定下列参数:内外核边界处的密度跳变为 $-0.5\ g\cdot cm^{-3}$,地幔底部的密度为 $5.55\ g\cdot cm^{-3}$,莫霍界面下方的密度为 $3.32\ g\cdot cm^{-3}$,就可由给定的地球的质量和惯性矩,得出地心的密度为 $12.97\ g\cdot cm^{-3}$ 和670 km处的密度跳变为 $-0.35\ g\cdot cm^{-3}$。

3. 上地幔的各向异性

洛夫波和瑞利波资料的差异表明上地幔是各向异性的,但因为所用的资料是对多个方位的平均,任何残余的方位不均匀性都被平均掉了,所以只处理横向各向同性的球对应体,对称轴是垂直的(径向的)。对于这类各向异性有5个弹性参数 A,C,N,F,L。其中,A 和 C 可由测量沿垂直和平行于对称轴传播的P波速度来确定。$A=\rho v_{PH}^2$,$C=\rho v_{PV}^2$,ρ 是密度。

通常,剪切波波速依赖于偏振和传播方向,在垂直于对称轴的方向上有

$$N=\rho v_{SH}^2,\quad L=\rho v_{SV}^2$$

弹性系数 N 控制基频洛夫波的传播,第5个常数 F 是中间入射角的速度的函数,5个参量全部进入瑞利波的频散方程中。为方便起见,引进一个无量纲的各向异性参量 $\eta=F/(A-2L)$。

基频瑞利波的频散对 η 很敏感,各向异性参量 η 的扰动能导致自由振荡周期的大变化。对各向同性的固体,$A=C,L=N$ 和 $\eta=1$。各向异性的上地幔模型调和了瑞利波和洛夫波的资料,也可拟合短周期($<200^S$)瑞利波群速度的资料,这对震源的面波研究是很重要的。

4. 地球的滞弹性

地球的非弹性可分为流动性和滞弹性两种,滞弹性表示地球振动时能量损耗。地震波的振动随着振动时间增长或传播距离的增大而逐渐缩小,地球的滞弹性通常用无量纲的品质因子 Q 表示。Q 的定义是,在一个周期的振动中,储存于系统中的最大能量 E 与损耗的能量 ΔE 的比值,即

$$\frac{2\pi}{Q}=\frac{\Delta E}{E}=\frac{1}{E}\int\frac{\mathrm{d}E}{\mathrm{d}t}\mathrm{d}t$$

可见，能量损耗愈大，Q 值愈小。利用地震体波和地球自由振荡，可得到地球内部的不同深度的 Q 值。用 Q_μ 反映切向能量的损耗，通常认为地壳为 500，上地幔降为 100 左右，在 400 km 以下，又逐渐增大。

四、反演和最终模型

为了拟合大量精确的自由振荡和面波与体波的资料，必须引进非弹性频散和各向异性的假设，因此，得出的模型和频率有关。参考周期为 1 s 的初始模型，是由五个半径的函数(v_P, v_S, ρ, q_μ, q_k)来定义的，其中 $q=Q^{-1}$，q_μ 与 q_k 分别和剪切能与压缩能的各向同性损耗有关。对于地球的一个各向同性区域，自由振荡周期或体波走时的扰动可表达为

$$\frac{\delta T}{T}=\int_0^1\mathrm{d}r(\delta v_P\widetilde{P}+\delta v_S\widetilde{S}+\delta_\rho\widetilde{R}+\delta q_\mu\widetilde{M}\ln\tau+\delta q_k\widetilde{K}\ln\tau)+$$

(和不连续层半径变化有关的项) (4-1)

其中，τ 或代表自由振荡的周期(此时 $\tau=T$)，或者代表所讨论的体波的周期，衰减因子 q 的扰动为

$$\delta q=\int_0^1\mathrm{d}r(\delta q_\mu Q\widetilde{M}+\delta q_k Q\widetilde{K}) \tag{4-2}$$

显然，给定走时、自由振荡周期和它们的衰减因子的观测值，就可同时解决弹性和非弹性参量的反演。

假设每个区域的扰动可用半径的三阶多项式表示。如

$$\delta v_P=a_0+a_1r+a_2r^2+a_3r^3 \quad r_1\leqslant r\leqslant r_2$$

代入积分中，得到一个熟知的条件方程组，可用标准的程序来解。满足观测资料所需的多项式的阶次，是由反复试验得出的。

描述最终模型的多项式和参量列于表 4-1，如图 4-1 和图 4-2 所示。必须记住，给出的这些参量在参考周期为 1 s 时是正确的。对于其他周期，速度要按下列方程给出：

$$v_S(T)=v_S(1)\left(1-\frac{\ln T}{\pi}q_\mu\right)$$

$$v_P(T)=v_P(1)\left\{1-\frac{\ln T}{\pi}[(1-E)q_k+Eq_\mu]\right\} \tag{4-3}$$

式中

$$E=\frac{4}{3}(v_S/v_P)^2$$

表 4-2 给出了地球内部各种深度的 P 波波速 v_P，S 波波速 v_S，密度 ρ，容积模量 K，剪切模量 μ，压力 P 和重力。深度从 24.4～220 km，构造是各向异性的，表4-2中给出的是一个等效的各向同性的数值，这相当于对所有的入射角进行适当的平均的结果。

表 4-3 列出了参考周期 1 s 时的地壳和上地幔的各向异性的非弹性参量和等效的各向同性速度。对照表 4-2 和表 4-3，可以认为就研究的目的而言，表4-2所列的数据已经能满足计算需要。当然，随着观测技术的进步，观测资料的更新与丰富，处理方法与手段的完善，参考地球模型也会得以不断改进。但是可以肯定地说，它们不会影响用 PREM 数据计算得到的本研究的最终结论。

表 4-1 描述了 PREM 的表达式，变量 $x=r/6\ 371$ km(参考周期 1 s)。

表　4-1

区　域	半径/km	密度/$(g\cdot m^{-3})$	$v_P/(km\cdot s^{-1})$	$v_S/(km\cdot s^{-1})$	q_μ	q_k
内核	0～ 1 221.5	13.088 5− $8.838x^2$	11.262 2− $6.364\ 0x^2$	$3.667\ 8-4.4475x^2$	84.6	1 327.7
外核	1 221.5～ 3 480.0	12.581 5− $1.263\ 8x-$ $3.642\ 6x^2-$ $5.528\ 1x^3$	11.048 7− $4.036\ 2x+$ $4.802\ 3x^2-$ $13.573\ 2x^3$	0	∞	57 823
下地幔	3 480.0～ 3 630 0	7.956 5 − $6.476x+$ $5.528\ 3x^2-$ $3.080\ 7x^3$	15.389 1− $5.318\ 1x+$ $5.524\ 2x^2-$ $2.551\ 4x^3$	6.925 4+ $1.467\ 2x-$ $2.083\ 4x^2+$ $0.978\ 3x^3$	312	57 823
	3 630.0～ 5 600.0	7.956 5 − $6.476\ 1x+$ $5.528\ 3x^2-$ $3.080\ 7x^3$	24.952 0 − $40.467\ 3x+$ $51.483\ 2x^2-$ $26.641\ 9x^3$	11.167 1− $13.781\ 8x-$ $17.457\ 5x^2-$ $9.277\ 7x^3$	312	57 823
	5 600.0～ 5 701.0	7.956 5− $6.476\ 1x+$ $5.528\ 3x^2-$ $3.080\ 7x^3$	29.276 6− $23.602\ 7x+$ $5.524\ 2x^2-$ $2.551\ 4x^3$	22.345 9− $17.247\ 3x-$ $2.083\ 4x^2+$ $0.978\ 3x^3$	312	57 823

续表

区域	半径/km	密度/(g·m^{-3})	v_p/(km·s^{-1})	v_S/(km·s^{-1})	q_μ	q_k
过渡区	5 701.0～5 771.0	5.3197－1.483 6x	19.095 7－9.867 2x	9.983 9－4.932 4x	143	57 823
	5 771.0～5 971.0	11.249 4－8.029 8x	39.702 7－32.616 6x	22.351 2－18.585 6	143	57 823
	5 971.0～6 151.0	7.108 9－3.804 5x	20.926－12.256 9x	8.949 6－4.459 7x	143	57 823
			v_{pv}	v_{sv}	q_μ	q_k
低速度区*	6 151.0～6 291.0	2.691 0＋0.692 4x	0.831 7＋7.218 0x	5.858 2－1.467 8x	80	57 823
			V_{PH}	V_{SH}	η	
			3.590 8＋4.617 2x	－1.083 9＋5.717 6x	3.368 7－2.477 8x	
			v_{pv}	v_{sv}	q_μ	q_k
LID*	6 291.0～6 346.6	2.691 0＋0.692 4x	0.831 7＋7.218 0x	5.858 2－1.467 8x	600	57 823
			v_{PH}	v_{SH}	η	
			3.590 8＋4.617 2x	－1.08 39＋5.717 6x	3.368 7－2.477 8x	
					q_μ	q_k
地壳	6 346.6～6 356.0	2.900	6.800	3.900	600	57 823
	6 356.0～6 368.0	2.600	5.800	3.200	600	57 823
海洋	6 368.0～6 371.0	1.020	1.450	0	∞	57 823

* 深度 24.4 km 和 220 km 之间的区域是横向各向同性的，对称轴是垂直的，其有效各向同性速度近似为

$$v_P = 4.187\,5 + 3.938\,2x$$

$$v_S = 2.151\,9 + 2.348\,1x$$

表 4-2　PREM 地球模型(参考于周期 1 s)

层	半径/km	深度/km	密度/g·cm⁻³	v_P/km·s⁻¹	v_S/km·s⁻¹	容积模量 K/kbar	剪切模量 μ/kbar	P/kbar	g/(cm·s)²
1	0.0	6 371.0	13.088 48	11.262 2	3.667 8	14 253	1 761	3 638.524	0
2	100.0	6 271.0	13.086 3	11.260 64	3.666 7	14 248	1 759	3 636.131	36.56
3	200.0	6 171.0	13.079 77	11.255 93	3.663 42	14 231	1 755	3 628.956	73.11
4	300.0	6 071.0	13.068 88	11.248 09	3.65794	14 203	1 749	3 617.011	109.61
5	400.0	5 971.0	13.053 64	11.237 12	3.650 27	14 164	1 739	3 600.315	146.04
6	500.0	5 871.0	13.034 04	11.223 01	3.640 41	14 111	1 727	3 578.894	182.39
7	600.0	5 771.0	13.010 09	11.205 76	3.628 35	14 053	1 713	3 552.783	218.62
8	700.0	5 671.0	12.981 78	11.185 38	3.614 11	13 981	1 696	3 522.024	254.73
9	800.0	5 571.0	12.949 12	11.161 86	3.597 67	13 898	1 676	3 486.665	290.68
10	900.0	5 471.0	12.912 11	11.135 21	3.579 05	13 805	1 654	3 446.764	326.45
11	1 000.0	5 371.0	12.870 73	11.105 42	3.558 23	13 701	1 630	3 402.383	362.03
12	1 100.0	5 271.0	12.825 01	11.072 49	3.53522	13 586	1 603	3 353.596	397.39
13	1 200.0	5 171.0	12.774 93	11.036 43	3.51002	13 462	1 574	3 300.48	432.51
14	1 221.5	5 149.5	12.763 6	11.028 27	3.50432	13 434	1 567	3 288.513	440.02
15	1 221.5	5 149.5	12.166 34	10.355 68	0	13 047	0	3 288.502	440.03
16	1 300.0	5 071.0	12.125	10.309 71	0	12 888	0	3 245.423	463.68
17	1 400.0	4 971.0	12.069 24	10.249 59	0	12 679	0	3 187.493	494.13
18	1 500.0	4 871.0	12.009 89	10.187 43	0	12 464	0	3 126.159	524.77
19	1 600.0	4 771.0	11.946 82	10.122 91	0	12 242	0	3 061.461	555.48
20	1 700.0	4 671.0	11.879 9	10.055 72	0	12 013	0	2 993.457	586.14
21	1 800.0	4 571.0	11.809	9.985 54	0	11 775	0	2 922.221	616.69
22	1 900.0	4 471.0	11.734 01	9.912 06	0	11 529	0	2 847.839	647.04
23	2 000.0	4 371.0	11.654 78	9.834 92	0	11 273	0	2 770.407	677.15
24	2 100.0	4 271.0	11.571 19	9.753 93	0	11 009	0	2 690.035	706.97
25	2 200.0	4 171.0	11.483 11	9.668 65	0	10 735	0	2 606.838	736.45
26	2 300.0	4 071.0	11.390 42	9.578 81	0	10 451	0	2 520.942	765.56
27	2 400.0	3 971.0	11.292 98	9.484 09	0	10 158	0	2 432.484	794.25
28	2 500.0	3 871.0	11.190 67	9.384 18	0	9 855	0	2 341.603	822.48
29	2 600.0	3 771.0	11.083 35	9.278 76	0	9 542	0	2 248.453	850.23

续表

层	半径 km	深度 km	密度 $g \cdot cm^{-3}$	v_P $km \cdot s^{-1}$	v_S $km \cdot s^{-1}$	容积模量 K kbar	剪切模量 μ kbar	P kbar	g $(cm \cdot s)^2$
30	2 700.0	3 671.0	10.97 091	9.167 52	0	9 220	0	2 153.189	877.46
31	2 800.0	3 571.0	10.853 21	9.050 15	0	8 889	0	2 055.978	904.14
32	2 900.0	3 471.0	10.730 12	8.926 32	0	8 550	0	1 956.991	930.23
33	3 000.0	3 371.0	10.601 52	8.795 73	0	8 202	0	1 856.409	955.7
34	3 100.0	3 271.0	10.467 27	8.658 05	0	7 846	0	1 754.418	980.51
35	3 200.0	3 171.0	10.327 26	8.512 98	0	7 484	0	1 651.209	1 004.64
36	3 300.0	3 071.0	10.181 34	8.360 19	0	7 116	0	1 546.982	1 028.04
37	3 400.0	2 971.0	10.029 4	8.199 39	0	6 743	0	1 441.941	1 050.65
38	3 480.0	2 891.0	9.903 49	8.064 82	0	6 441	0	1 357.51	1 068.23
39	3 480.0	2 891.0	5.566 45	13.716 60	7.264 66	6 556	2 938	1 357.509	1 068.23
40	3 500.0	2 871.0	5.556 41	13.711 68	7.264 86	6 537	2 933	1 345.619	1 065.32
41	3 600.0	2 771.0	5.506 42	13.687 53	7.265 75	6 440	2 907	1 287.067	1 052.04
42	3 630.0	2 741.0	5.491 45	13.680 41	7.265 97	6 412	2 899	1 269.742	1 048.44
43	3 630.0	2 741.0	5.491 45	13.680 41	7.265 97	6 412	2 899	1 269.741	1 048.44
44	3 700.0	2 671.0	5.456 57	13.595 97	7.234 03	6 279	2 855	1 229.719	1 040.66
45	3 800.0	2 571.0	5.406 81	13.477 42	7.188 92	6 095	2 794	1 173.465	1 030.95
46	3 900.0	2 471.0	5.357 06	13.360 74	7.144 23	5 917	2 734	1 118.207	1 022.72
47	4 000.0	2 371.0	5.307 24	13.245 32	7.099 74	5 744	2 675	1 063.864	1 015.80
48	4 100.0	2 271.0	5.257 29	13.130 55	7.055 25	5 575	2 617	1 010.363	1 010.06
49	4 200.0	2 171.0	5.207 13	13.015 79	7.010 53	5 409	2 559	957.641	1 005.35
50	4 300.0	2 071.0	5.156 69	12.900 45	6.965 38	5 246	2 502	905.646	1 001.56
51	4 400.0	1 971.0	5.105 90	12.783 89	6.919 57	5 086	2 445	854.332	998.59
52	4 500.0	1 871.0	5.054 69	12.665 50	6.872 89	4 925	2 388	803.660	996.35
53	4 600.0	1 771.0	5.002 99	12.544 66	6.825 12	4 766	2 331	753.598	994.74
54	4 700.0	1 671.0	4.950 73	12.420 75	6.776 06	4 607	2 273	704.119	993.69
55	4 800.0	1 571.0	4.897 83	12.293 16	6.725 48	4 448	2 215	655.202	993.14
56	4 900.0	1 471.0	4.844 22	12.161 26	6.673 17	4 288	2 157	606.830	993.01
57	5 000.0	1 371.0	4.789 83	12.024 45	6.618 91	4 128	2 096	558.991	993.26
58	5 100.0	1 271.0	4.734 60	11.882 09	6.562 50	3 966	2 039	511.676	993.83

续表

层	半径/km	深度/km	密度/$\mathrm{g \cdot cm^{-3}}$	v_P/$\mathrm{km \cdot s^{-1}}$	v_S/$\mathrm{km \cdot s^{-1}}$	容积模量 K/kbar	剪切模量 μ/kbar	P/kbar	g/$(\mathrm{cm \cdot s})^2$
59	5 200.0	1 171.0	4.678 44	11.733 57	6.503 70	3 803	1 979	464.882	994.67
60	5 300.0	1 071.0	4.621 29	11.578 28	6.442 32	3 638	1 918	418.606	995.73
61	5 400.0	971.0	4.563 07	11.415 60	6.378 13	3 471	1 856	372.852	996.98
62	5 500.0	871.0	4.503 72	11.244 90	6.310 91	3 303	1 794	327.623	998.36
63	5 600.0	771.0	4.443 17	11.065 57	6.240 46	3 133	1 730	282.928	999.85
64	5 600.0	771.0	4.44316	11.065 56	6.240 46	3 133	1 730	282.927	999.85
65	5 650.0	721.0	4.412 41	10.910 05	6.094 18	3 067	1 639	260.783	1 000.63
66	5 701.0	670.0	4.380 71	10.751 31	5.945 08	2 999	1 548	238.342	1 001.43
67	5 701.0	670.0	3.992 14	10.266 22	5.570 20	2 556	1 239	238.334	1 001.43
68	5 736.0	635.0	3.983 99	10.212 03	5.543 11	2 523	1 224	224.364	1 000.88
69	5 771.0	600.0	3.975 84	10.157 82	5.516 02	2 489	1 210	210.426	1 000.38
70	5 771.0	600.0	3.975 84	10.157 82	5.516 00	2 489	1 210	210.425	1 000.38
71	5 821.0	550.0	3.912 82	9.901 85	5.370 14	2 332	1 128	190.703	999.65
72	5 871.0	500.0	3.849 80	9.645 88	5.224 28	2 181	1 051	171.311	998.83
73	5 921.0	450.0	3.786 78	9.389 90	5.078 42	2 037	977	152.251	997.90
74	5 971.0	400.0	3.723 78	9.133 97	4.932 59	1 899	906	133.527	996.86
75	5 971.0	400.0	3.543 25	8.905 22	4.769 89	1 735	806	133.520	996.86
76	6 016.0	355.0	3.516 39	8.818 67	4.738 40	1 682	790	117.702	995.22
77	6 061.0	310.0	3.489 51	8.732 09	4.706 90	1 630	773	102.027	993.61
78	6 106.0	265.0	3.462 64	8.645 52	4.675 40	1 579	757	86.497	992.03
79	6 151.0	220.0	3.435 78	8.558 96	4.643 91	1 529	741	71.115	990.48
80	6 151.0	220.0	3.359 50	7.989 70	4.418 85	1 270	656	71.108	990.48
81	6 186.0	185.0	3.363 30	8.011 80	4.431 08	1 278	660	59.466	989.11
82	6 221.0	150.0	3.367 10	8.033 70	4.443 61	1 287	665	47.824	987.83
83	6 256.0	115.0	3.370 91	8.055 40	4.456 43	1 295	669	36.183	986.64
84	6 291.0	80.0	3.374 71	8.076 88	4.469 53	1 303	674	24.546	985.53
85	6 291.0	80.0	3.374 71	8.076 89	4.469 54	1 303	674	24.539	985.53
86	6 311.0	60.0	3.376 88	8.089 07	4.477 15	1 307	677	17.891	984.93
87	6 331.0	40.0	3.379 06	8.101 19	4.484 86	1 311	680	11.239	984.37

续表

层	半径/km	深度/km	密度/(g·cm^{-3})	v_P/(km·s^{-1})	v_S/(km·s^{-1})	容积模量 K/kbar	剪切模量 μ/kbar	P/kbar	g/(cm·s)^2
88	6 346.6	24.4	3.380 76	8.110 61	4.490 94	1 315	682	6.043	983.94
89	6 346.6	24.4	2.900 00	6.800 00	3.900 00	753	441	6.040	983.94
90	6 356.0	15.0	2.900 00	6.800 00	3.900 00	753	441	3.370	983.32
91	6 356.0	15.0	2.600 00	5.800 00	3.200 00	520	266	3.364	983.31
92	6 368.0	3.0	2.600 00	5.800 00	3.200 00	520	266	0.303	982.22
93	6 368.0	3.0	1.020 00	1.450 00	0	21	0	0.299	982.22
94	6 371.0	0	1.020 00	1.450 00	0	21	0	−0.000	981.56

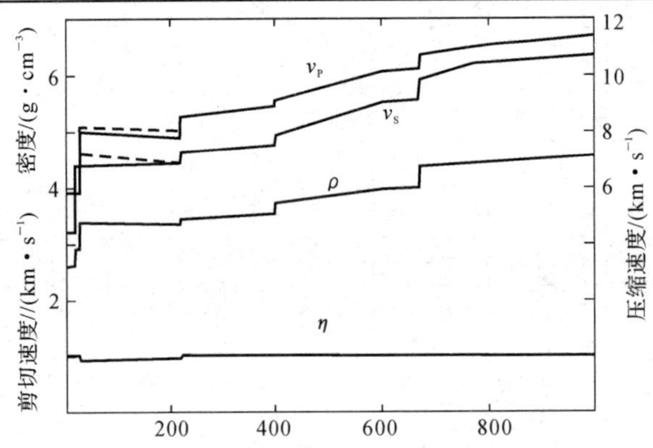

图 4-1　PREM 的上地幔速度、密度和各向异性参量 η

注：虚线是速度的水平分量，实线是 η，ρ 和速度的垂直分量。

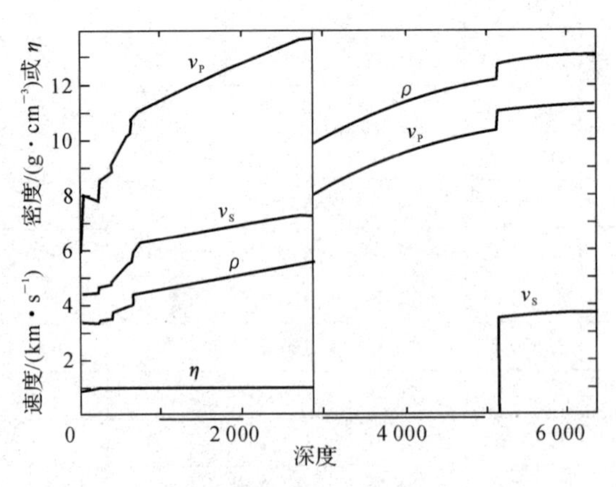

图 4-2　PREM 模型

注：虚线是速度的水平分量，模型是各向同性的，核是各向同性的。

表 4-3　PREM 中地壳和上地幔的密度、方向速度、各向异性弹性参量和等效各向同性速度(参考周期 1 s)

半径/km	深度/km	密度/(g/cm³)	v_{PV}/(km/s)	v_{PH}/(km/s)	v_{SV}/(km/s)	v_{SH}/(km/s)	η	q_μ	q_k	A/kbar	C/kbar	L/kbar	N/kbar	F/kbar	v_P/(km/s)	v_S/(km/s)
6 151.0	220.0	3.359 50	7.800 50	8.048 62	4.441 10	4.436 29	0.976 54	80	57 822	2 176	2 844	663	661	831	7.98970	4.41885
6 171.0	200.0	3.361 67	7.823 15	8.063 10	4.436 49	4.454 23	0.968 77	80	57 822	2 186	2 857	662	667	835	8.002 35	4.425 80
6 191.0	180.0	3.363 84	7.845 81	8.077 60	4.431 89	4.472 18	0.960 99	80	57 822	2 195	2 871	661	673	839	8.014 94	4.432 85
6 211.0	160.0	3.366 02	7.868 47	8.092 09	4.427 18	4.490 13	0.953 21	80	57 822	2 284	2 084	660	679	843	8.027 47	4.440 00
6 231.0	140.0	3.368 19	7.891 13	8.106 59	4.422 67	4.508 07	0.945 43	80	57 822	2 213	2 097	659	685	847	8.039 92	4.447 24
6 251.0	120.0	3.370 36	7.913 78	8.121 08	4.418 06	4.526 02	0.937 65	80	57 822	2 223	2 111	658	690	851	8.052 31	4.454 58
6 271.0	100.0	3.372 54	7.936 44	8.135 58	4.413 45	4.543 97	0.929 87	80	57 822	2 232	2 124	657	696	854	8.064 63	4.462 01
6 291.0	80.0	3.374 71	7.959 09	8.150 06	4.408 85	4.561 91	0.922 10	80	57 822	2 242	2 138	656	702	857	8.076 88	4.469 53
6 291.0	80.0	3.374 71	7.959 11	8.150 08	4.408 84	4.561 93	0.922 09	600	57 822	2 242	2 138	656	702	857	8.076 89	4.469 54
6 311.0	60.0	3.376 88	7.981 76	8.164 57	4.404 24	4.579 87	0.914 32	600	57 822	2 251	2 151	655	708	860	8.089 07	4.477 15
6 331.0	40.0	3.379 86	8.004 42	8.179 06	4.399 63	4.597 82	0.906 54	600	57 822	2 260	2 165	654	714	863	8.101 19	4.484 86
6 346.6	24.4	3.380 76	8.022 12	8.190 38	4.396 03	4.611 84	0.900 47	600	57 822	2 268	2 176	653	719	866	8.110 61	4.490 94
6 346.6	24.4	2.900 00	6.800 00	6.800 00	3.900 00	3.900 00	1.000 00	600	57 822	1 341	1 341	441	441	459	6.800 00	3.900 00
6 356.0	15.0	2.900 00	6.800 00	6.800 00	3.900 00	3.900 00	1.000 00	600	57 822	1 341	1 341	441	441	459	6.800 00	3.900 00
6 356.0	15.0	2.600 00	5.800 00	5.800 00	3.200 00	3.200 00	1.000 00	600	57 822	875	875	266	266	342	5.800 00	3.200 00
6 368.0	3.0	2.600 00	5.800 00	5.800 00	3.200 00	3.200 00	1.000 00	600	57 822	875	875	266	266	342	5.800 00	3.200 00
6 368.0	3.0	1.020 00	1.450 00	1.450 00	0	0	1.000 00	0	57 822	21	21	0	0	21	1.450 00	0
6 371.0	0	1.020 00	1.450 00	1.450 00	0	0	1.000 00	0	57 822	21	21	0	0	21	1.450 00	0

参考资料

[1] Dziewonsky A D, Anderson D L. Preliminary Reference Earth Model,phys Earth Planet Int, 1981,25,297-356.

[2] 高布锡.天文地球动力学原理.北京:科学出版社, 1997.

[3] Laske G, Masters G, Reif C. CRUST 2.0: A NEW Global Crustal Model at 2×2 Degrees, 2012(http://igppweb.ucsd.edu/~gabi/crust2.html).

[4] W Hansheng, X Longwei, J LuLu, et al. Load Love numbers and Green's Functions for elastic earth models PREM, iasp9l. ak135,and modified models with refined crustal strucfure from Crust 2.0,Computers and Geosciences 49, 2012,190-199.

[5] Kennett B L N, EndahI E R, Traveltimes for global earthquake location and phase Identification, Geophys. J. Int, 1991, 105,429-465.

[6] 中国大百科全书:固体地球物理学、观测学、空间科学.北京:中国大百科全书出版社, 1985.

[7] Laske G, Masters G,et al. EGU 2013—2658 Update on CRUST1.0: A 1-degree Global Model of Earth's Crust (http://igppweb.ucse.edu/~gabi/crust 1.html).

第5章　有限单元法地震预报模型及计算结果

张健飞

［作者简介］　张健飞，男，1977年生，江苏海门人，工学博士，现为河海大学工程力学系副教授，主要从事工程结构安全分析、计算力学与工程仿真、高性能计算等方面的研究，已发表论文20多篇，承担各类科研项目10多项。

一、概述

根据日食效应与地震关系理论（参阅《地震探源与地震预报》《地震是可以预报的》），日食产生的地壳张力（向外胀力）是不容忽视的，因此，日食是引发地震的主要能源，兹称之为日食效应。根据该理论，地震的全过程应是，地壳受自重影响，本身是处于平衡状态的，地壳就大尺度讲为拱形结构，就小尺度讲是平面结构，由于日食效应（日食月影区面积纵横各有万余千米，是大尺度），日食月影区地壳局部受力，经日食月影区地壳受力区的叠加（强震区一般为2～4次），地壳局部受力区，受力中心偏移，形成偏心，偏心大，超出工程上常见的三等分线的中段范围。由于偏心，局部地区压力增大，形成高压区；局部地区压力减小，形成受拉区。岩石高压区内正空穴电子受压放出红外辐射，地球表面增温，在受拉区断层裂隙增大而冒气，高压区之合力及力矩在震中断层中（在平面及横断面上）由于裂隙而应力集中使岩石位移做功（岩石断裂错动，增温区消失）而发生地震，震区便有降水，继而有余震，之后震区再有降水，受压地壳卸载，岩石回弹，封闭断层裂隙，地壳恢复平衡。兹称之为地震的日食效应原理。

有限单元法（有限元法）是20世纪60年代以来发展起来的工程科学问题分析的数值计算方法，是计算机时代的产物，目前已成为分析工程科学问题的重要技术手段之一，被广泛应用于复杂工程科学问题的分析当中。由于日食作用相对于地质时间尺度来说属于短期力，因此本章将地壳及上地幔作为一个弹性固体进行计算，采用弹性力学有限单元法计算地壳及上地幔在日食效应作用下的应力，为地震预报提供参考。

二、有限单元法基本理论

有限单元法是通过连续体的离散与分片插值，将求解物理问题的控制微分方程转变为求解线性代数方程组的一种近似数值解法,其理论基础是相应的变分原理。对于要定解的物理问题,首先写出该问题的变分表示,亦即将微分方程的定解问题转变为相应泛函的极值问题,然后将问题的求解区域剖分成有限个小单元的集合,在单元内用分片插值表示待定函数的分布,再由变分原理得定解问题的线性代数方程组,求解该方程组即得待定函数的数值解。

对于弹性力学问题的求解,有限元计算可分成三个步骤:前处理、力学计算和后处理。前处理是完成单元网格划分,建立有限元模型;后处理则是采集、处理分析结果。力学计算是使用基于弹性力学理论建立的数值方法进行问题的数值求解,是有限元分析的核心。

根据弹性力学问题的类型和性质选定了位移单元形式,构造了它的插值函数,并对结构进行离散之后,就可以按以下步骤进行有限元计算。

(1)形成单元的刚度矩阵和等效结点荷载列阵。单元刚度矩阵的一般表达式为

$$\boldsymbol{K}^e = \int_{V_e} \boldsymbol{B}^{\mathrm{T}} \boldsymbol{D} \boldsymbol{B} \, \mathrm{d}\boldsymbol{V} \tag{5-1}$$

式中,$\boldsymbol{B}$ 是应变矩阵;$\boldsymbol{D}$ 是材料弹性矩阵;$\boldsymbol{V}_e$ 是单元体积。

单元的等效结点荷载列阵的一般表达式为

$$\boldsymbol{P}^e = \boldsymbol{P}_f^e + \boldsymbol{P}_{\mathrm{S}}^e + \boldsymbol{P}_{\sigma_0}^e + \boldsymbol{P}_{\varepsilon_0}^e \tag{5-2}$$

式中,$\boldsymbol{P}_f^e$,$\boldsymbol{P}_{\mathrm{S}}^e$,$\boldsymbol{P}_{\sigma_0}^e$,$\boldsymbol{P}_{\varepsilon_0}^e$ 分别相应于单元的体积力 f、边界分布力 T、单元内的初应力 σ_0、初应变 ε_0 的等效结点荷载列阵。它们分别为

$$\boldsymbol{P}_f^e = \int_{V_e} \boldsymbol{N}^{\mathrm{T}} \boldsymbol{f} \, \mathrm{d}\boldsymbol{V} \tag{5-3}$$

$$\boldsymbol{P}_{\mathrm{S}}^e = \int_{S_e} \boldsymbol{N}^{\mathrm{T}} \boldsymbol{T} \, \mathrm{d}\boldsymbol{S} \tag{5-4}$$

$$\boldsymbol{P}_{\sigma_0}^e = \int_{V_e} \boldsymbol{B}^{\mathrm{T}} \sigma_0 \, \mathrm{d}\boldsymbol{V} \tag{5-5}$$

$$\boldsymbol{P}_{\varepsilon_0}^e = \int_{V_e} \boldsymbol{B}^{\mathrm{T}} \boldsymbol{D} \varepsilon_0 \, \mathrm{d}\boldsymbol{V} \tag{5-6}$$

式中,$\boldsymbol{N}$ 是单元的形函数矩阵;$\boldsymbol{S}_e$ 是受面力作用的单元表面。

(2) 集成各单元的刚度矩阵和等效结点荷载列阵,得到结构的整体刚度矩阵与整体结点荷载列阵为

$$\boldsymbol{K} = \sum_e \boldsymbol{K}^e = \sum_e \int_{V_e} \boldsymbol{B}^{\mathrm{T}} \boldsymbol{D} \boldsymbol{B} \, \mathrm{d}\boldsymbol{V} \tag{5-7}$$

$$\boldsymbol{P} = \sum_e \boldsymbol{P}^e = \sum_e (\boldsymbol{P}_f^e + \boldsymbol{P}_{\mathrm{S}}^e + \boldsymbol{P}_{\sigma_0}^e + \boldsymbol{P}_{\varepsilon_0}^e) + \boldsymbol{P}_{\mathrm{F}} \tag{5-8}$$

式中，$\boldsymbol{K}^e$，$\boldsymbol{P}^e$ 均应理解为已经扩大为与 $\boldsymbol{K}$，$\boldsymbol{P}$ 一样大小的单元阵；$\boldsymbol{P}_F$ 是直接作用于结点的集中力列阵。

(3) 引入强制(给定位移) 边界条件。

(4) 求解有限元方程组(线性代数方程组)

$$\boldsymbol{Ku} = \boldsymbol{P} \tag{5-9}$$

得结构整体结点位移列阵 $\boldsymbol{u}$。

(5) 计算单元应变和应力，有

$$\boldsymbol{\varepsilon} = \boldsymbol{Bu}^e \tag{5-10}$$

$$\boldsymbol{\sigma} = \boldsymbol{D}(\boldsymbol{\varepsilon} - \boldsymbol{\varepsilon}_0) + \boldsymbol{\sigma}_0 = \boldsymbol{DBu}^e - \boldsymbol{D\varepsilon}_0 + \boldsymbol{\sigma}_0 \tag{5-11}$$

式中，$\boldsymbol{u}^e$ 为单元的结点位移列阵。

三、有限元建模

在地震日食效应有限元模型中，地球半径取为 6 371 km。考虑到利用地理坐标中经纬度较为方便，整个有限元分析在球坐标系下进行。考虑到岩石圈厚度及大多数地震震源深度，计算模型的厚度取 200 km；计算范围主要考虑中国及周边区域：北纬 0°～55°，东经 70°～135°。同时，计算中也考虑计算范围内的主要的断层，共计 22 条。计算几何模型及主要断层如图 5-1 所示。

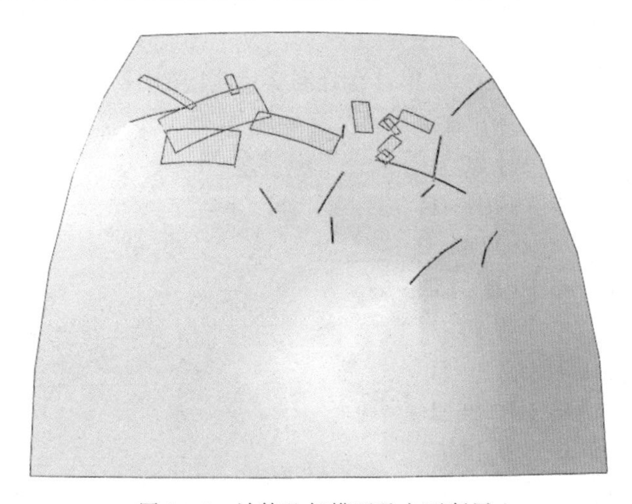

图 5-1　计算几何模型及主要断层

计算模型的边界条件简化为，表面自由、底部三向约束、四周法向约束。荷载主要考虑重力和日食外胀力。有限单元离散采用空间 4 结点四面体单元，共计单元 81 595 个,结点 18 056 个,其中表面结点 4 278 个。有限单元网格如图 5 - 2 所示。

图 5 - 2　有限元网格图

计算中考虑了 1894—1927 年日食月影穿过我国的 18 次日食,分别如下:

日食 01:1894 年 4 月 6 日

日食 02:1898 年 1 月 22 日

日食 03:1901 年 5 月 18 日

日食 04:1901 年 10 月 11 日

日食 05:1902 年 10 月 31 日

日食 06:1903 年 3 月 29 日

日食 07:1904 年 3 月 17 日

日食 08:1907 年 1 月 14 日

日食 09:1909 年 6 月 17 日

日食 10:1910 年 11 月 2 日

日食 11:1911 年 10 月 22 日

日食 12:1917 年 1 月 23 日

日食 13:1918 年 6 月 8 日

日食 14:1921 年 4 月 8 日

日食 15:1922 年 9 月 21 日

日食 16:1924 年 8 月 30 日

日食 17:1926 年 1 月 14 日

日食 18:1927 年 6 月 29 日

根据地震日食效应的理论,计算中将历次日食的外胀力依次进行迭加,共计 18 个计算工况:

工况 1:日食 01

工况 2:日食 01+02

工况 3:日食 01+02+03

工况 4:日食 01+02+03+04

工况 5:日食 01+02+03+04+05

工况 6:日食 01+02+03+04+05+06

工况 7:日食 01+02+03+04+05+06+07

工况 8:日食 01+02+03+04+05+06+07+08

工况 9:日食 01+02+03+04+05+06+07+08+09

工况 10:日食 01+02+03+04+05+06+07+08+09+10

工况 11:日食 01+02+03+04+05+06+07+08+09+10+11

工况 12:日食 01+02+03+04+05+06+07+08+09+10+11+12

工况 13:日食 01+02+03+04+05+06+07+08+09+10+11+12+13

工况 14:日食 01+02+03+04+05+06+07+08+09+10+11+12+13+14

工况 15:日食01+02+03+04+05+06+07+08+09+10+11+12+13+14+15

工况 16:日食01+02+03+04+05+06+07+08+09+10+11+12+13+14+15+16

工况 17:日食01+02+03+04+05+06+07+08+09+10+11+12+13+14+15+16+17

工况 18:日食01+02+03+04+05+06+07+08+09+10+11+12+13+14+15+16+17+18

四、有限元计算结果

通过有限元计算,如果计算所得的高拉应力区与发生地震区相一致,则可为将来地震预报提供参考依据。本节给出了各个计算工况的最大主拉应力云图,如图 5-3～图 5-20 所示。考虑到边界条件简化的影响,应只对远离边界的区域进行分析。

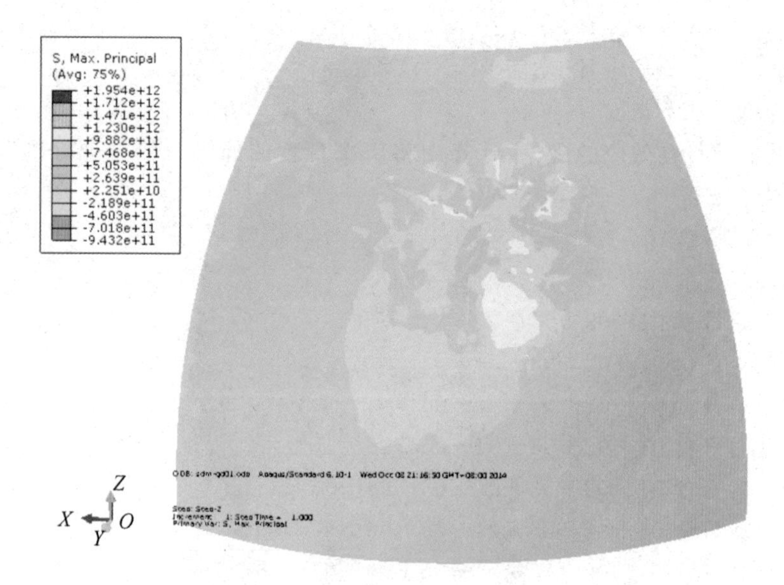

图 5-3　表面最大主拉应力(工况 1)

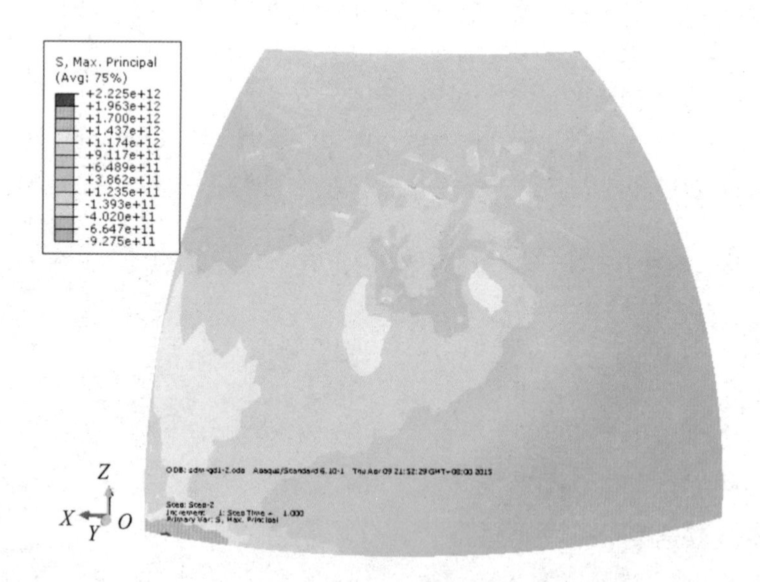

图 5-4　表面最大主拉应力(工况 2)

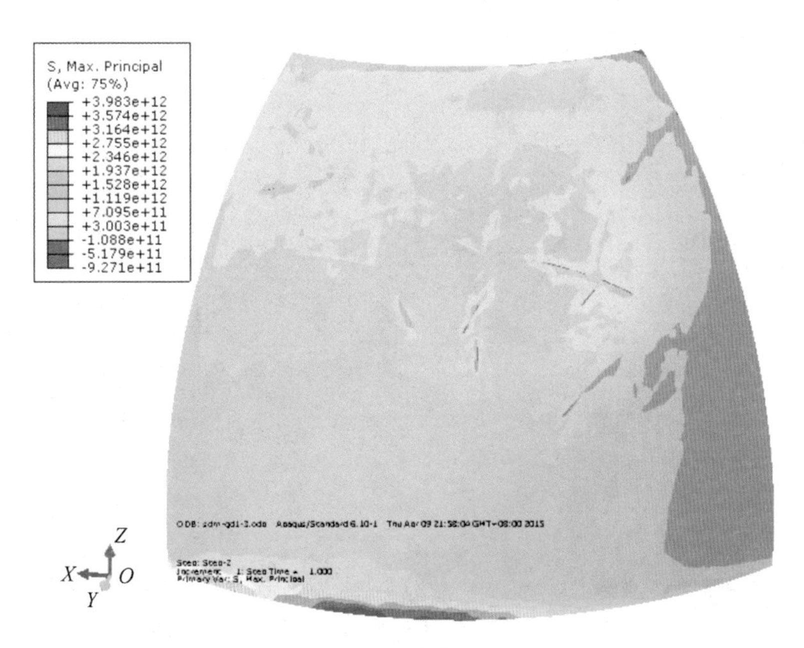

图 5-5　表面最大主拉应力(工况 3)

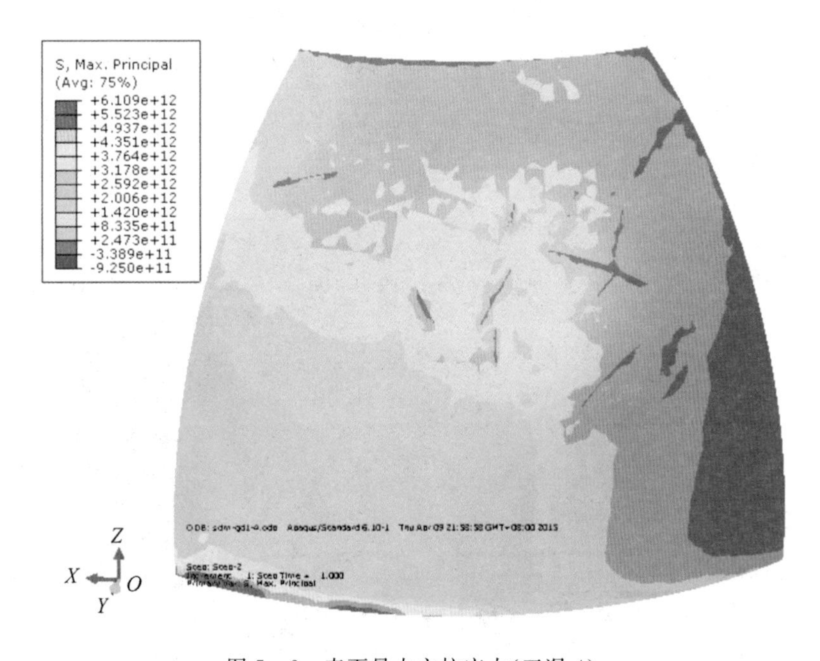

图 5-6　表面最大主拉应力(工况 4)

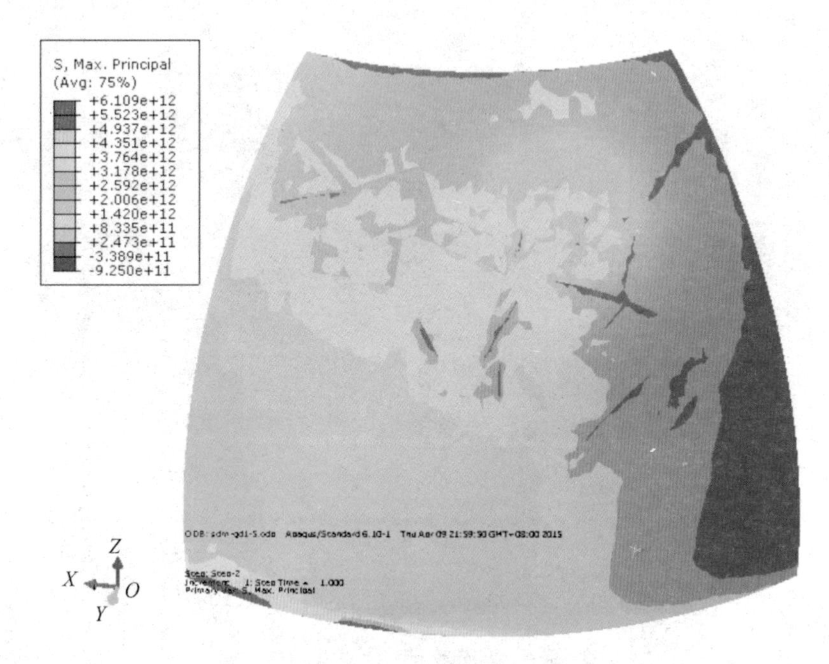

图 5-7　表面最大主拉应力(工况 5)

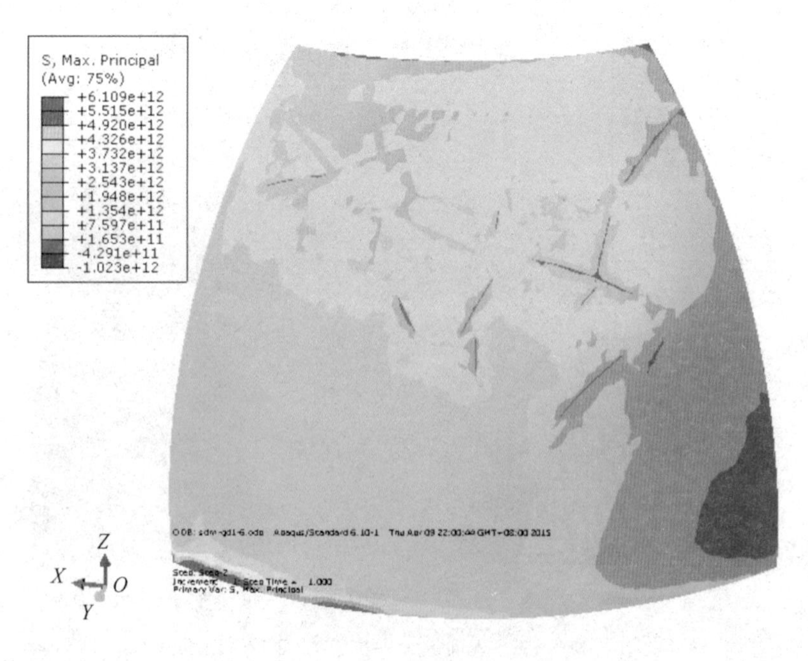

图 5-8　表面最大主拉应力(工况 6)

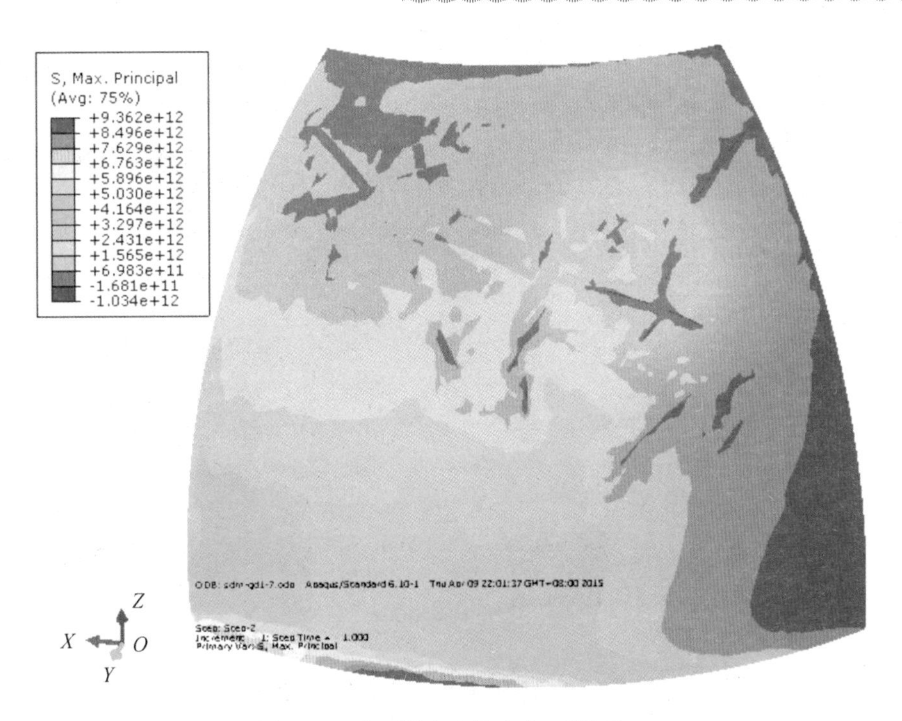

图 5-9　表面最大主拉应力(工况 7)

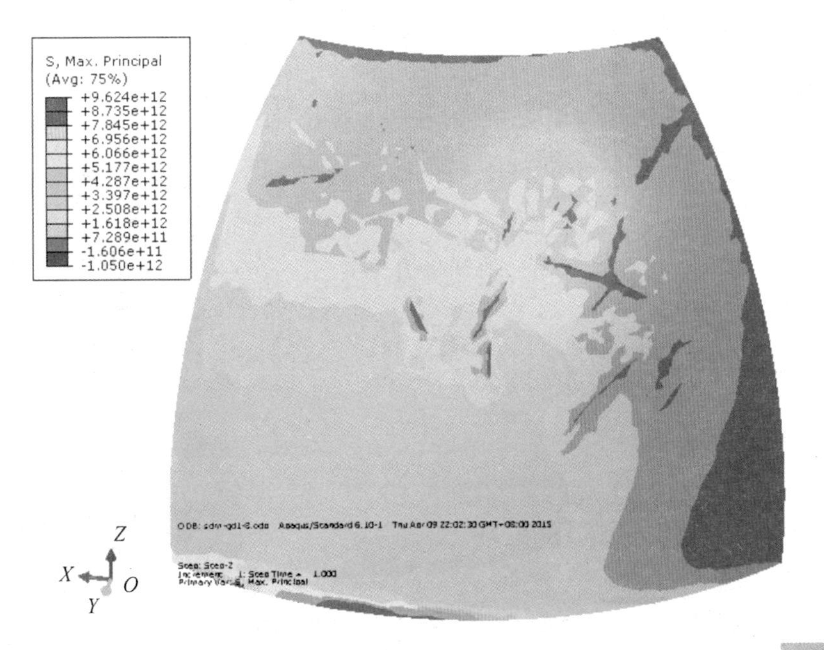

图 5-10　表面最大主拉应力(工况 8)

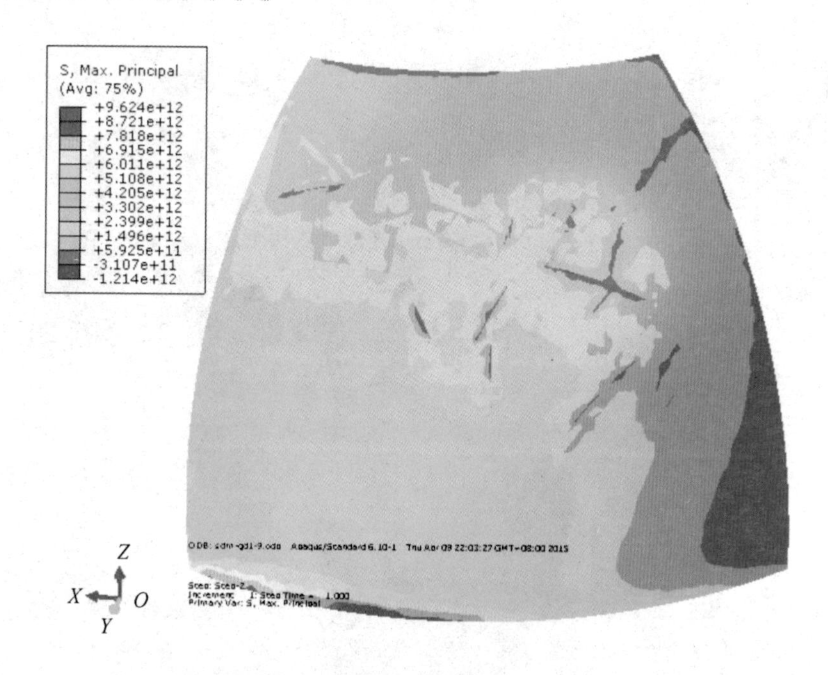

图 5-11　表面最大主拉应力(工况 9)

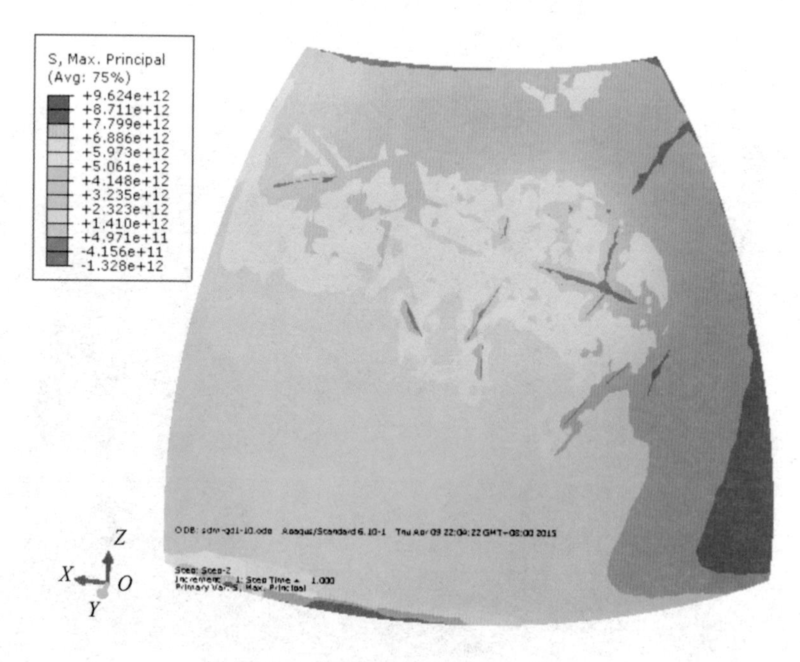

图 5-12　表面最大主拉应力(工况 10)

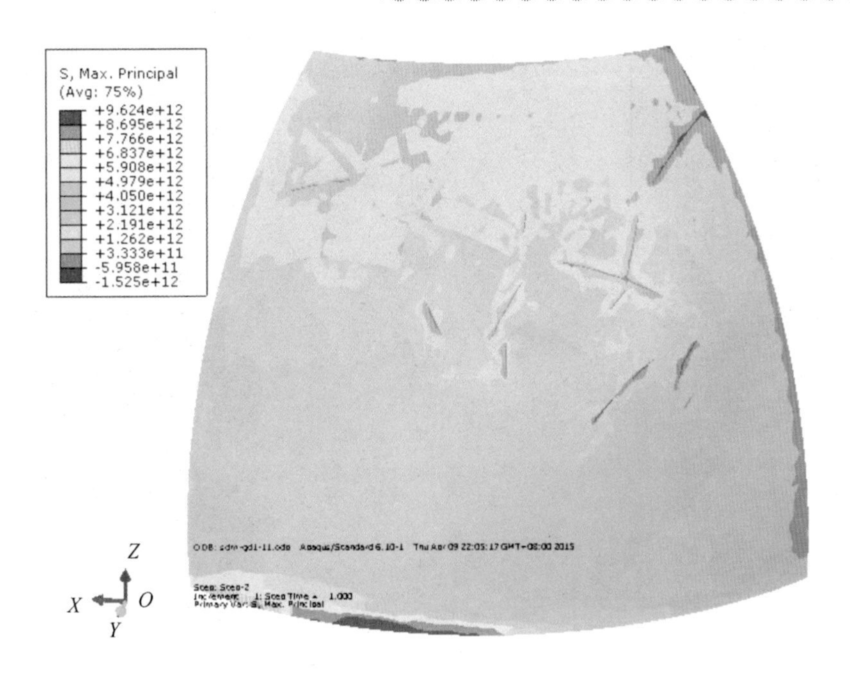

图 5 - 13　表面最大主拉应力(工况 11)

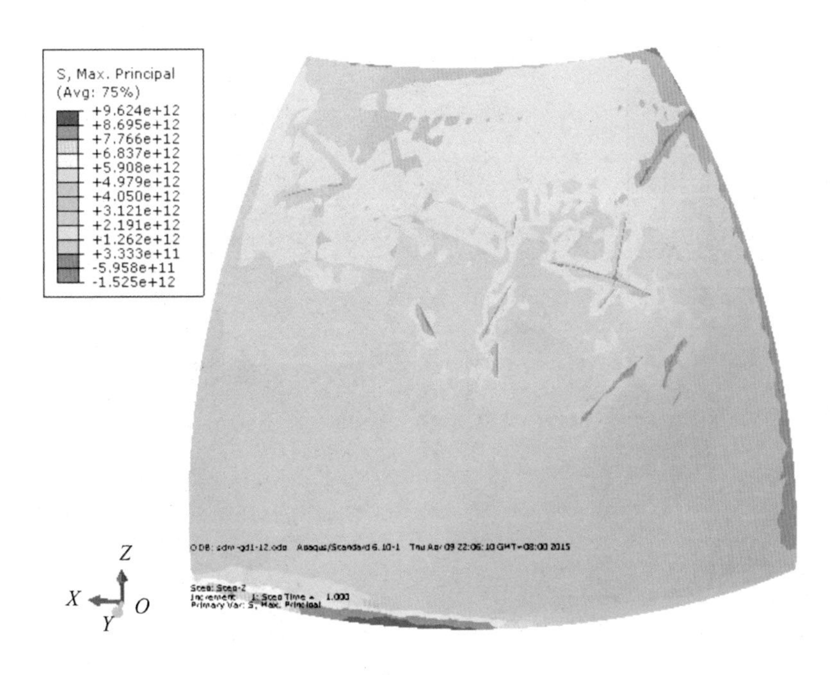

图 5 - 14　表面最大主拉应力(工况 12)

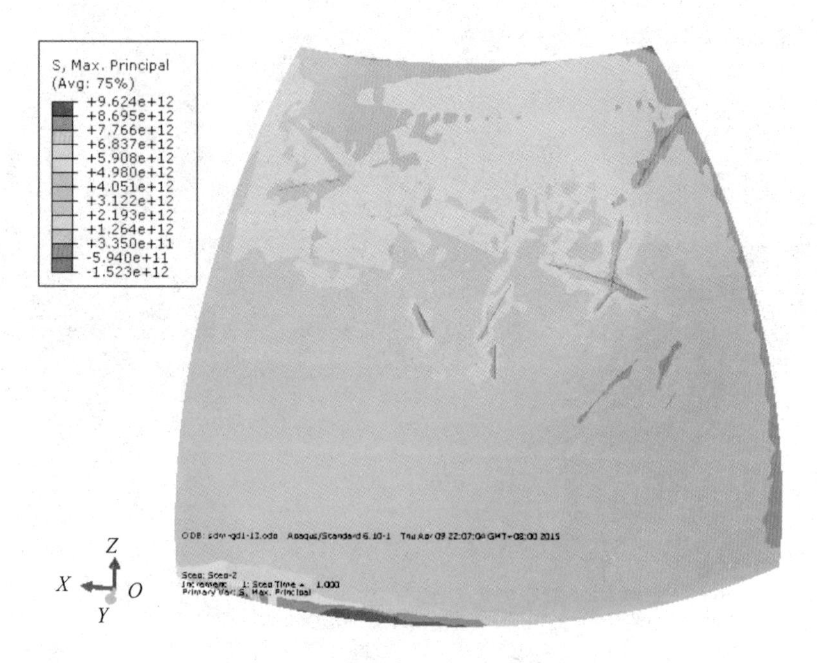

图 5-15　表面最大主拉应力(工况 13)

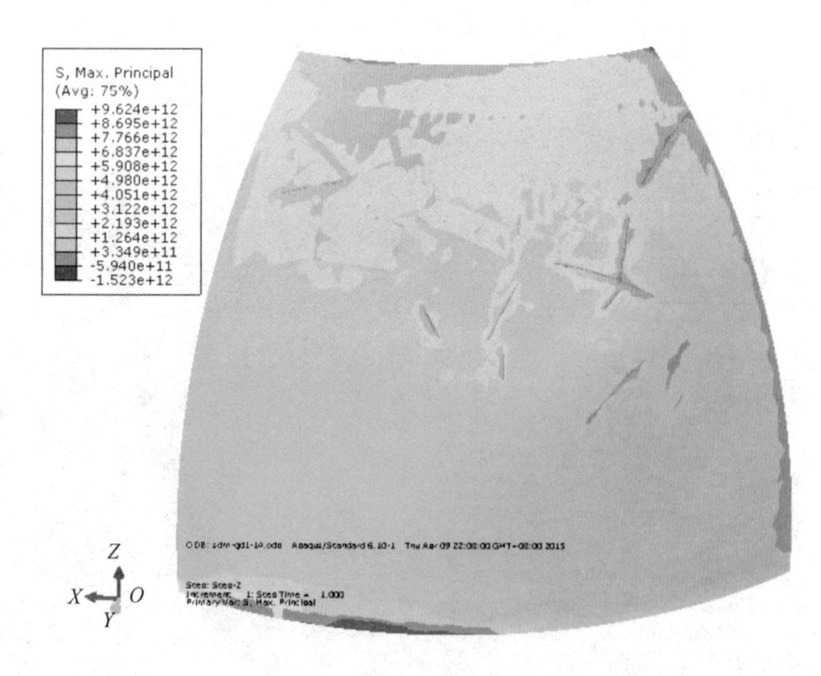

图 5-16　表面最大主拉应力(工况 14)

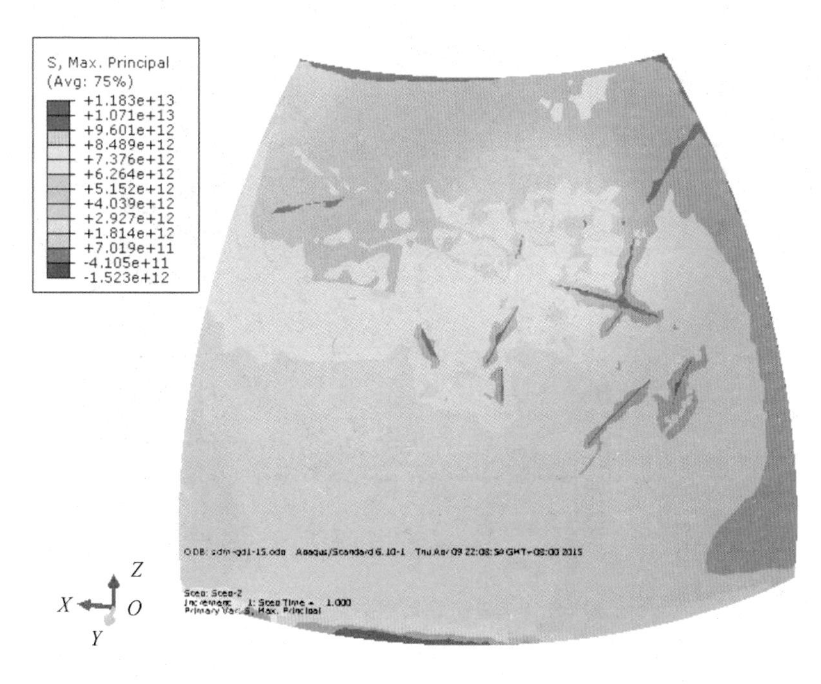

图 5－17　表面最大主拉应力(工况 15)

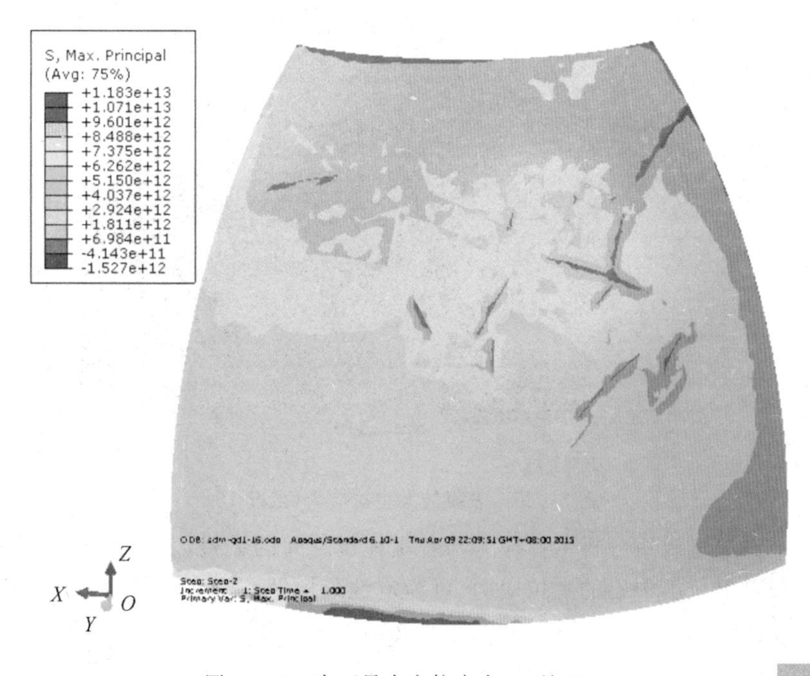

图 5－18　表面最大主拉应力(工况 16)

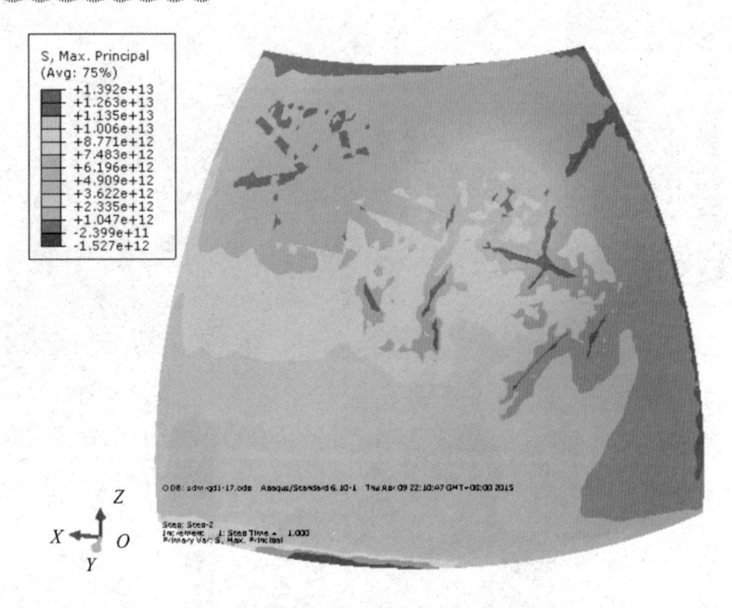

图 5-19　表面最大主拉应力(工况 17)

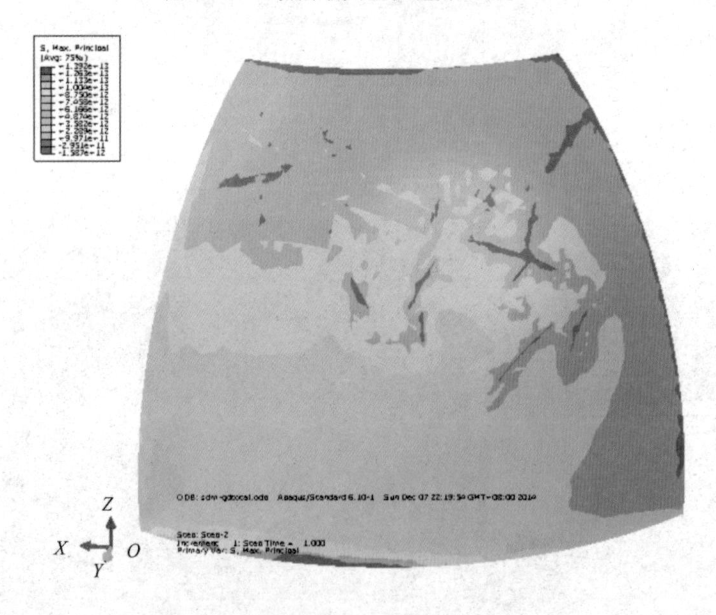

图 5-20　表面最大主拉应力(工况 18)

为了更加直观地分析主拉应力与各次地震之间的关系,表 5-1 给出了各个工况的 7 级以上地震中心的主拉应力,可为定性分析做一些参考。

表 5－1　7～8 级地震中心主拉应力(10^9Pa)

位置	时间	年份																	
		1894.4	1898.1	1901.5	1901.11	1902.10	1903.3	1904.3	1907.1	1909.6	1910.11	1911.10	1917.1	1918.6	1921.4	1922.9	1924.8	1926.1	1927.6
新疆	18950705	0.332																	
四川石渠	18960300	0.841																	
台湾台东	19021121	0.555	0.550	0.642	0.632	0.632													
四川道孚	19070830	0.826	1.025	1.021	1.139	1.177	1.234	1.767	2.357										
新疆沙湾	19061223	0.681	1.073	1.073	1.072	1.656	1.674	1.683	2.595										
西藏奇林湖	19080820	0.710	1.058	1.058	1.277	1.373	1.391	1.745	2.496										
台湾台北	19090415	0.360	0.362	0.396	0.397	0.397	0.639	1.073	1.182										
台湾宜兰	19091121	0.360	0.362	0.396	0.397	0.397	0.639	1.073	1.182	1.180									
台湾基隆	19100412	0.623	0.633	0.672	0.679	0.679	0.942	1.420	1.628	1.620									
云南峨山	19131221	1.164	1.279	1.427	1.497	1.504	1.627	2.547	3.151	3.151	3.151	3.653							
新疆巴里坤	19140805	0.610	0.794	0.794	0.884	1.035	1.108	1.138	1.708	1.703	1.703	1.965							
台湾基隆	19150106	0.289	0.295	0.329	0.333	0.333	0.551	0.972	1.078	1.067	1.067	2.043							
西藏桑日	19151203	0.819	1.122	1.121	1.330	1.405	1.429	1.814	2.653	2.653	2.653	2.844							
西藏普兰	19160828	0.452	0.924	0.935	1.363	1.509	1.511	1.775	2.594	2.594	2.594	2.648							
台湾基隆	19170704	0.289	0.295	0.329	0.333	0.333	0.551	0.972	1.078	1,067	1.067	2.043	2.043						
广东南澳	19180213	0.354	0.373	0.462	0.476	0.477	0.605	1.079	1.232	1.228	1.228	1.883	1.883						

续表

位置	时间	年份																	
		1894.4	1898.1	1901.5	1901.11	1902.10	1903.3	1904.3	1907.1	1909.6	1910.11	1911.10	1917.1	1918.6	1921.4	1922.9	1924.8	1926.1	1927.6
东海	19190601	0.474	0.484	0.491	0.497	0.497	0.712	1.225	1.383	1.355	1.355	2.402	2.402	2.391					
台湾台东	19191221	0.555	0.550	0.642	0.632	0.632	0.958	1.386	1.488	1.489	1.489	2.526	2.526	2.525					
台湾大港	19200605	0.546	0.556	0.650	0.660	0.660	1.075	1.806	1.999	1.987	1.987	3.729	3.729	3.726					
台湾宜兰	19220902	0.360	0.362	0.396	0.397	0.397	0.639	1.073	1.182	1.180	1.180	2.010	2.010	2.009	2.009	2.009			
台湾宜兰	19220915	0.360	0.362	0.396	0.397	0.397	0.639	1.073	1.182	1.180	1.180	2.010	2.010	2.009	2.009	2.009			
四川炉霍道孚间	19230304	0.820	0.981	0.978	1.073	1.110	1.168	1.632	2.118	2.155	2.155	2.478	2.478	2.478	2.478	2.477			
新疆民丰	19240703	0.280	0.738	0.738	0.921	1.125	1.129	1.199	1.965	1.964	1.964	2.078	2.097	2.097	2.099	2.099			
新疆民丰	19240712	0.280	0.738	0.738	0.921	1.125	1.129	1.199	1.965	1.964	1,964	2.078	2.097	2.097	2.099	2.099			
云南大理	19250316	1.421	1.637	1.828	1.990	2.012	2.108	3.359	4.191	4.191	4.191	4.645	4.645	4.645	4.645	4.666	4.666		
南海东沙	19250417	0.439	0.441	0.527	0.525	0.525	0.727	1.217	1.326	1.325	1.324	2.267	2.267	2.266	2.266	2.266	2.266		

参考资料

[1]　陈国荣.有限元法原理及应用.北京:科学出版社,2009.
[2]　王勖成.有限单元法.北京:清华大学出版社,2003.

第6章　日食地震效应的有限单元法地震模型应力分析初步成果

本课题自2013年9月郑州会议以来，经过各组的努力，如外胀力计算的计算程序编制、外胀力的计算、计算范围内各断层的位置、弹性模量E、泊松比、资料的收集、地壳地幔上部弹性模量E、泊松比的研究分析、有限单元法地震模型的建立、地震应力分析计算等，均完成了大量工作，已完成1894—1927年第一阶段地震应力计算及初步分析，本课题计算范围经讨论定为北纬0°～55°，东经70°～135°，面积约34 715 914 km^2，地表格点数为4 278个，此外，模型组为使计算不过于复杂，对断层资料做了简化：

(1)断层深浅不一，为简化起见统一取为10 km。

(2)断层弹性模量统一取为42 kg/cm^2，泊松比统一取为0.24，容重统一取为2.8 g/cm^3。

(3)断层以外区域的弹性模量统一取为84 kg/cm^2，泊松比统一取为0.15，容重统一取为2.86 g/cm^3。

(4)由于海面范围小，未考虑海区及其深度的变化。

第一阶段(1894－1927年)在本计算区域内共有18次日食(见图6－1～图6－5)经过本区域，其在本区域的月影面积大小不一，如第2章所述，其在本区域面积大，则对本区域形成的外胀力大；其在本区域面积小，则对本区域形成的外胀力小，最大的有3次，如1894年4月日食(见图6－1)、1907年1月日食(见图6－2)、1911年10月日食(见图6－5)。

各格点的外胀力计算如下，在第一阶段(1894—1927年)共发生7级以上地震25次，去除4例：1895年7月新疆地震、1896年3月四川石渠地震、1902年11月台湾台东地震，这三年地震经历日食次数少，形不成完整的应力图，还有1924年7月12日新疆民丰地震，是1924年7月3日新疆民丰地震的余震。在第一阶段(1894—1927年)有完整应力图的地震21例，其中8级地震4例，7级地震17例，各次地震震中震前历年拉应力表见表6－1～表6－4，各次地震震中震前历年拉应力变化曲线图如图6－6～图6－26所示。

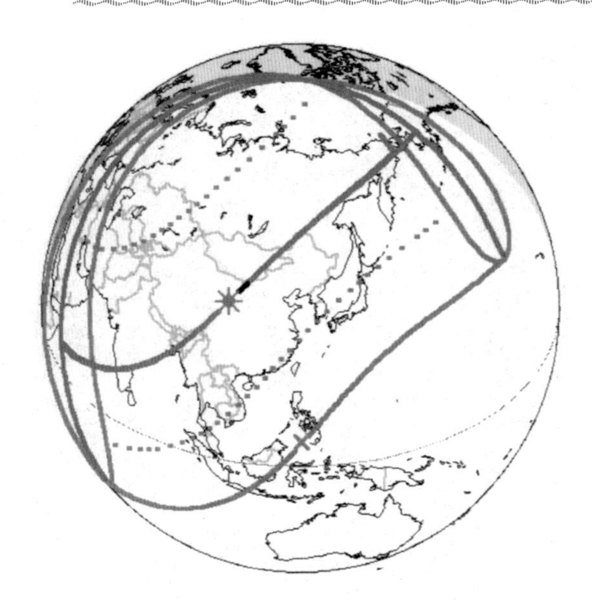

图 6 - 1　1894 年 4 月 6 日日食月影图

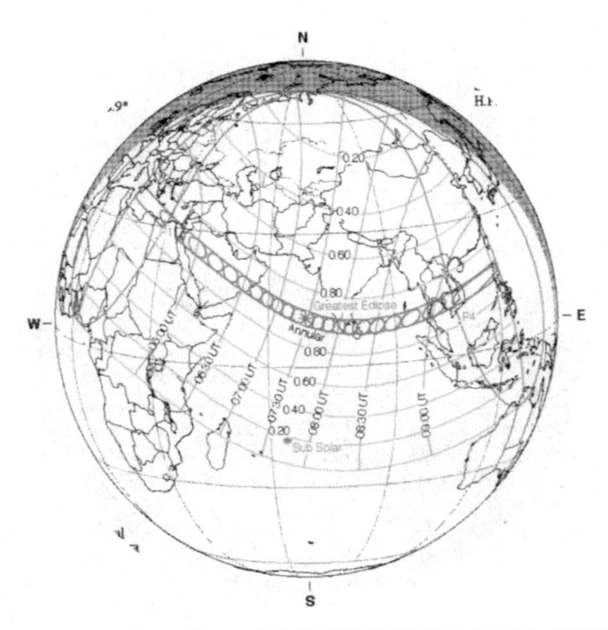

图 6 - 2　1901 年 10 月 11 日日食月影图(转引自 NASA,以下同)

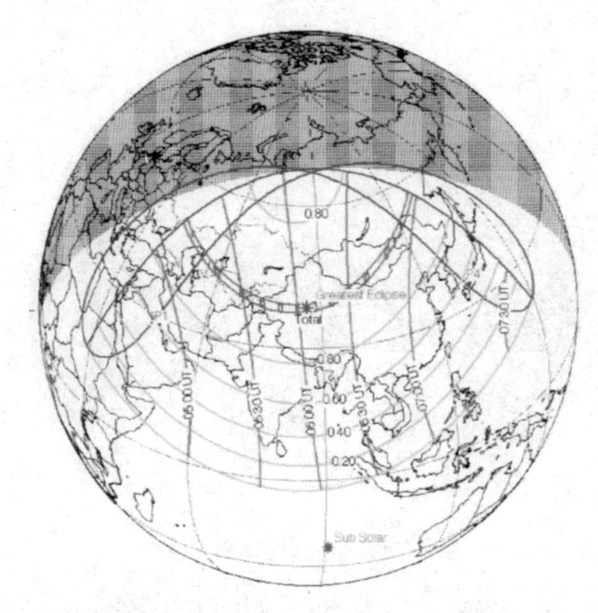

图 6－3　1907 年 1 月 14 日日食月影图

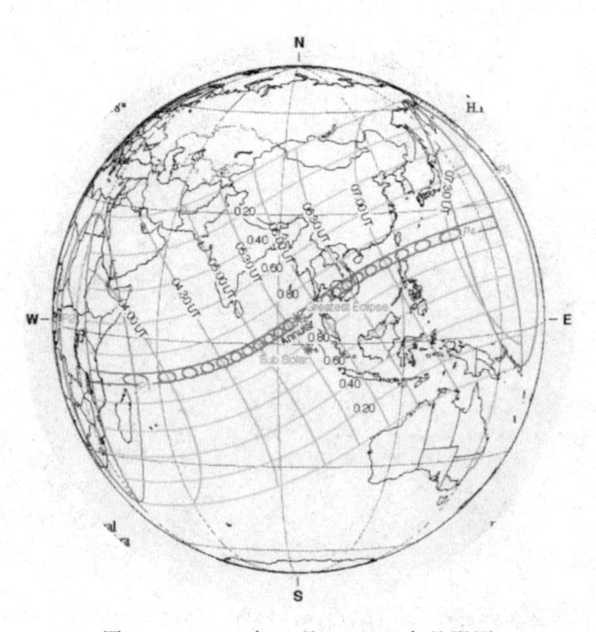

图 6－4　1904 年 3 月 17 日日食月影图

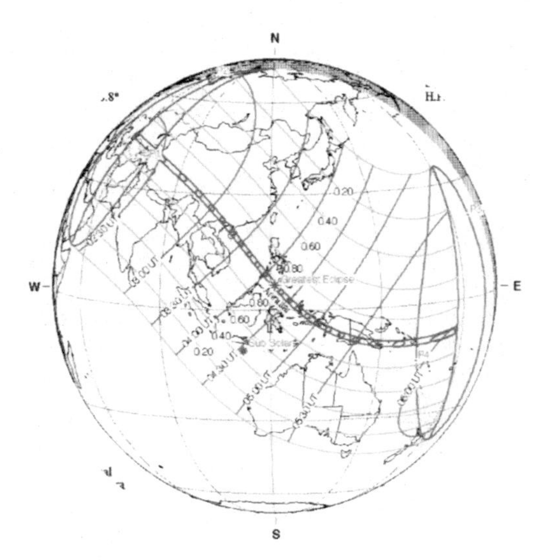

图 6－5　1911 年 10 月 22 日日食月影图

表 6－1　8 级以上地震主拉应力　　单位：10^9 Pa/m^2

时　间	1906 年 12 月 23 日 新疆(8)	1920 年 6 月 5 日 台湾(8)	1920 年 12 月 16 日 宁夏海原(8.6)	1927 年 6 月 23 日 甘肃古浪(8)
1894 年 4 月	0.537	0.546	1.335	1.683
1898 年 1 月	1.276	0.556	0.933	1.095
1901 年 5 月	1.276	0.650	0.932	1.094
1901 年 11 月	1.378	0.660	0.968	1.146
1902 年 10 月		0.660	0.990	1.182
1903 年 3 月		1.075	1.203	1.285
1904 年 3 月		1.806	1.483	1.493
1907 年 1 月		1.999	1.926	1.920
1909 年 6 月		1.987	1.914	1.913
1910 年 11 月		1.987	1.914	1.913
1911 年 10 月		3.726	2.548	2.284
1917 年 1 月		3.729	2.548	2.284
1918 年 6 月		3.726	2.547	2.284
1921 年 4 月				2.284
1922 年 9 月				2.284
1924 年 8 月				2.284
1926 年 1 月				2.284
1927 年 6 月				

表 6-2　7级以上地震主拉应力　　单位:10^9 Pa/m^2

时　间	1907年8月30日道孚(7)	1908年8月20日齐林湖(7)	1913年12月21日峨山(7)	1917年7月9日基隆(7)	1919年6月1日东海(7)	1919年12月21日台东(7)
1894年4月	0.826	0.701	1.164	0.289	0.474	0.555
1898年1月	1.025	1.058	1.279	0.295	0.484	0.550
1901年5月	1.021	1.058	1.427	0.329	0.491	0.642
1901年11月	1.139	1.277	1.497	0.333	0.497	0.632
1902年10月	1.177	1.373	1.504	0.333	0.497	0.632
1903年3月	1.234	1.391	1.627	0.551	0.712	0.958
1904年3月	1.767	1.745	2.547	0.972	1.225	1.386
1907年1月	2.357	2.496	3.151	1.078	1.383	1.488
1909年6月			3.151	1.067	1.355	1.489
1910年11月			3.151	1.067	1.355	1.489
1911年10月			3.653	2.043	2.402	2.526
1917年1月					2.402	2.526
1918年6月					2.391	2.525

表 6-3　7级以上地震主拉应力　　单位:10^9 Pa/m^2

时　间	1925年3月16日大理(7)	1925年4月17日东沙(7.1)	1915年1月6日基隆(7.25)	1924年7月3日民丰(7.25)	1909年4月15日台北(7.3)	1909年11月21日宜兰(7.3)
1894年4月	1.424	0.439	0.289	0.280	0.360	0.360
1898年1月	1.637	0.441	0.295	0.738	0.362	0.362
1901年5月	1.828	0.527	0.329	0.738	0.396	0.396
1901年11月	1.990	0.525	0.333	0.921	0.397	0.397
1902年10月	2.012	0.525	0.333	1.125	0.397	0.397
1903年3月	2.180	0.727	0.551	1.129	0.639	0.639
1904年3月	3.359	1.217	0.972	1.199	1.073	1.073

续表

时间	1925 年 3 月 16 日大理 (7)	1925 年 4 月 17 日东沙 (7.1)	1915 年 1 月 6 日基隆 (7.25)	1924 年 7 月 3 日民丰 (7.25)	1909 年 4 月 15 日台北 (7.3)	1909 年 11 月 21 日宜兰 (7.3)
1907 年 1 月	4.191	1.326	1.078	1.965	1.182	1.182
1909 年 6 月	4.191	1.325	1.067	1.964		1.180
1910 年 11 月	4.191	1.324	1.067	1.964		
1911 年 10 月	4.645	2.267	2.043	2.078		
1917 年 1 月	4.645	2.267		2.097		
1918 年 6 月	4.645	2.266		2.097		
1921 年 4 月	4.645	2.266		2.099		
1922 年 9 月	4.666	2.266		2.099		
1924 年 8 月	4.666	2.266				

表 6－4　7 级以上地震主拉应力　　单位：10^9 Pa/m^2

时间	1918 年 2 月 13 日南澳 (7.3)	1923 年 3 月 4 日炉霍 (7.3)	1914 年 8 月 5 日巴里坤 (7.5)	1916 年 8 月 28 日普兰 (7.5)	1922 年 9 月 2 日宜兰 (7.6)
1894 年 4 月	0.354	0.820	0.610	0.452	0.360
1898 年 1 月	0.373	0.981	0.794	0.924	0.362
1901 年 5 月	0.462	0.978	0.794	0.935	0.396
1901 年 11 月	0.476	1.073	0.884	1.363	0.397
1902 年 10 月	0.477	1.110	1.035	1.509	0.397
1903 年 3 月	0.605	1.168	1.108	1.511	0.639
1904 年 3 月	1.079	1.632	1.138	1.775	1.073
1907 年 1 月	1.232	2.118	1.708	2.594	1.182
1909 年 6 月	1.228	2.155	1.703	2.594	1.180
1910 年 11 月	1.228	2.155	1.703	2.594	1.180
1911 年 10 月	1.883	2.478	1.965	2.648	2.010

续表

时　间	1918年2月13日南澳(7.3)	1923年3月4日炉霍(7.3)	1914年8月5日巴里坤(7.5)	1916年8月28日普兰(7.5)	1922年9月2日宜兰(7.6)
1917年1月	1.883	2.478			2.010
1918年6月		2.478			2.009
1921年4月		2.478			2.009
1922年9月		2.477			2.009

各次地震拉应力图都是台阶状，一般是逐年积累上升，个别亦有上升后短期下降的，临近地震，台阶上升都比较大，8级大于7级。同地区同级别如宁夏海原8.6级大震台阶为0.7，而甘肃古浪为0.45，不同地区如台湾1920年8级大震台阶为1.7，比大陆8级地震要大，这可能与不同地区的断层有关，在台湾地区7级以上地震，台阶亦都比较大，一般已在1.0左右，到达最大台阶到发震的临震孕育期，8级大震需4～9年，甘肃古浪长达18年，7级短的有1904年8月四川道孚仅7个月，长的亦有如1926年云南大理13年，还没有一定的规律。南海、台湾、西南山区临近地震，台阶上升都比较大，这有待进一步分析探讨。

各地地震后，应力均已释放，但在计算中在1966年以前，地震未有详细的观测标准，还无法去除，如开始第二阶段计算，起始场应力可考虑前一阶段的剩余应力。

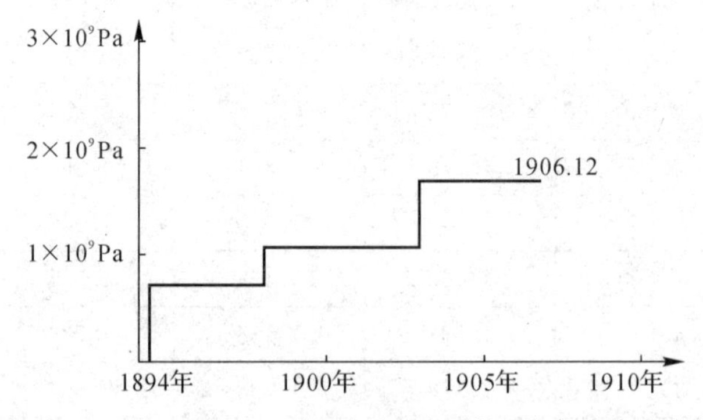

图6-6　1906年12月23日新疆8.0级地震震中震前历年拉应力变化曲线(Pa/m²)

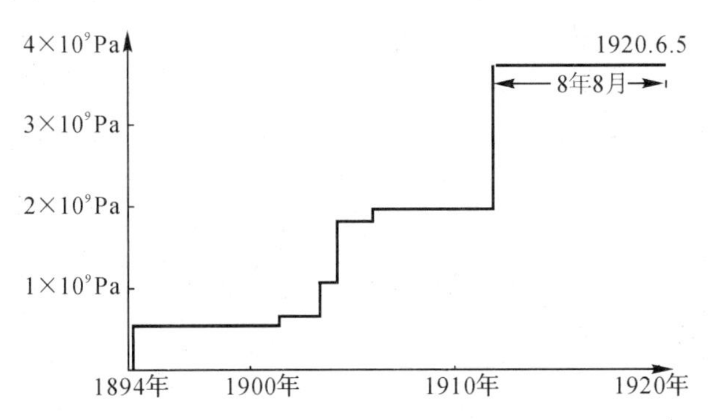

图 6－7　1920 年 6 月 5 日台湾 8.0 级地震震中震前历年拉应力变化曲线(Pa/m^2)

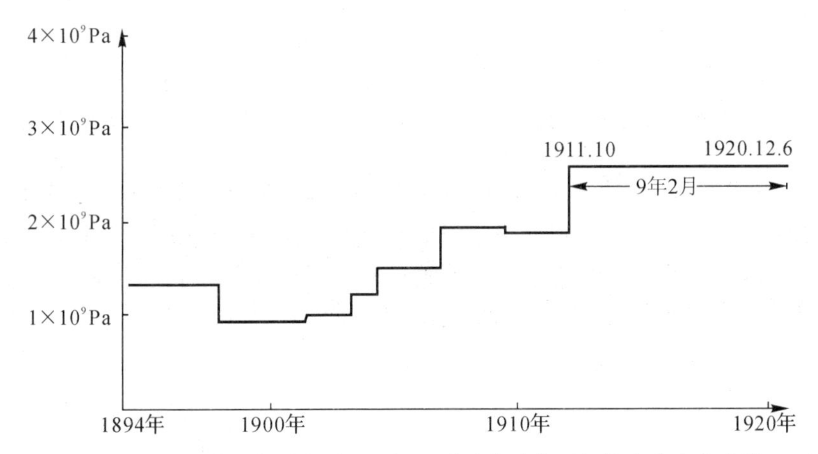

图 6－8　1920 年 12 月 6 日宁夏海原 8.6 级地震震中震前历年拉应力变化曲线(Pa/m^2)

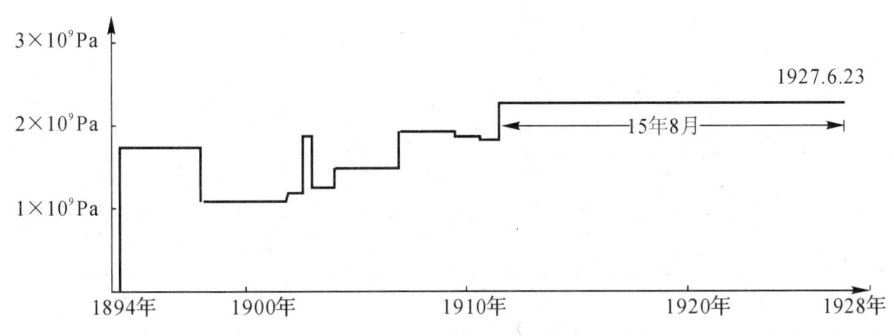

图 6－9　1927 年 6 月 23 日甘肃古浪 8.0 级地震震中震前历年拉应力变化曲线(Pa/m^2)

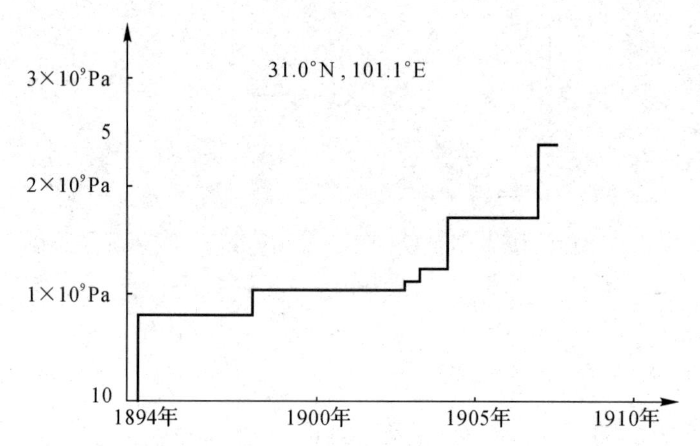

图 6-10　1907 年 8 月 30 日四川道孚 7 级地震震中震前历年拉应力变化曲线（Pa/m²）

这一方法说明地震是可以计算的，在地震预报上可作长期地震趋势预报，可以计算出大震的危险地区，这是本课题的重要成果。在临震预报上，比不上地震前兆预报的优势，地震前兆预报采用强祖基教授的卫星热红外方法可准确到 5～7 天，钱复业研究员的潮汐力谐振共振波（地电）方法可准确预报到 1 天。

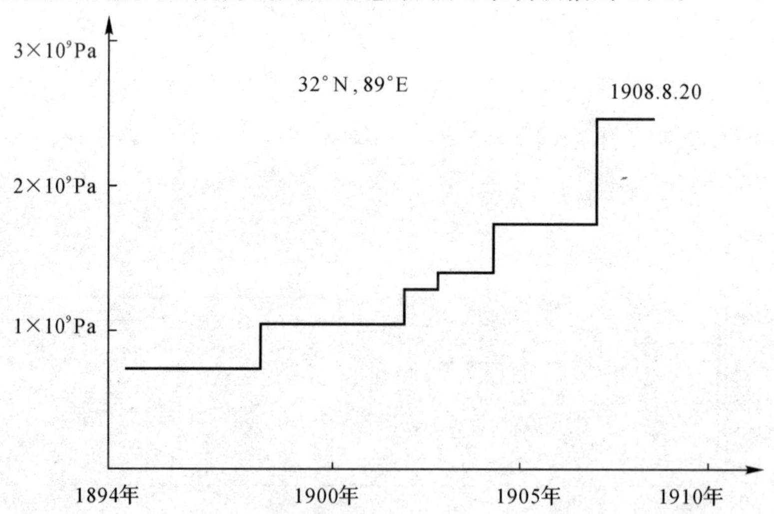

图 6-11　1908 年 8 月 20 日西藏奇林湖 7 级地震震中震前历年拉应力变化曲线（Pa/m²）

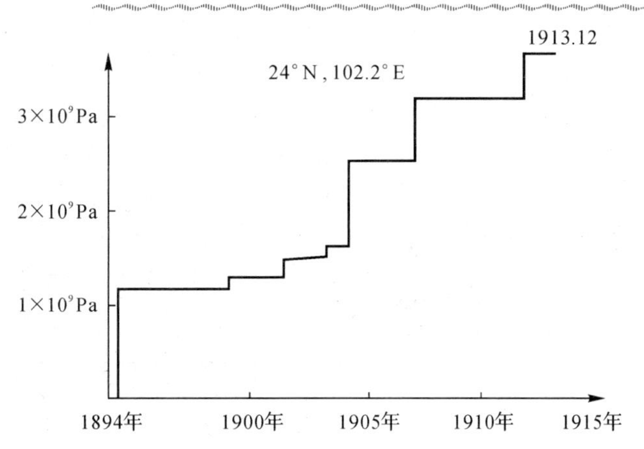

图 6-12　1913 年 12 月 21 日云南峨山 7 级地震震中震前历年拉应力变化曲线(Pa/m²)

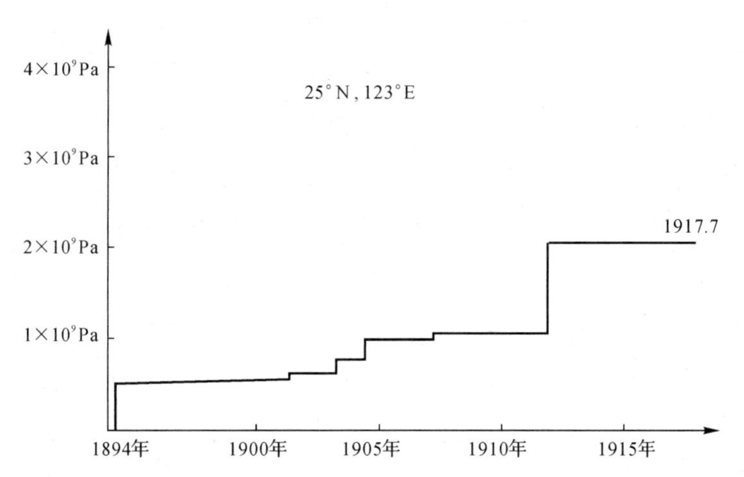

图 6-13　1917 年 7 月 4 日台湾基隆 7 级地震震中震前历年拉应力变化曲线(Pa/m²)

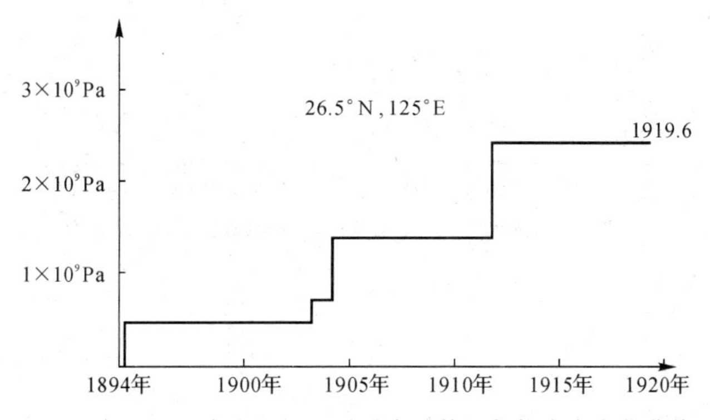

图 6-14　1919 年 6 月 1 东海 7 级地震震中震前历年拉应力变化曲线(Pa/m²)

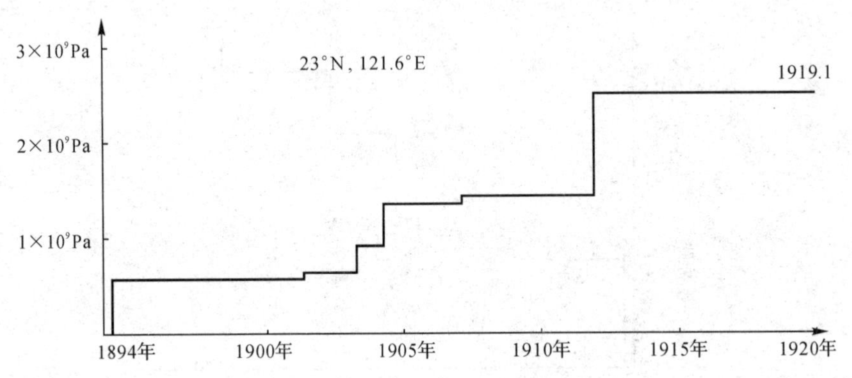

图 6-15　1919 年 12 月 21 日台湾台东 7 级地震震中震前历年拉应力变化曲线(Pa/m²)

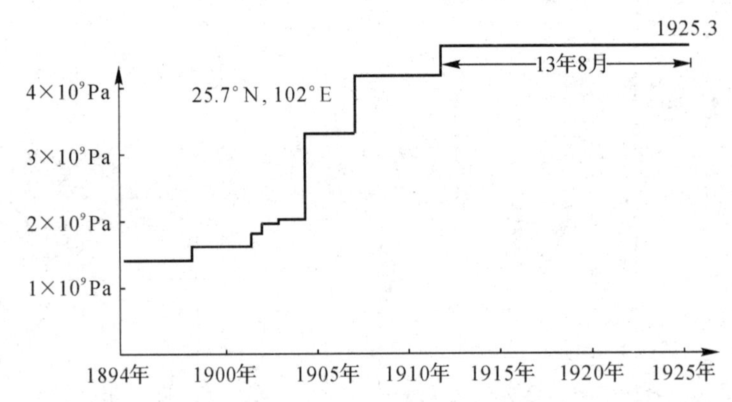

图 6-16　1925 年 3 月 16 日云南大理 7 级地震震中震前历年拉应力变化曲线(Pa/m²)

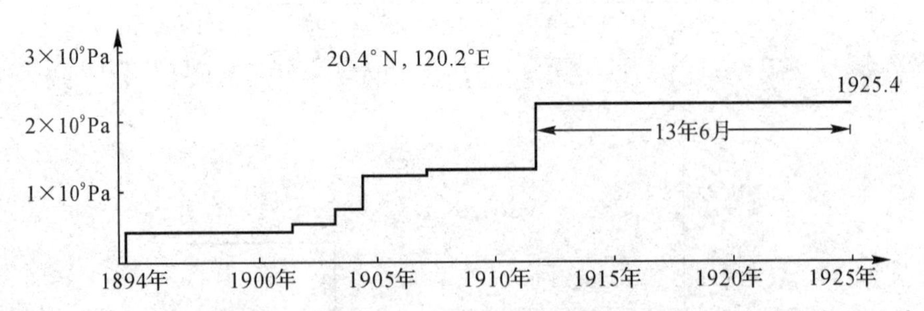

图 6-17　1925 年 4 月 17 日南海东沙 7.1 级地震震中震前历年拉应力变化曲线(Pa/m²)

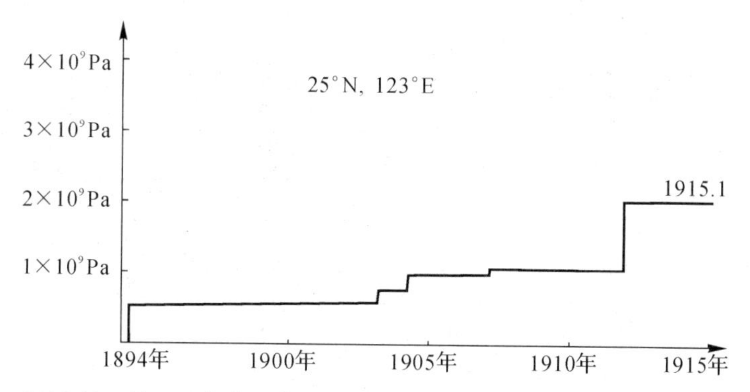

图 6-18　1915 年 1 月 6 日台湾基隆 7.25 级地震震中震前历年拉应力变化曲线(Pa/m²)

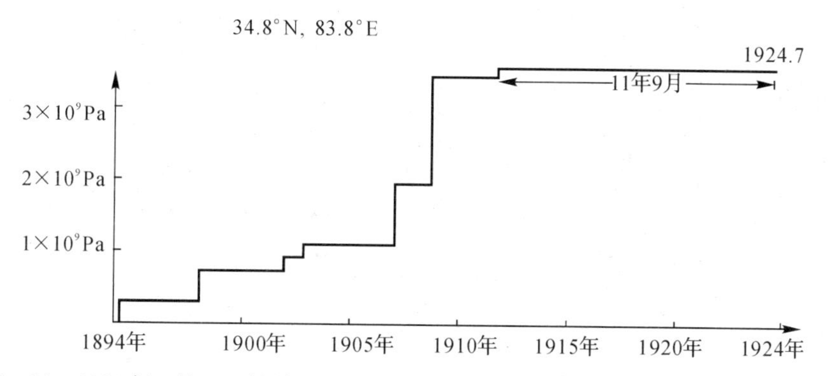

图 6-19　1924 年 7 月 3 日新疆民丰 7.25 级地震震中震前历年拉应力变化曲线(Pa/m²)

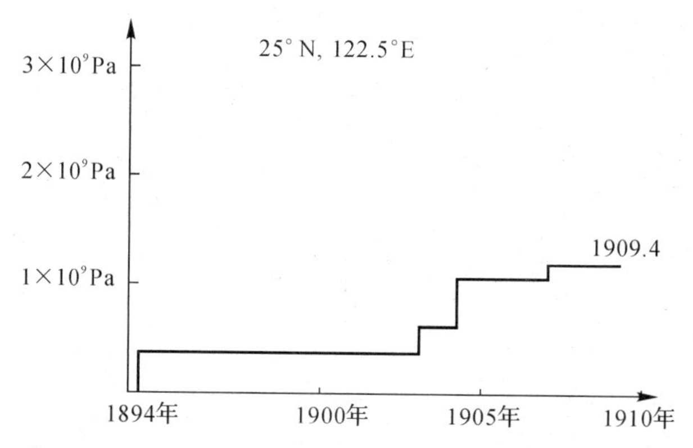

图 6-20　1909 年 4 月 15 日台湾台北 7.3 级地震震中震前历年拉应力变化曲线(Pa/m²)

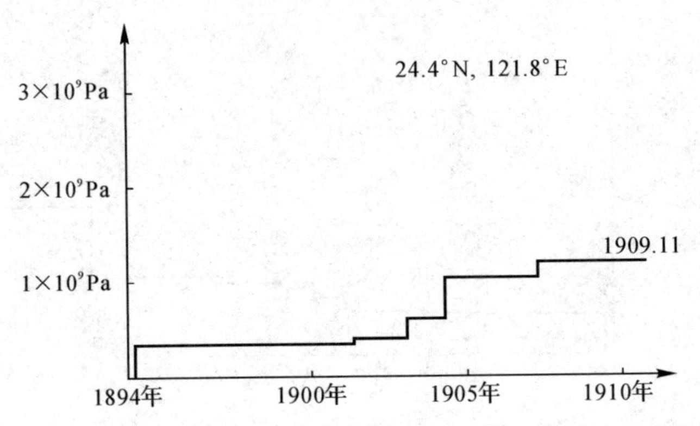

图 6-21　1909 年 11 月 21 日台湾宜兰 7.3 级地震震中震前历年拉应力变化曲线（Pa/m^2）

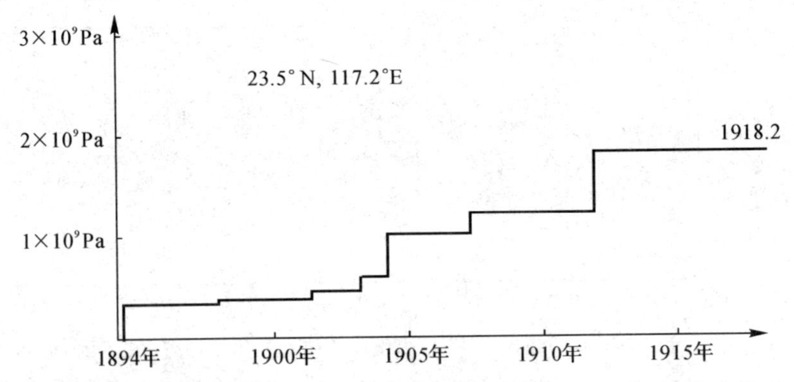

图 6-22　1918 年 2 月 13 日广东南澳 7.3 级地震震中震前历年拉应力变化曲线（Pa/m^2）

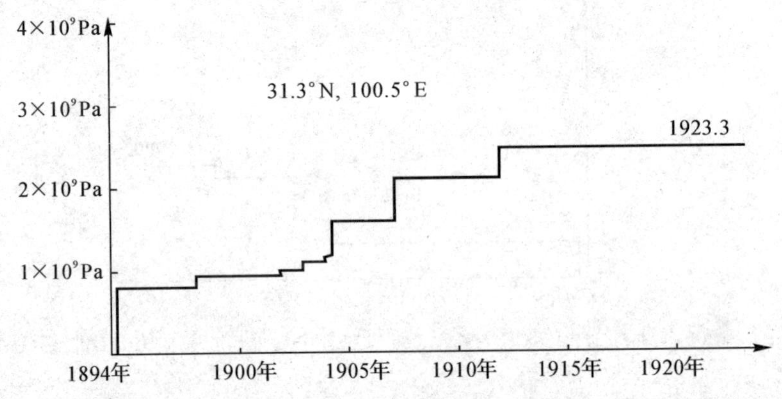

图 6-23　1923 年 3 月 4 日四川炉霍道孚 7.3 级地震震中震前历年拉应力变化曲线（Pa/m^2）

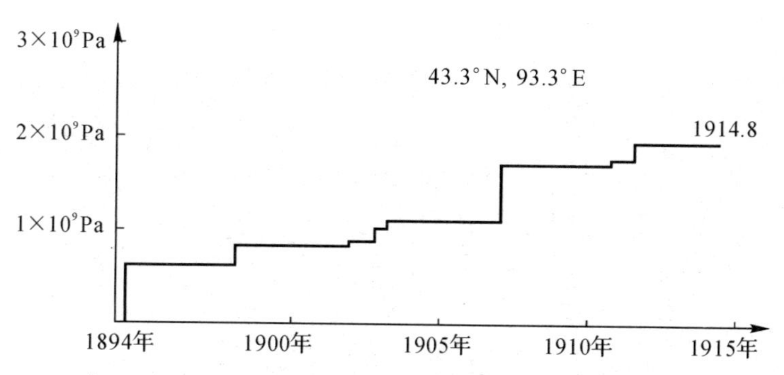

图 6-24　1914 年 8 月 5 日新疆巴里坤 7.5 级地震震中震前历年拉应力变化曲线(Pa/m²)

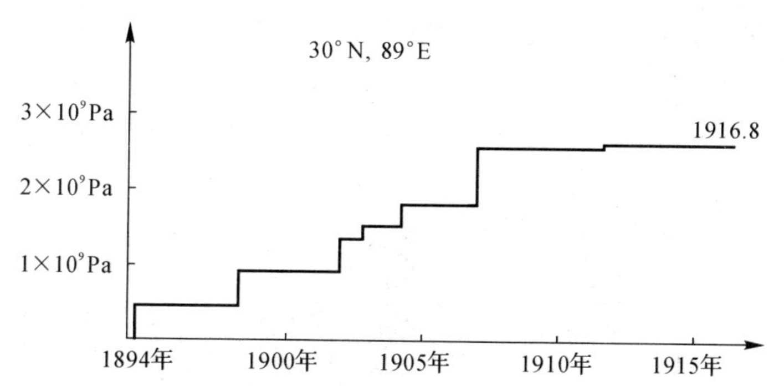

图 6-25　1916 年 8 月 28 日西藏普兰 7.5 级地震震中震前历年拉应力变化曲线(Pa/m²)

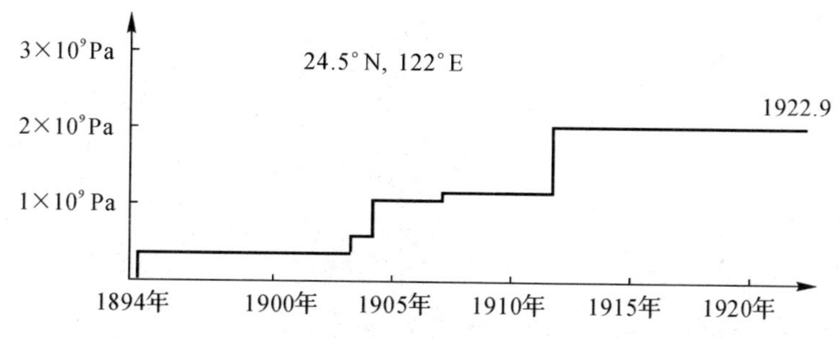

图 6-26　1922 年 9 月 2 日台湾宜兰 7.6 级地震震中震前历年拉应力变化曲线(Pa/m²)

在第一阶段(1894—1927 年)34 年中，本计算区共发生 8 级以上地震 4 次，即 1906 年 12 月 23 日新疆 8 级地震、1920 年 6 月 5 日台湾 8 级地震、1920 年 12 月 16 日宁夏海原 8.6 级大震、1927 年 6 月 23 日甘肃古浪 8 级地震，为便于分析，将这 4 次 8 级地震震中附近(东西 1 000 km，南北 500 km)及地震中心(地面以下

50 km)的拉应力分布图绘出，如图 6－27～图 6－34 所示。

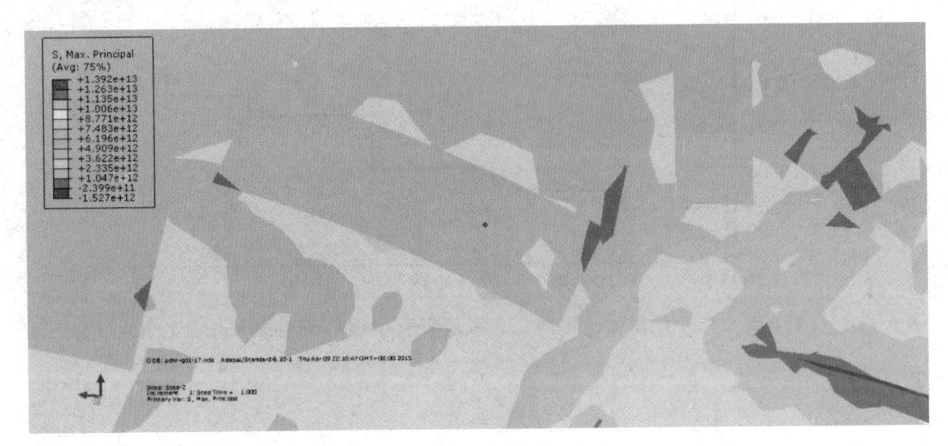

图 6－27　1927 年 6 月 23 日甘肃古浪 8 级地震震中附近(2 000 km×1 000 km)地面拉应力图(Pa/m^2)

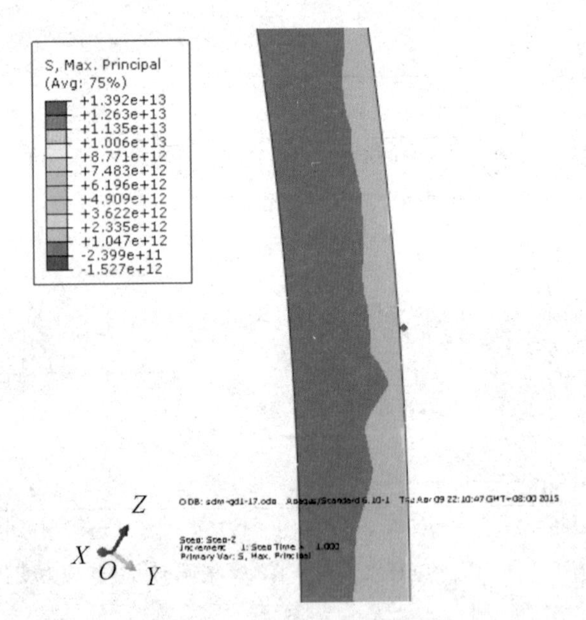

图 6－28　1927 年 6 月 23 日甘肃古浪 8 级地震震中拉应力剖面图(Pa/m^2)

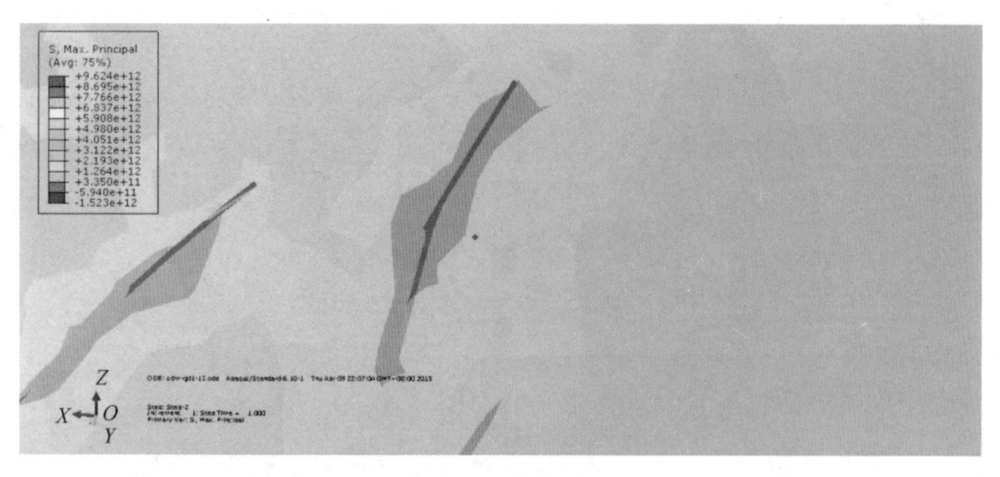

图 6-29　1920 年 6 月 5 日台湾 8 级地震震中附近(2 000 km×1 000 km)地面拉应力图(Pa/m^2)

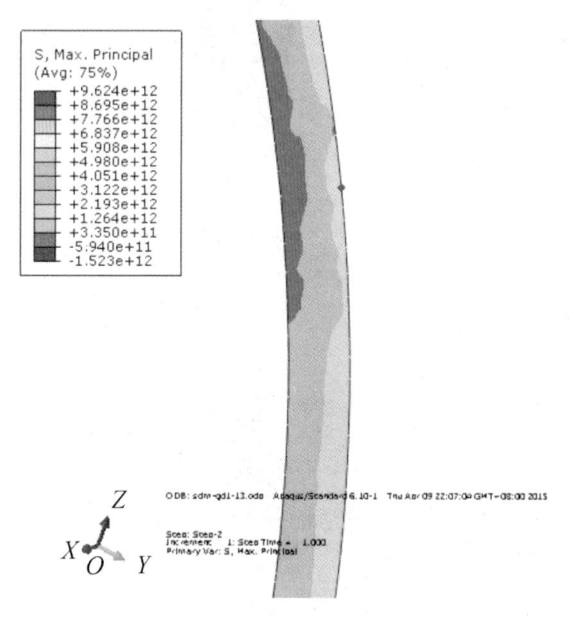

图 6-30　1920 年 6 月 5 日台湾 8 级地震震中拉应力剖面图(Pa/m^2)

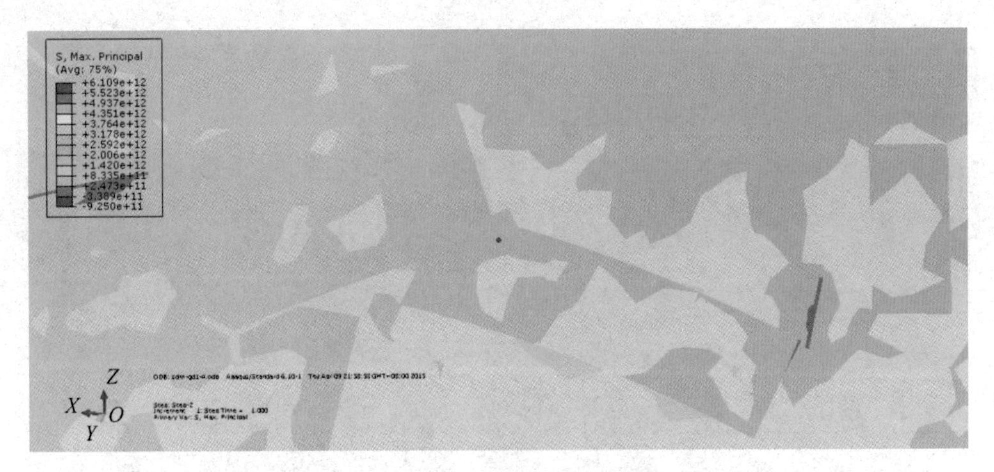

图 6-31　1920 年 12 月 23 日新疆 8 级地震震中附近(2 000 km×1 000 km)地面拉应力图(Pa/m²)

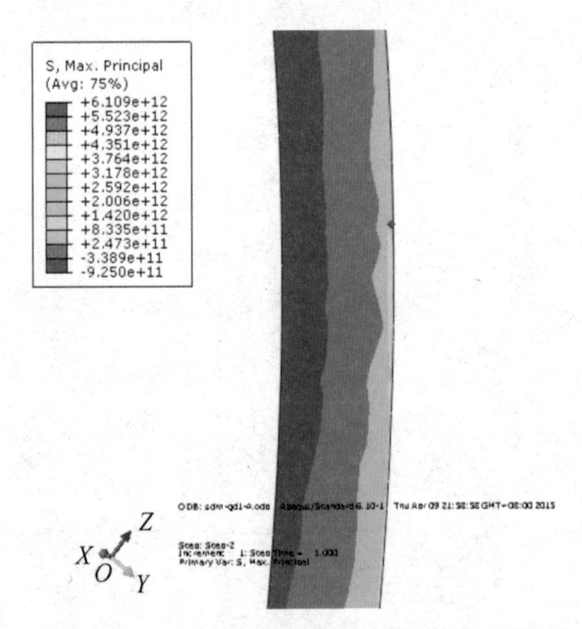

图 6-32　1920 年 12 月 23 日新疆 8 级地震震中拉应力剖面图(Pa/m²)

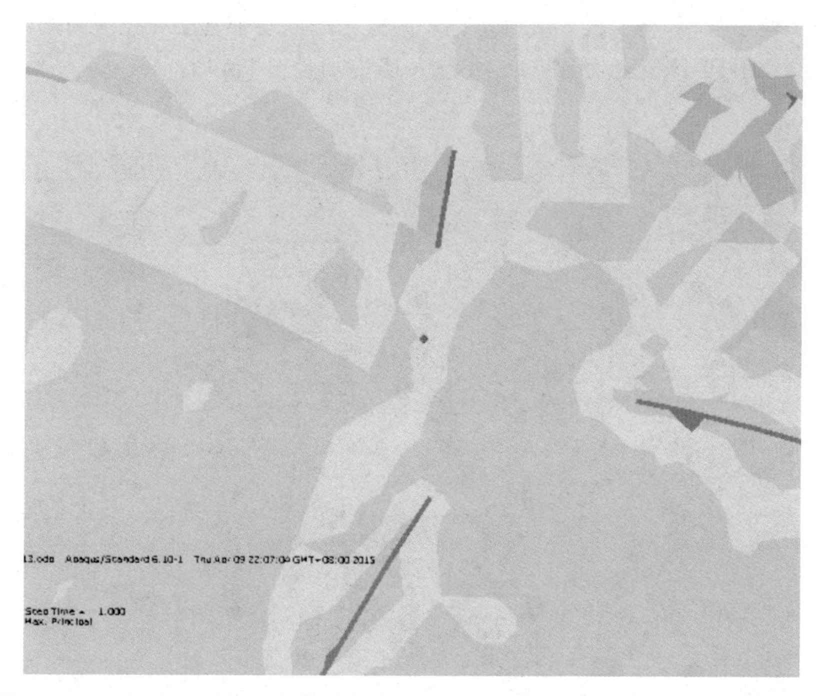

图6-33　1920年12月16日宁夏海原8.6级地震震中附近(2 000 km×1 000 km)地面拉应力图(Pa/m²)

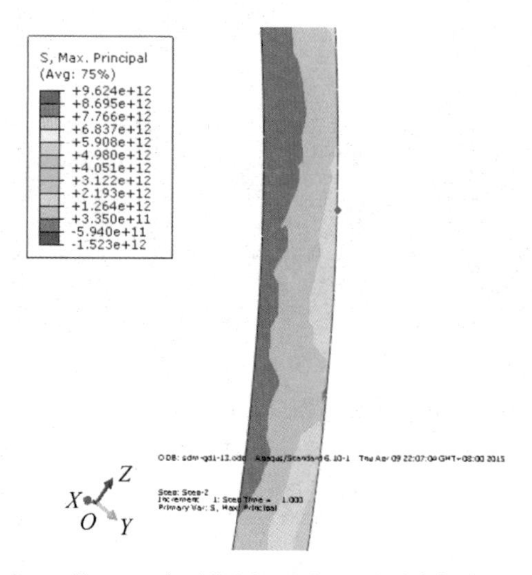

图6-34　1920年12月16日宁夏海原8.6级地震震中拉应力剖面图(Pa/m²)

为了便于分析，将4次8级以上地震附近区域断层带套绘在拉应力图上，现就1920年12月16日宁夏海原8.6级特大地震加以分析，如图6-35～图6-38所示。

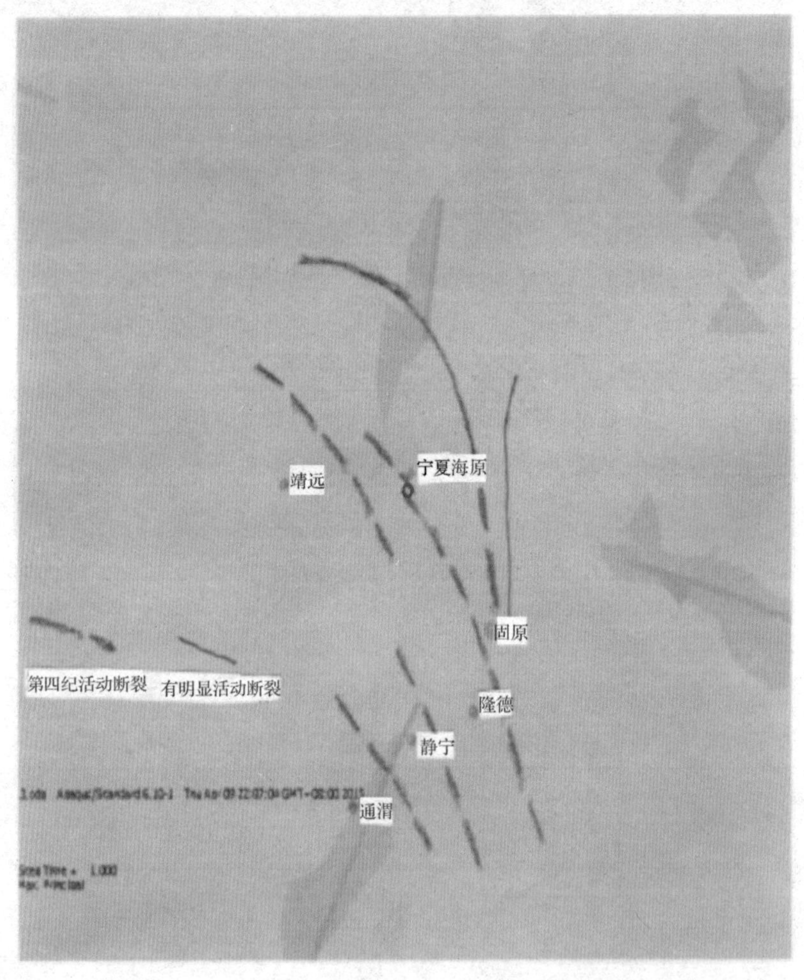

图6-35　1920年12月16日宁夏海原8.6级特大地震震中(红点)与预报点(红圈)附近拉应力与断层带分布图(Pa/m²)

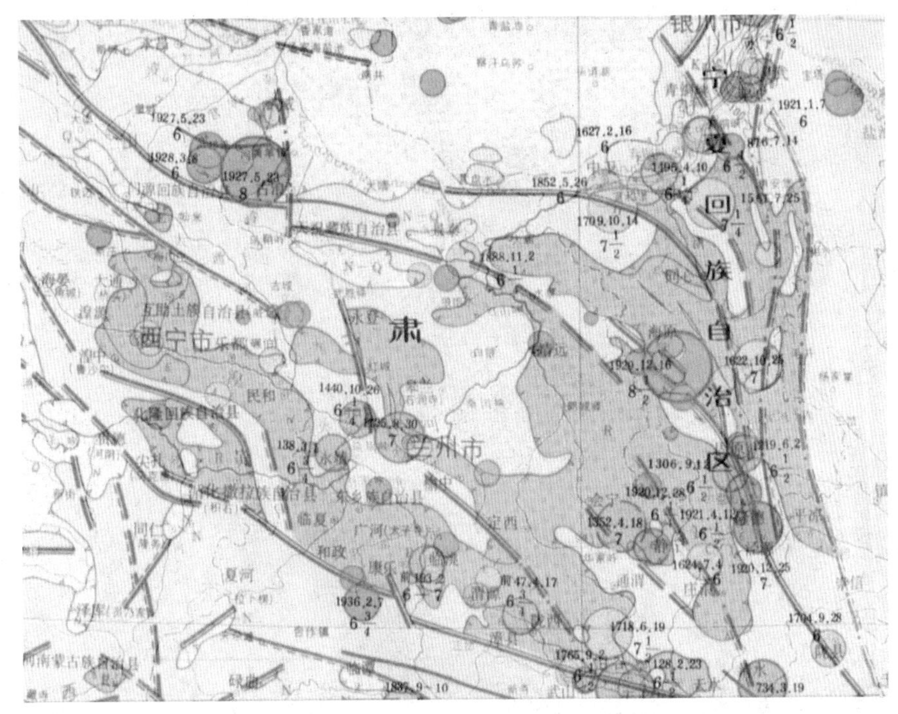

图 6-36　1920 年 12 月 18 日宁夏海原 8.6 级地震、1927 年甘肃古浪 8 级地震地震构造图（摘自中华人民共和国地震构造图）

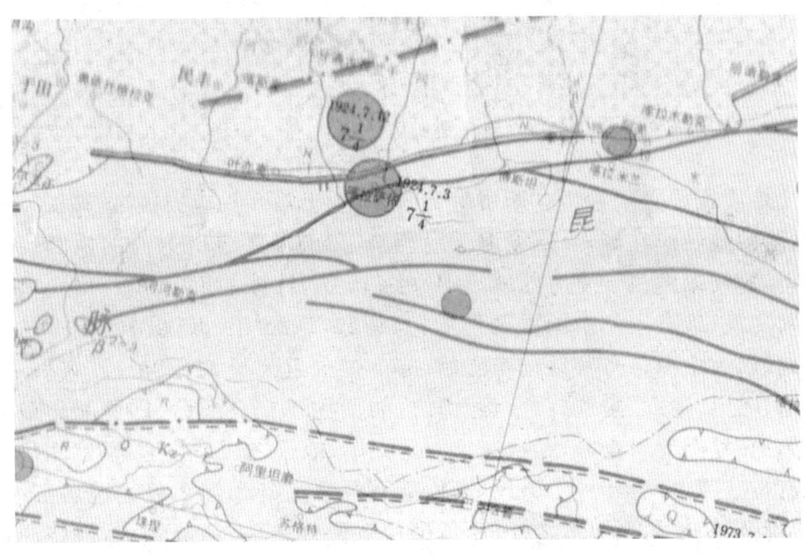

图 6-37　1924 年 7 月 3 日新疆民丰 7.25 级地震地震构造图（摘自中华人民共和国地震构造图）

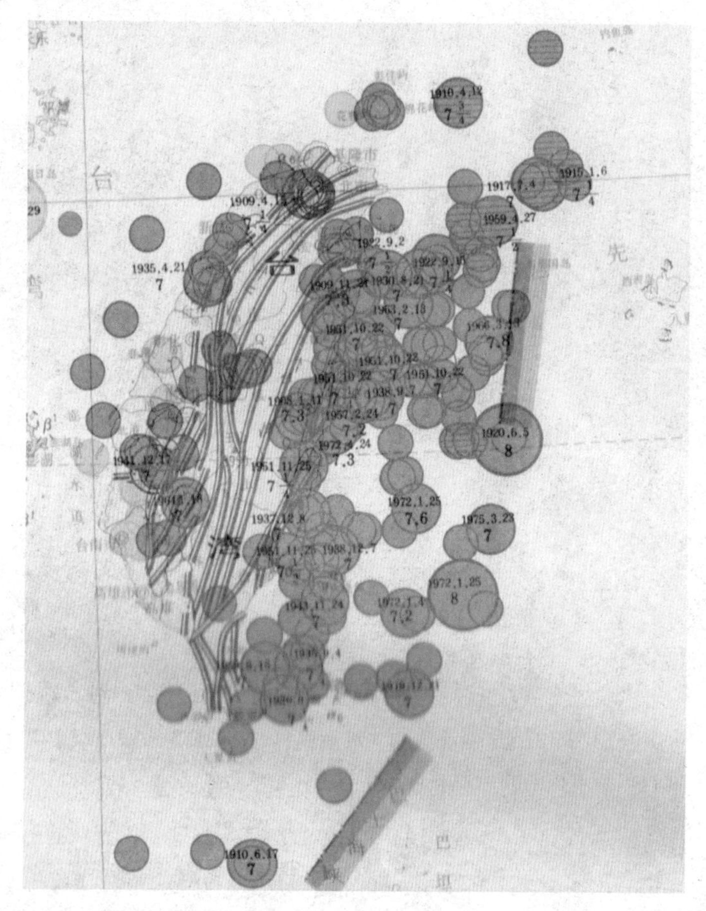

图 6 - 38　1920 年 6 月 5 日台湾 8 级地震地震构造图(摘自中华人民共和国地震构造图)

由于地震震中必须发生在断层带上,且应处于最大拉应力区域,按图 6 - 36 分析,最危险的地区应在红点(宁夏海原地震中心)顺断层带南方向的两断层带中间红圈处,计算结果偏离宁夏海原地震中心约 10 km,计算是正确的。

据翁文灏《近五十年中国重要地震记》记载:1920 年,即民国九年十二月十六日甘肃地震,为中国自行实地调查之始,亦即中国近代最大之震。震灾最重者,在宁夏海原、固原、靖远、隆德、静宁、通渭之间,而尤以宁夏海原、固原间为最烈。鸣声如雷如炮,复有大风尘雾,是地一带黄土最厚,地震之后罅裂遍地,崩塌极多。崩塌之土有长三四千尺,阔一二千尺,高四五百尺者多处。崩下处倾覆房窑,掩埋人畜,冲泄所至,又复积聚数里之外,壅成邱陵。所过之地,河流壅塞,道路冲毁……1920 年甘肃宁夏海原 8.6 级大地震死亡约 28.8 万人,波及直属(河北)、山东、河南、山西、江苏、安徽、甘肃各省共死二十余万人,陕西亦死二千数百人……震动延及甘、陕、蜀、鄂、皖、豫、晋、燕、鲁、察、绥、青海等十二省区,面积一百七十万平方公里。十六日后,震中区域内日有数震,或数日一震,间或有声隆然,习闻不鲜。迄十年十一月末,固原余震,人所觉察者,共三百零九次,其中物摇人惊较大之震二百零四次。

由以上分析及与实际考察记载来看,本次第一阶段计算是可信的,作为长期地震趋势预报是非常有用的方法。这充分说明地震是由日食引起的这一论点是正确的,地震亦是可以计算的。

最新资料,在第3章文献中薄万举等用地形变资料发表在"地震"刊物2009年第29卷第1期83～91页,也是有史以来第一次对7级以上强震的分析,得出2008年汶川8级大震前,震中区处于拉张隆起区,这个资料有力地证明拉应力隆起区的存在是日蚀效应的结果,说明地下深处高压流体涡旋上涌的动力学条件具备。

从地震构造图上分析,宁夏海原8.6级特大地震与甘肃古浪8级大震都发生在第四纪活动断层带上(新疆1920年6月23日8级地震亦是),宁夏海原且紧邻两个第四纪大活动断层带上,拉应力又高达2.6×10^{9} Pa/m^{2},发生8.6级特大地震是自然的,且其中有一条断层带向东南延伸至固原,与固原的两条第四纪活动断层带相遇,形成了宁夏海原8.6级地震中心,宁夏海原西面靖远亦有一条第四纪活动断层带,固原西面隆德、静宁、通渭亦有两条第四纪活动断层带,且都处于高拉应力区,这些地区处于震灾最重的地区亦是自然的,这与翁文灏《近五十年中国重要地震记》的记载是一致的。宁夏海原地震前拉应力达2.547×10^{9} Pa/m^{2},震级为8.6,甘肃古浪地震前拉应力达2.28×10^{9} Pa/m^{2},震级为8.0,新疆1906年6月23日8级地震地震前拉应力达1.378×10^{9} Pa/m^{2},震级为8.0,都在第四纪活动断层带上,拉应力高则震级高,拉应力小则震级低,这是符合规律的。

1920年6月5日台湾8级地震发生在台湾东海,由于台湾本岛处于活动不明显的断裂带上,岩石应比第四纪活动断层带的岩石要完整,所以其岩石的抗拉行为高,台湾8级地震震前拉应力达3.726×10^{9} Pa/m^{2},比宁夏海原8.6级地震积聚的拉应力高,而震级低于宁夏海原,这亦在常理之中。

1924年7月3日新疆民丰7.25级地震(见图6-37),民丰亦处于活动不明显的断裂带上,震前拉应力达3.51×10^{9} Pa/m^{2},而仅发生7.25级地震,这是符合规律的。

从这次计算(第一阶段)与分析来看,可以认为地震发生在高拉应力区的断层带上,同性质的断层带,拉应力高,则震级高。不同性质的断层,活动不明显的断层,与第四纪活动断层相比,同等的拉应力,其震级低,拉应力出现后,还要有孕震期，第四纪活动断层带处于高拉应力区是诱发大地震的危险区。

日食是有规律的，是沙罗规律，即 18 年 11 又三分之一日，可简称为一沙，在 18 年 11 又三分之一日后，同类的日食又重新出现，由于有三分之一日的尾数，地球又转了三分之一圈，因此日食发生的地区不同，如图 6－39 所示。经过三沙，即三个沙罗周期后，相同的日食又大体回到原地区，在经纬度上相差 20°～30°，因而形成一个很规整的系列，一般从北极或南极日偏食开始，极区以外即为中心食，经过赤道到南极或北极结束，每次相隔 54 年，如图 6－40 所示，一个系列从北极到南极或从南极到北极需 1 000 多年，在地球上共有 38 个系列。各年的日食分属于不同系列。因此在今后计算中可取 54 年为一个计算阶段，如这次第一阶段计算可从 1894 年，算到 1948 年，经过三沙，即三个沙罗周期。这一阶段的应力除去已发生的 7～8 级地震应力（六烈度区的范围）外，其他剩余的应力可作为下一阶段计算的起始场。

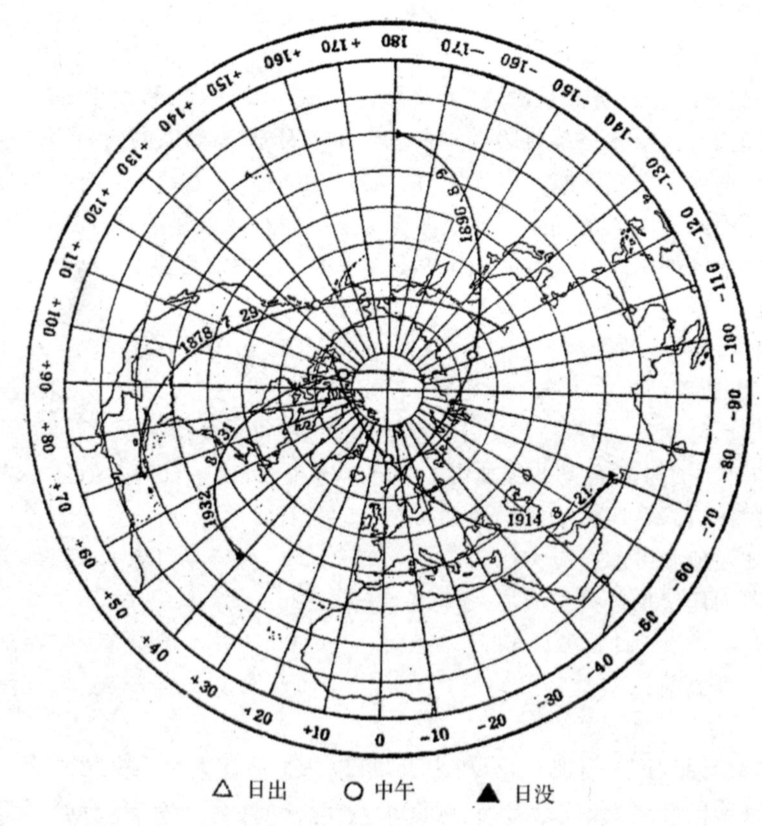

图 6－39　每隔一个沙罗周期日全食中心线移动的情况

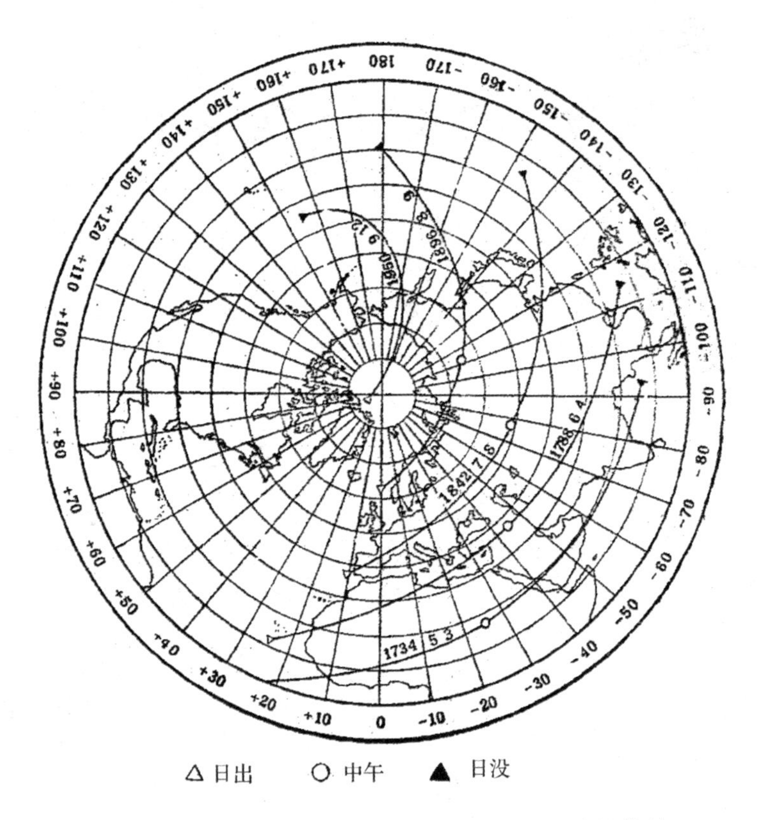

图6-40　每隔三个沙罗周期日全食中心线移动的情况

参考资料

[1]　赵得秀.地震探源与地震预报.西安:西北工业大学出版社,2007.

[2]　赵得秀,赵文桐.日食与水旱灾害的关系.西安:西北工业大学出版社,1996.

[3]　国家地震局地质研究所.中华人民共和国地震构造图.北京:地图出版社,1979.

附录 7级以上地震Ⅵ级烈度区面积分析

地震在震中爆发后，其由于外胀力而积聚的能量已经消散，其各级地震各级烈度面积有多大，是需要探讨的一个问题。按照"中国地震烈度表(GB/T 17742—2008)"分析，在Ⅴ级烈度区已有水平加速度出现。由牛顿力学第二定律，力等于质量乘以加速度($F=ma$)。在Ⅴ级烈度区由于有加速度出现，已有力的出现，由于其加速度小($a=0.31\ m/s^2$)，悬挂的物体仅出现大幅摇动；在Ⅵ级烈度区，其加速度为 $0.63\ m/s^2$，由于加速度大，多数人已站立不稳，个别房物出现中等破坏，河岸松软土出现裂缝，今选取Ⅵ级烈度区面积为分析对象。从《中国震例》已整理出1966—2006年的资料，今选取6.6级以上震例12例，并增加2008年汶川8级地震，共计13例，个别震例如1966年3月22日河北邢台7.2级地震，其Ⅵ级烈度区面积有118 750 km^2，面积过大，未统计在附表1中。

附表1

时　间	地　点	震　级	Ⅵ级烈度区面积/km^2	备　注
1993年10月2日	新疆若芜	6.6	21 372	缺1986—1991年资料
2000年9月11日	青海兴海	6.6	2 856	
2003年4月17日	青海德令哈	6.6	5 360	
1976年11月7日	四川盐源	6.7	1 900	
2003年2月24日	新疆巴楚	6.8	11 573	
1996年2月3日	云南丽江	7.0	18 716	
1974年5月11日	云南大关	7.1	2 284	
1976年8月6日	四川松潘	7.1	8 000	
1976年5月29日	云南龙陵	7.4	2 550	
1973年2月6日	四川炉霍	7.6	21 200	
1970年1月5日	广东通海	7.7	8 704	
1976年7月28日	唐山	8.0	83 250	
2008年5月12日	汶川	8.0	760 000	

按附表1,震级越大,其Ⅵ级烈度区面积应越大,而附表1点据比较散乱,如同地区云南丽江1996年7级地震,Ⅵ级烈度区面积为18 716 km^2,而1974年云南大关7.1级地震,Ⅵ级烈度区面积为2 284 km^2。不同地区亦有此情况,如1973年四川炉霍7.6级地震,Ⅵ级烈度区面积为21 200 km^2,1970年广东海通7.7级地震,Ⅵ级烈度区面积为8 704 km^2,反而变小,没有大体一致的规律,这可能与烈度区面积是统计资料有关。因此,在今后的计算中,其Ⅵ级烈度区面积,有资料的可选用实测值,或相关资料的平均值,无资料的可选用相关资料的平均值,其Ⅵ级烈度区面积的图形,近似一椭圆,但其长短轴的比例相差很大,为了计算方便,可选用相等面积的圆或四方形代替。

参考资料

[1] 中华人民共和国国家标准(GB/T 17742—2008).中国地震烈度表.

[2] 张肇诚.中国震例(1966—1975).北京:地震出版社,1988.

[3] 张肇诚.中国震例(1976—1980).北京:地震出版社,1990.

[4] 张肇诚.中国震例(1981—1985).北京:地震出版社,1990.

[5] 陈棋福.中国震例(1992—1994).北京:地震出版社,2002.

[6] 陈棋福.中国震例(1995—1996).北京:地震出版社,2002.

[7] 陈棋福.中国震例(1997—1999).北京:地震出版社,2003.

[8] 陈棋福.中国震例(2000—2002).北京:地震出版社,2008.

[9] 车时.中国震例(2003—2006),北京:地震出版社,2014.

[10] 同济大学数学教研室.高等数学(下册).北京:人民教育出版社,1982.